高等职业教育“十三五”精品规划教材（计算机网络技术系列）

网络协议分析

主　编　许　爽　苏　玉

副主编　石彦华　于书红　马莹莹

中国水利水电出版社
www.waterpub.com.cn
·北京·

内 容 提 要

本书为计算机网络基础丛书。全书以 TCP/IP 协议分析为主线，按照数据链路层→网络层→传输层→应用层来组织内容，同时结合大量实例对协议进行了深入剖析，降低了读者的学习难度，激发了读者的学习兴趣和动手欲望。

本书采用任务驱动方式编写，可操作性强，内容丰富，图文并茂。可作为高职高专院校和应用型本科院校计算机类专业的教材和参考书，也可供与信息类相关的非计算机专业选用，还可作为IT技术人员的参考书。

本书配有电子教案，读者可以从中国水利水电出版社网站和万水书苑免费下载，网址为：http://www.waterpub.com.cn/softdown/和 http://www.wsbookshow.com。

图书在版编目（CIP）数据

网络协议分析 / 许爽，苏玉主编. -- 北京 : 中国水利水电出版社，2016.9
高等职业教育“十三五”精品规划教材. 计算机网络技术系列
ISBN 978-7-5170-4693-6

Ⅰ. ①网… Ⅱ. ①许… ②苏… Ⅲ. ①计算机网络－通信协议－高等职业教育－教材 Ⅳ. ①TN915.04

中国版本图书馆CIP数据核字(2016)第211317号

策划编辑：祝智敏　　责任编辑：李　炎　　加工编辑：陈宏华　　封面设计：李　佳

书　名	高等职业教育“十三五”精品规划教材（计算机网络技术系列） 网络协议分析　WANGLUO XIEYI FENXI
作　者	主　编　许　爽　苏　玉 副主编　石彦华　于书红　马莹莹
出版发行	中国水利水电出版社 （北京市海淀区玉渊潭南路 1 号 D 座　100038） 网址：www.waterpub.com.cn E-mail：mchannel@263.net（万水） sales@waterpub.com.cn 电话：（010）68367658（营销中心）、82562819（万水）
经　售	全国各地新华书店和相关出版物销售网点
排　版	北京万水电子信息有限公司
印　刷	三河市铭浩彩色印装有限公司
规　格	184mm×260mm　16 开本　12.5 印张　307 千字
版　次	2016 年 9 月第 1 版　2016 年 9 月第 1 次印刷
印　数	0001—3000 册
定　价	28.00 元

凡购买我社图书，如有缺页、倒页、脱页的，本社营销中心负责调换

版权所有・侵权必究

前　　言

目前，计算机网络技术飞速发展，而网络协议是计算机网络的基础。它规范了网络上的所有通信设备，尤其是一个主机与另一个主机之间的数据往来格式以及传送方式。

“网络协议分析”是计算机网络技术专业和信息安全专业必修的一门专业基础课，本书编者通过多年的网络协议分析教学，积累了丰富的经验。为了总结经验，结合目前国内高校网络协议分析教学的实际，融合网络协议的最新发展，系统地阐述了计算机网络协议的基础理论并结合实际对网络数据进行分析。本书共分为 9 个单元，每个单元中将关联性强的内容放在同一个任务中，除了基础知识点以外，每个任务采用“任务背景介绍”→“知识点介绍”→“任务实现”→“知识扩展”模式把理论知识、实践技能融于一个学习情境中，激发学生的学习兴趣，引导学生轻松掌握网络协议的基础知识，为学生学习计算机网络技术的相关知识奠定坚实的基础。

本书由中州大学许爽老师和苏玉老师担任主编，并负责全书的统稿、修改、定稿工作，由中州大学石彦华老师、于书红老师、马莹莹老师担任副主编，参与编写的还有中州大学的周华老师、杜舒老师，郑州科技学院的牛丹丹老师等。要特别感谢中国水利水电出版社的编辑老师，他们在本书的策划和写作中对编写方式及习题设置提出了很好的建议，使得本书能够更好地用于教学。为了配合本套教材的教学，本书还配有相关的课件。在本书编写过程中编者参考了大量国内外计算机网络协议相关文献资料，在此向这些文献资料的著作者表示感谢。

我们全体编写人员虽然尽心尽力，但由于时间仓促，加之编者水平有限，新的知识和技术资料不断涌现，书中难免有错误和疏漏之处，敬请广大师生及各位读者给予批评和指正。

编　者

2016 年 6 月

目　　录

1 网络及协议

本单元介绍一些基本概念，它们是学好本课程后面章节的基础。本单元涵盖了有关服务、分层和协议的重要信息。另外，还将学习如何捕获一段数据包以及如何对捕获的数据包进行分析。

内容摘要：

- 网络互连与 TCP/IP
- 网络协议的分层
- 网络协议的标准化

学习目标：

- 理解 TCP/IP 分层的思想
- 了解 TCP/IP 的发展过程
- 掌握 Wireshark 的使用方法

任务 1　网络的基本概念及协议

知识与技能：

- 了解网络的基本概念
- 了解协议栈的组成
- 理解进程及其相应的协议分层原因
- 解释封装和解封装的过程

一、任务背景介绍

随着计算机网络通信技术以及信息产业的高速发展，计算机网络在人们的日常工作生活及学习中扮演着越来越重要的角色，网络协议作为计算机网络通信的核心框架日渐得到广泛关注。因此对网络协议的深入学习和掌握可以帮助我们更好地了解及使用计算机网络。

二、知识点介绍

1. 计算机网络的基本概念

把分布在不同地理位置上的具有独立功能的多台计算机、终端及其附属设备在物理上互连，按照网络协议相互通信，以共享硬件、软件和数据资源为目标的系统称作计算机网络，如图 1-1-1 所示。

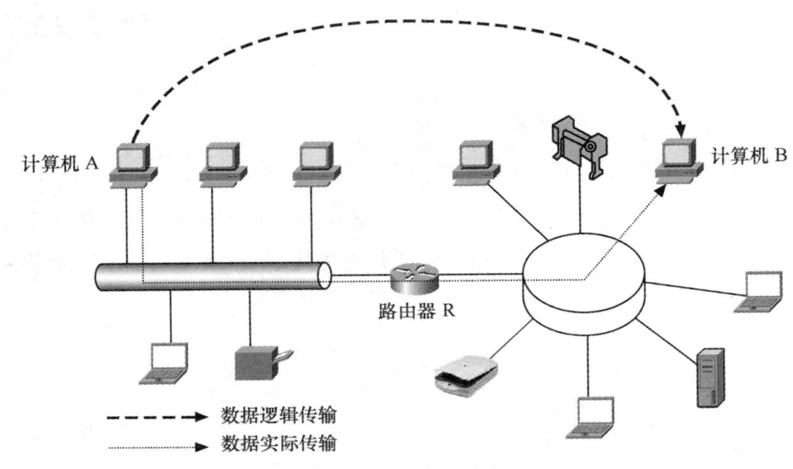

图 1-1-1　计算机网络

2. 计算机网络体系结构

网络的体系结构指的是通信系统的整体框架（包括计算机网络的各层及其协议的集合）。它的目的是为网络硬件、软件、协议、存取控制和拓扑结构提供标准。

3. 协议

协议是指在计算机网络中，为进行网络中的数据交换而建立的规则、标准或约定的集合，如交换数据的格式、编码方式、同步方式等。

协议定义了通信的方式和进行通信的时间，主要包括语法、语义和同步 3 个关键要素。其中，语法：定义了所交换数据的格式和结构，以及数据出现的顺序；语义：定义了发送者或接收者所要完成的操作，包括对协议控制报文组成成分含义的约定；同步：定义了时间实现顺序以及速度匹配，体现在两个实体进行通信时，数据发送的时间以及发送的速率。

4. OSI 体系结构与 TCP/IP 体系结构

（1）开放系统互连参考模型 OSI/RM（Open Systems Interconnection Reference Model），简称为 OSI。

OSI 模型分为物理层、数据链路层、网络层、传输层、会话层、表示层和应用层共 7 个层次。OSI 模型并没有确切地描述用于各层的协议和服务，实现起来比较困难，难以推广（在数据链路层和网络层有很多的子层，并且每个子层都有不同的功能，使之格外复杂。数据安全与加密等问题也在设计初期被忽略了）。

（2）TCP/IP 体系结构。

TCP/IP 体系结构分为链路层、网络层、传输层和应用层 4 个层次。TCP 一开始就将面向连接服务和无连接服务并重考虑，而 OSI 开始只考虑面向连接服务，很晚才开始制定有关标准。TCP/IP 经过了实践的考验并在实践中发展完善（ARPANet），目前的 Internet 即采用的是 TCP/IP 体系结构。

（3）OSI 与 TCP/IP 体系结构对照（见图 1-1-2）。

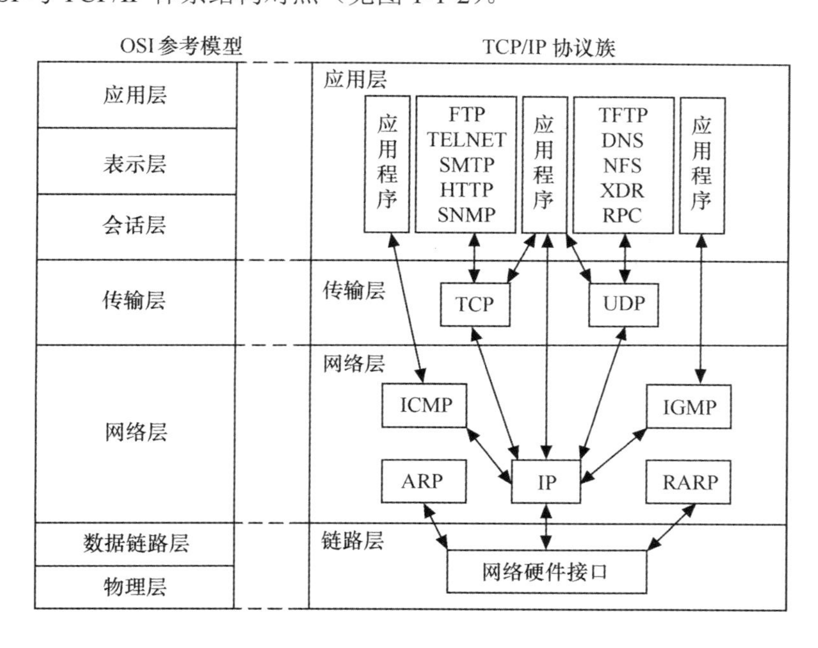

图 1-1-2　TCP/IP 体系结构

5. 数据的封装和解封装

在 OSI 参考模型中，当一台主机需要传送用户的数据（data）时，数据首先通过应用层的接口进入应用层。在应用层，用户的数据被加上应用层的报头（Application Header，AH），形成应用层协议数据单元（Protocol Data Unit，PDU），然后被递交到下一层——表示层。

表示层并不“关心”上层——应用层的数据格式而是把整个应用层递交的数据包看成是一个整体进行封装，即加上表示层的报头（Presentation Header，PH）。然后，递交到下层——会话层。

同样，会话层、传输层、网络层、数据链路层也都要分别给上层递交下来的数据加上自己的报头。它们是：会话层报头（Session Header，SH）、传输层报头（Transport Header，TH）、网络层报头（Network Header，NH）和数据链路层报头（Data link Header，DH）。其中，数据链路层还要给网络层递交的数据加上数据链路层报尾（Data link Termination，DT）形成最终的一帧数据。

当一帧数据通过物理层传送到目标主机的物理层时，该主机的物理层把它递交到上层——数据链路层。数据链路层负责去掉数据帧的帧头部 DH 和尾部 DT（同时还进行数据校验）。

如果数据没有出错，则递交到上层——网络层。

同样，网络层、传输层、会话层、表示层、应用层也要做类似的工作。最终，原始数据被递交到目标主机的具体应用程序中。

图 1-1-3 给出了数据封装及解封装的过程。

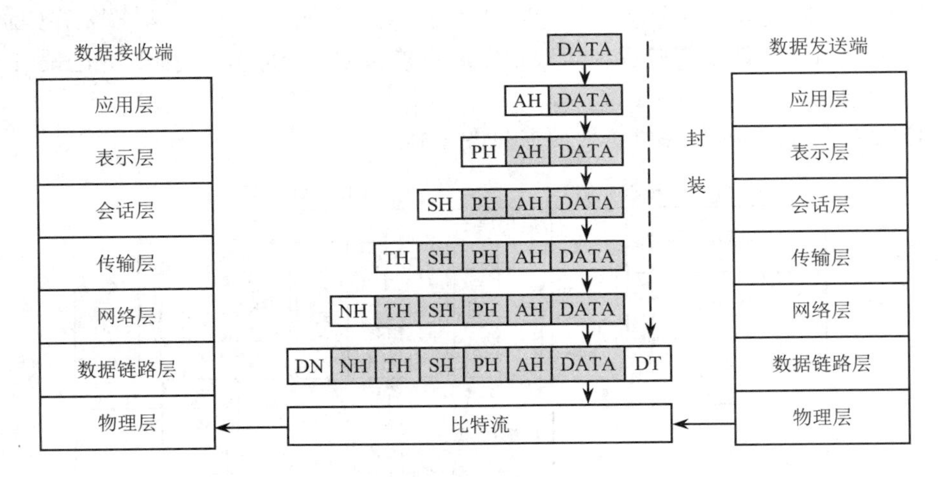

图 1-1-3　数据封装及解封装过程图

任务 2　安装 Wireshark 软件并捕获数据包

知识与技能：

- 了解协议分析仪的基本要素
- 掌握协议分析仪的规则

一、任务背景介绍

协议分析是接入网络通信系统、捕获穿行在网络中的数据、收集网络统计信息的过程。Wireshark 是当今十分流行的协议分析仪。

二、知识点介绍

1. Wireshark 简介

Wireshark（前身 Ethereal）是目前最好的、开放源码的、获得广泛应用的网络协议分析仪，支持 Linux 和 Windows 平台。在该系统中加入新的协议解析器十分简单，自从 1998 年最早的 Ethereal 0.2 版本发布以来，志愿者为 Ethereal 添加了大量新的协议解析器，如今 Ethereal 已经支持五百多种协议解析。其原因是 Ethereal 具有一个良好的可扩展的设计结构，这样才能适应网络发展的需要不断加入新的协议解析器。

2. Wireshark 主窗口组成

Wireshark 主窗口如图 1-2-1 所示，由如下部分组成：

（1）菜单：用于开始操作。

（2）主工具栏：提供快速访问菜单中经常用到的项目的功能。

（3）Filter toolbar/过滤工具栏：提供处理当前显示过滤的方法。

（4）Packet list 面板：显示打开文件的每个数据包的摘要。点击面板中的单独条目，数据包的其他情况将会显示在另外两个面板中。

（5）Packet detail 面板：显示在 Packet list 面板中选择的包的更多详情。

（6）Packet bytes 面板：显示在 Packet list 面板选择的数据包的数据，以及在 Packet details 面板高亮显示的字段。

（7）状态栏：显示当前程序状态以及捕捉数据的更多详情。

3. Wireshark 菜单栏简介

（1）File（文件）菜单

文件菜单包括打开和合并抓包文件，全部或部分存储、打印、输出抓包文件，退出 Wireshark。

（2）Edit（编辑）菜单

编辑菜单包括查询包，时间查询，标记或标识一个或多个包，设置你的选项（剪切，拷贝，粘贴当前不能实现）。

（3）View（视图）菜单

视图菜单控制抓获的数据包的显示，包括对抓获包的着色，字型的缩放，协议窗格中 协议树的压缩和展开。

（4）Go（指向）菜单

以不同方式指向特定的包。

（5）Capture（抓包）菜单

开始和停止抓包过程以及编辑抓包过滤器。

（6）Analyze（分析）菜单

包括的选项有操作显示过滤器，允许和不允许对协议解析，配置用户指定的译码器和跟踪一个 TCP 流。

（7）Statistics（统计）菜单

显示各种统计窗口的菜单项，包括已经抓到的包的摘要，显示协议的分层统计等。

（8）Help（帮助）菜单

包括帮助用户的选项，诸如一些基本帮助，所支持的协议列表，手工页面，在线访问一些 web 页面，以及常用的对话框。

4. 规则制定

Filter toolbar 中可以使用下面的操作符来构造显示过滤规则：

eq == 等于：如 ip.addr==10.1.10.20

ne != 不等于：如 ip.addr!=10.1.10.20

gt > 大于：如 frame.pkt_len>10

lt < 小于：如 frame.pkt_len<10

ge >= 大等于：如 frame.pkt_len>=10

le <= 小等于：如 frame.pkt_len<=10

也可以使用下面的逻辑操作符将表达式组合起来：

and && 逻辑与：如 ip.addr=10.1.10.20&&tcp.flag.fin

or || 逻辑或：如 ip.addr=10.1.10.20||ip.addr=10.1.10.21

xor ^^ 异或：如 tr.dst[0:3] == 0.6.29 xor tr.src[0:3] == not

! 逻辑非：如 !llc

例如：你想抓取 IP 地址是 192.168.1.121 的主机所收或发的所有的 HTTP 报文，则显示过滤规则（Filter）为：ip.addr=192.168.1.121 and http。

三、任务实现

使用 Wireshark 进行网络协议分析时应当注意：必须选择正确的网络接口来抓获数据包；必须在网络的正确的位置抓包才能看到想看到的业务流量。下面的任务实现是讲述怎样使用 Wireshark 1.12.4 在 Windows 7 专业版环境中捕获数据包的过程。

（1）启动 Wireshark 软件。

先来看看图 1-2-1“主窗口界面”，大多数打开 Wireshark 软件以后的界面都是这样子。

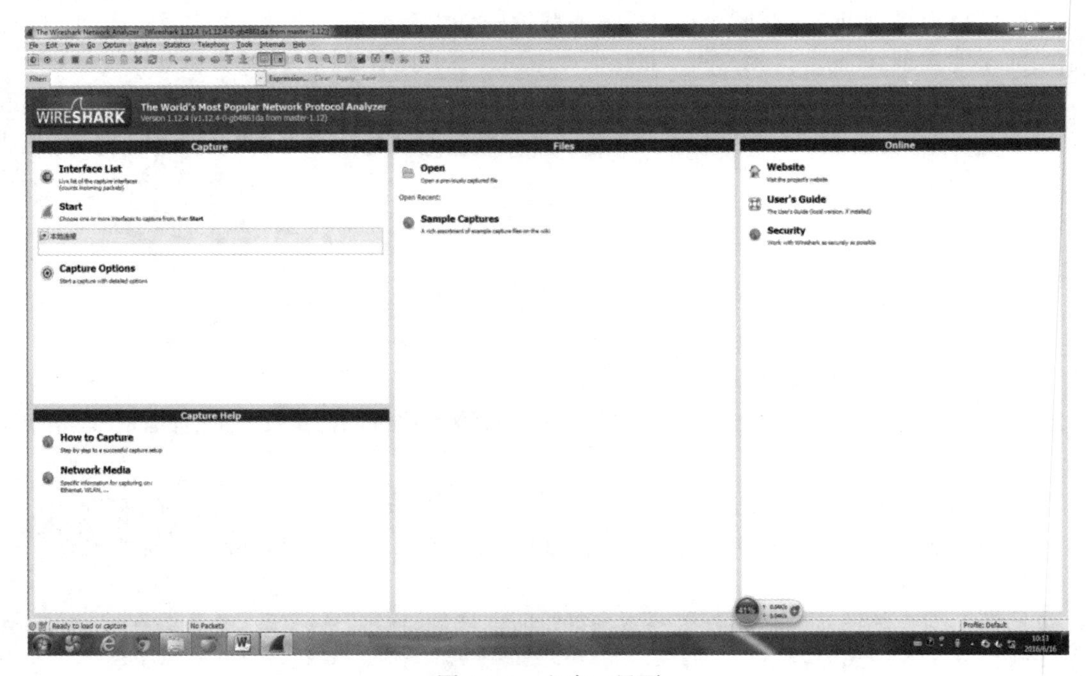

图 1-2-1 主窗口界面

（2）点击绿色的“Start”按钮，进入图 1-2-2，Wireshark 就开始捕获数据包。点击红色的“Stop”按钮，Wireshark 停止捕获数据包。主界面显示出已经捕获到的数据包。

列表中的每行显示捕捉文件的一个包。例如选择 No.9 的数据包，该包的更多情况会在新窗口中显示出来，如图 1-2-3 所示。

在分析（解剖）包时，Wireshark 会将协议信息放到各个列。因为高层协议通常会覆盖底层协议，通常在包列表面板看到的都是每个包的最高层协议描述。

由于 Wireshark 已经对抓包结果做了分析，所以，通过协议窗口可以获得 IP 协议数据报格式和 UDP 协议报文格式的具体数据，与十六进制窗口相结合，清楚地看到各个字段的数据。

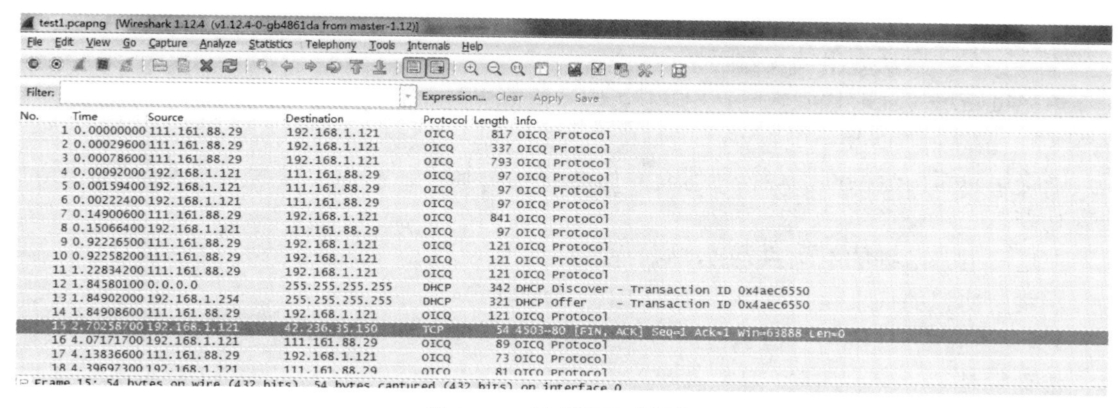

图 1-2-2　捕获到的数据包

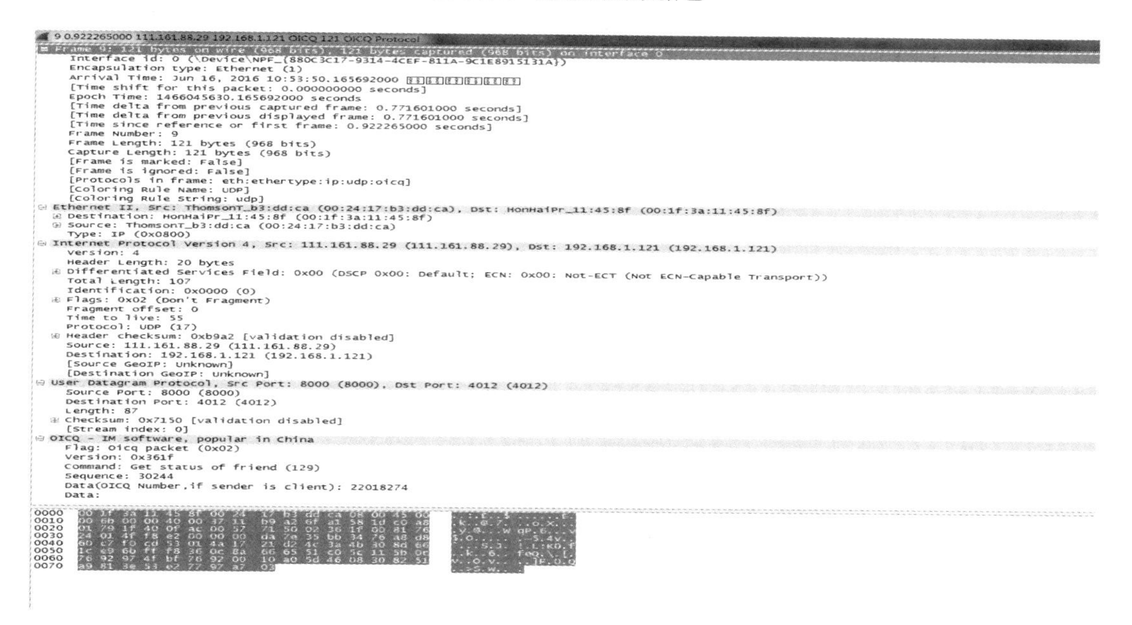

图 1-2-3　No.9 数据包详解图

四、知识扩展

1. OSI 参考模型中各层的作用、数据单位、协议代表

在 OSI 参考模型中，从下至上，每一层完成不同的、目标明确的功能。

（1）物理层（Physical Layer）

物理层规定了激活、维持、关闭通信端点之间的机械特性、电气特性、功能特性以及过程特性。该层为上层协议提供了一个传输数据的物理介质。

在这一层，数据的单位称为比特（bit）。

属于物理层定义的典型规范包括：EIA/TIA RS-232、EIA/TIA RS-449、V.35、RJ-45 等。

（2）数据链路层（Data Link Layer）

数据链路层在不可靠的物理介质上提供可靠的传输。该层的作用包括：物理地址寻址、数据的成帧、流量控制、数据的检错、重发等。

在这一层，数据的单位称为帧（frame）。

数据链路层协议的代表包括：SDLC、HDLC、PPP、STP、帧中继等。

（3）网络层（Network Layer）

网络层负责对子网间的数据包进行路由选择。此外，网络层还可以实现拥塞控制、网际互连等功能。

在这一层，数据的单位称为数据包（packet）。

网络层协议的代表包括：IP、IPX、RIP、OSPF 等。

（4）传输层（Transport Layer）

传输层是第一个端到端，即主机到主机的层次。传输层负责将上层数据分段并提供端到端的、可靠的或不可靠的传输。此外，传输层还要处理端到端的差错控制和流量控制问题。

在这一层，数据的单位称为数据段（segment）。

传输层协议的代表包括：TCP、UDP、SPX 等。

（5）会话层（Session Layer）

会话层管理主机之间的会话进程，即负责建立、管理、终止进程之间的会话。会话层还利用在数据中插入校验点来实现数据的同步。

会话层协议的代表包括：NetBIOS、ZIP（AppleTalk 区域信息协议）等。

（6）表示层（Presentation Layer）

表示层对上层数据或信息进行变换以保证一个主机的应用层信息可以被另一个主机的应用程序理解。表示层的数据转换包括数据的加密、压缩、格式转换等。

表示层协议的代表包括：ASCII、ASN.1、JPEG、MPEG 等。

（7）应用层（Application Layer）

应用层为操作系统或网络应用程序提供访问网络服务的接口。

应用层协议的代表包括：Telnet、FTP、HTTP、SNMP 等。

2. RFC（一系列以编号排定的文件）

RFC是 Request for Comments 首字母的缩写，它是IETF（互联网工程任务推进组织）的一个无限制分发文档。RFC 被编号并且用编号来标识。每一个 RFC 文档有一个编号，这个编号永不重复，也就是说，由于技术进步等原因，即使是关于同一问题的 RFC，也要使用新的编号，而不会使用原来的编号。

文件收集了有关因特网相关资讯，以及 UNIX 和因特网社群的软件文件。目前 RFC 文件是由 Internet Society（ISOC）所赞助发行。

基本的因特网通信协议都有在 RFC 文件内详细说明。RFC 文件还在标准内额外加入了许多的论题，例如对于因特网新开发的协议及发展中所有的记录。因此几乎所有的因特网标准都收录在 RFC 文件之中。

3. 端口号

在网络技术中，端口（Port）大致有两种意思：一是物理意义上的端口，比如，ADSL Modem、集线器、交换机、路由器用于连接其他网络设备的接口，如 RJ-45 端口、SC 端口等。二是逻辑意义上的端口，一般是指 TCP/IP 协议中的端口，端口号的范围从 0～65535，比如用于浏览网页服务的 80 端口，用于 FTP 服务的 21 端口等。

逻辑意义上的端口有多种分类标准，下面将介绍两种常见的分类：

（1）按端口号分布划分

按端口号分布划分，可以分为知名端口和动态端口。

知名端口即众所周知的端口号，范围从 0～1023，这些端口号一般固定分配给一些服务。比如 21 端口分配给 FTP 服务，25 端口分配给 SMTP（简单邮件传输协议）服务，80 端口分配给 HTTP 服务，135 端口分配给 RPC（远程过程调用）服务，等等。

动态端口的范围从 1024～65535，这些端口号一般不固定分配给某个服务，也就是说许多服务都可以使用这些端口。只要运行的程序向系统提出访问网络的申请，那么系统就可以从这些端口号中分配一个供该程序使用。比如 1024 端口就是分配给第一个向系统发出申请的程序。在关闭程序进程后，就会释放所占用的端口号。

不过，动态端口也常常被病毒木马程序所利用，如冰河默认连接端口是 7626、WAY 2.4 是 8011、Netspy 3.0 是 7306、YAI 病毒是 1024 等。

（2）按协议类型划分

按协议类型划分，可以分为 TCP、UDP、IP 和 ICMP（Internet 控制消息协议）等端口。下面主要介绍 TCP 和 UDP 端口：

TCP 端口，即传输控制协议端口，需要在客户端和服务器之间建立连接，这样可以提供可靠的数据传输。常见的包括 FTP 服务的 21 端口，Telnet 服务的 23 端口，SMTP 服务的 25 端口，以及 HTTP 服务的 80 端口等。

UDP 端口，即用户数据报协议端口，无需在客户端和服务器之间建立连接，安全性得不到保障。常见的有 DNS 服务的 53 端口，SNMP（简单网络管理协议）服务的 161 端口，QQ 使用的 8000 和 4000 端口等。

本单元小结

本单元讲述了网络协议的基本概念，并举例说明了协议分析仪 Wireshark 的使用方法。

习题 1

一、选择题

1．当今最广泛使用的 IP 版本的名称是什么？（　　）

A．IPv1　　B．IPv2　　C．IPv4　　D．IPv6

2．下述哪一个机构管理 Internet 域名和网络地址？（　　）

A．ICANN　　B．IETF　　C．IRTF　　D．ISOC

3．下述哪一些部件工作在物理层？（可多选）（　　）

A．网卡　　B．分段和重组　　C．连接器　　D．网线

4．数据链路层上 PDU 的常用名称是什么？（　　）

A．帧　　B．数据包　　C．数据段　　D．数据链路 PDU

5．下述哪两个协议运行在 TCP/IP 的传输层？（　　）

A．ARP　　B．PPP　　C．TCP

D．UDP　　E．XNET

6．下述哪一个术语是描述动态分配端口地址、用于为数据交换提供临时 TCP/IP 连接的同义词？（　　）

A．协议号　　B．公认端口号　　C．注册端口号　　D．套接字地址

7．提供可靠数据传输、流控的是 OSI 的第几层？（　　）

A．表示层　　B．网络层　　C．传输层

D．会话层　　E．链路层

8．子网掩码产生在哪一层？（　　）

A．表示层　　B．网络层　　C．传输层　　D．会话层

9．RFC 文档是下面哪一个标准化组织的工作文件？（　　）

A．ISO　　B．IETF　　C．ITU　　D．IAB

10．OSI 参考模型按顺序有（　　）。

A．应用层、传输层、网络层、物理层

B．应用层、表示层、会话层、网络层、传输层、数据链路层、物理层

C．应用层、表示层、会话层、传输层、网络层、数据链路层、物理层

D．应用层、会话层、传输层、物理层

二、填空题

1．TCP/IP 协议的体系结构分为四层，这四层由高到低分别是：________、________、________和________。

2．在 TCP/IP 层次模型的网络层中包括的协议主要有 ARP、ICMP、________和________。

3．传统上公认端口地址定义在________范围。

4．在以太网中，是根据______地址来区分不同的设备。

5．网络层最重要的功能是进行________，即在互联网中选择一条路径，把 IP 数据报从源端送到目标端。

6．RFC 文档是由标准化组织________定义的工作文件。

2

局域网协议和广域网协议

本单元介绍局域网和广域网协议，主要包括以太网 V2 协议、HDLC 协议和 PPP 协议帧的格式。通过帧格式和 Wireshark 捕捉的数据包解码来分析具体的案例。

内容摘要：

- 以太网 V2 帧格式
- HDLC 帧的格式
- PPP 协议帧的格式

学习目标：

- 了解局域网和广域网协议的帧格式
- 掌握局域网和广域网协议的分析方法

任务 1　以太网 V2 帧格式

知识与技能：

- 了解以太网 V2 的帧格式
- 掌握以太网 V2 的帧格式分析的规则

一、任务背景介绍

在因特网上，IP 地址用于主机间通信，无论它们是否属于同一局域网。同一局域网内主机间传输数据前，发送方首先要把目的 IP 地址转换成对应的 MAC 地址。这通过地址解析协议（ARP）实现。每台主机以 ARP 高速缓存形式维护一张地址表，已知 IP 分组就放在链路层帧的数据部分，而帧的目的地址将被设置为 ARP 高速缓存中找到的 MAC 地址。如果没有发现 IP 地址的转换项，那么本机将广播一个报文，要求具有此 IP 地址的主机用它的 MAC 地址作出响应。具有该 IP 地址的主机直接应答请求方，并且把新的映射项填入 ARP 高速缓存。

二、知识点介绍

地址解析协议是根据IP 地址获取物理地址的一个TCP/IP 协议。主机发送信息时将包含目标 IP 地址的 ARP 请求广播到网络上的所有主机，并接收返回消息，以此确定目标的物理地址；收到返回消息后将该 IP 地址和物理地址存入本机 ARP 缓存中并保留一定时间，下次请求时直接查询 ARP 缓存以节约资源。地址解析协议是建立在网络中各个主机相互信任的基础上的，网络上的主机可以自主发送 ARP 应答消息，其他主机收到应答报文时不会检测该报文的真实性就会将其记入本机 ARP 缓存；由此攻击者就可以向某一主机发送伪 ARP 应答报文，使其发送的信息无法到达预期的主机或到达错误的主机，这就构成了一个ARP 欺骗。ARP 命令可用于查询本机 ARP 缓存中 IP 地址和MAC 地址的对应关系、添加或删除静态对应关系等。相关协议有RARP、代理 ARP。NDP用于在IPv6中代替地址解析协议。

以太网 V2 也叫 Ethernet II，目前的局域网大多数是以太网，以太网 V2 帧格式是最常见的一种以太网帧格式，也是今天以太网的事实标准，由 DEC、Intel 和 Xerox 在 1982 年公布其标准，主要更改了 Ethernet V1 的电气特性和物理接口，在帧格式上并无变化，如图 2-1-1 所示。

6字节	6字节	2字节	46～1500字节	4字节
目标MAC地址	源MAC地址	类型	数据	FCS

图 2-1-1　以太网 V2 帧格式

目标地址和源地址（Destination Address & Source Address）：表示发送和接收帧的工作站的地址，各占据 6 个字节。其中，目标地址可以是单址，也可以是多点传送或广播地址。

类型（Type）或长度（Length）：这两个字节在 Ethernet II 帧中表示类型（Type），指定接收数据的高层协议类型。而在 IEEE 802.3 帧中表示长度（Length），说明后面数据段的长度。

数据（Data）：在经过物理层和逻辑链路层的处理之后，包含在帧中的数据将被传递给在类型段中指定的高层协议。该数据段的长度最小应不低于 46 字节，最大应不超过 1500 字节。如果数据段长度过小，那么将会在数据段后自动填充字符（Trailer）。相反，如果数据段长度过大，那么将会把数据段分段后传输。在 IEEE 802.3 帧中该部分还包含 802.2 的头部信息。

帧校验序列（FSC）：包含长度为 4 个字节的循环冗余校验值（CRC），由发送设备计算产生，在接收方被重新计算以确定帧在传送过程中是否被损坏。

三、任务实现

例 2-1-1：捕获网络中的 Ethernet II 地址信息。

任务环境：访问任意网页时。

任务实现：打开网页http://gaia.cs.umass.edu/wireshark-labs，通过 Wireshark 软件抓取 HTTP 数据包，在分组数据包中观察 Ethernet II。如图 2-1-2 所示，访问网络所在的 MAC 目的地址信息是：14:14:4b:1b:55:19。本主机所在的 MAC 地址信息是：50:7b:9d:40:b0:66 如图 2-1-3 所示。

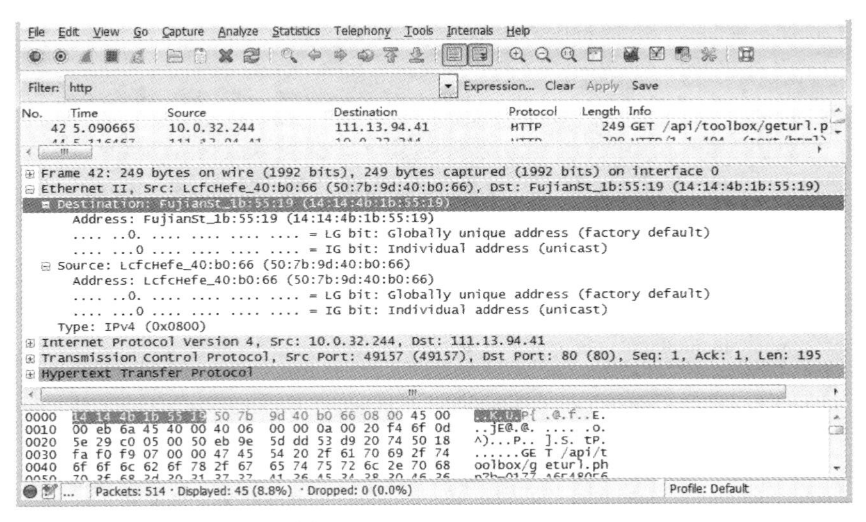

图 2-1-2　HTTP Destination

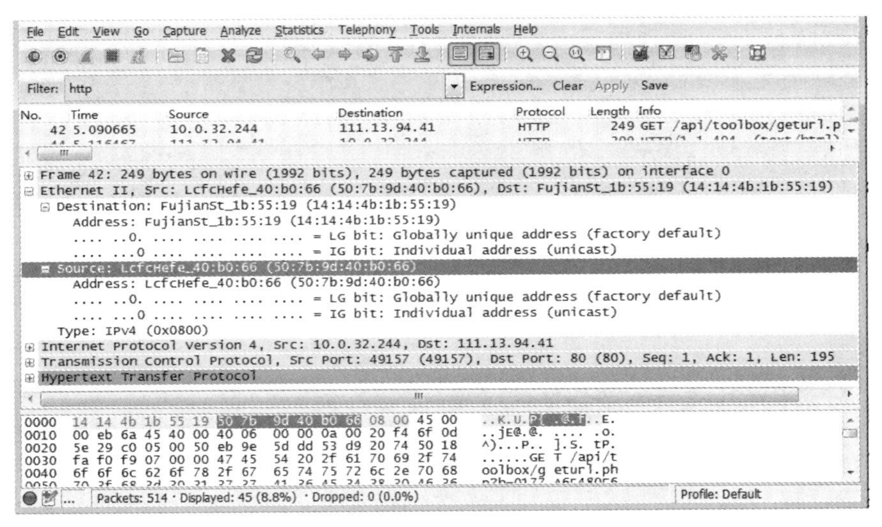

图 2-1-3　HTTP Source

例 2-1-2：捕获 ARP 中的 Ethernet II 地址信息。

任务环境：访问任意网页时。

任务实现：打开网页http://gaia.cs.umass.edu/wireshark-labs，通过 Wireshark 软件抓取 ARP 数据包，在分组数据包中观察 Ethernet II。

如图 2-1-4 所示，可以看到 ARP 数据包的前两个字段目标地址是：ff:ff:ff:ff:ff:ff，表示广播发送。观察发现不止这一帧如此，所有 ARP 请求帧的目标 MAC 地址都是 ff:ff:ff:ff:ff:ff。因为 ARP 请求帧的作用就是寻找自己不知道 MAC 地址的目标，因此必须采取广播的方式达到希望的目的。从下面两个字段中也可以看出要进行广播以寻找想要的 MAC 地址。

如图 2-1-5 所示，可以看到 ARP 数据包的第二个字段源地址是：d0:50:99:19:6f:9e。

Source: AsrockIn_19:6f:9e (d0:50:99:19:6f:9e)

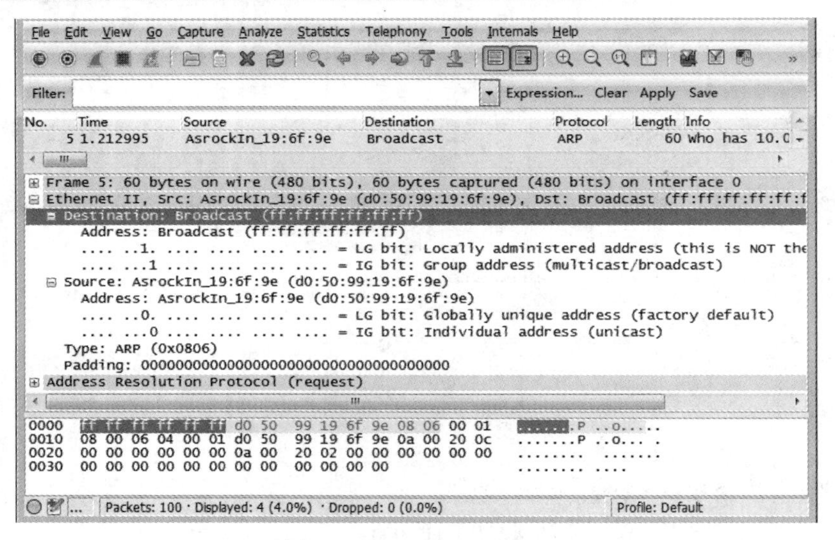

图 2-1-4 ARP Destination

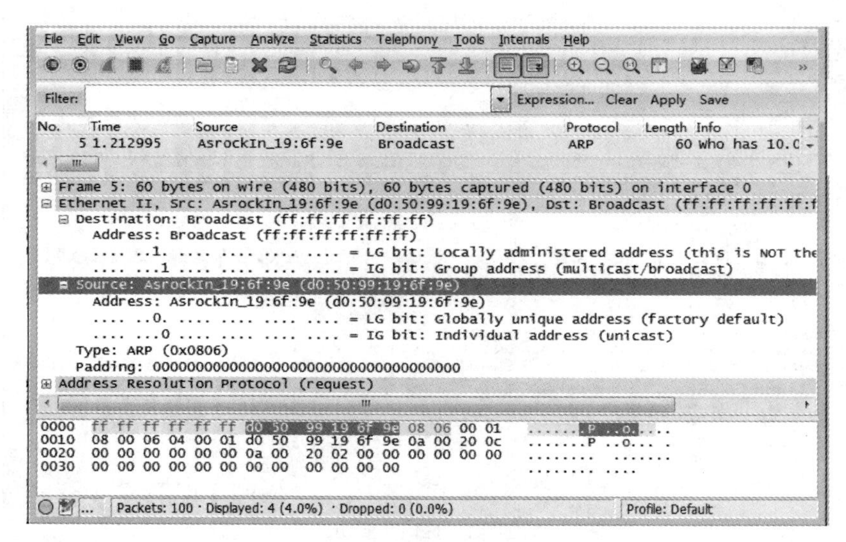

图 2-1-5 ARP Source

源地址信息，do:50:99:19:6f:9e 此时应是源 MAC 地址，即本台电脑的 MAC 地址，从下面两个字段中也可以看出。

.... ..0. .... = LG bit: Globally unique address (factory default)

全球唯一的地址（出厂默认）

....0 .... = IG bit: Individual address (unicast)

个人地址（单播）

图 2-1-6 中的 Type 指的是使用的协议类型，这里用 0x0806 代表封装的上层协议是ARP 协议。

图 2-1-7 是填充位，在 Padding 和 Type 中间[00 01......20 02]是数据，共 28 字节，长度不够，再用 Padding 填充位进行填充，共 18 字节，从而使数据位达到 46 位。

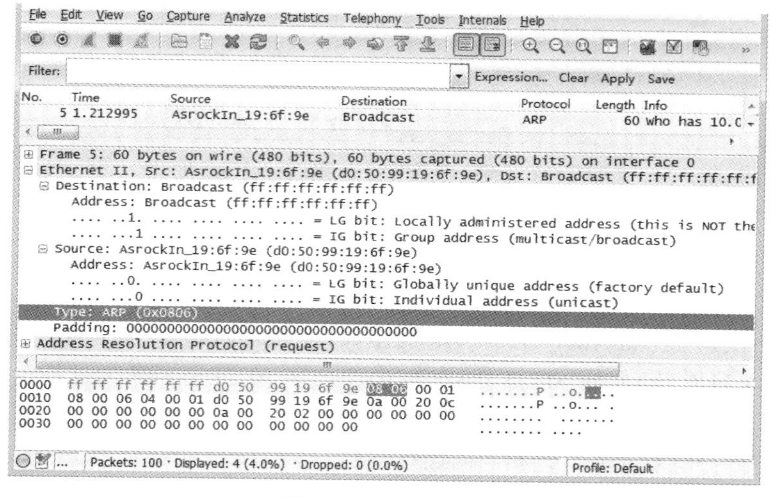

图 2-1-6 ARP Type

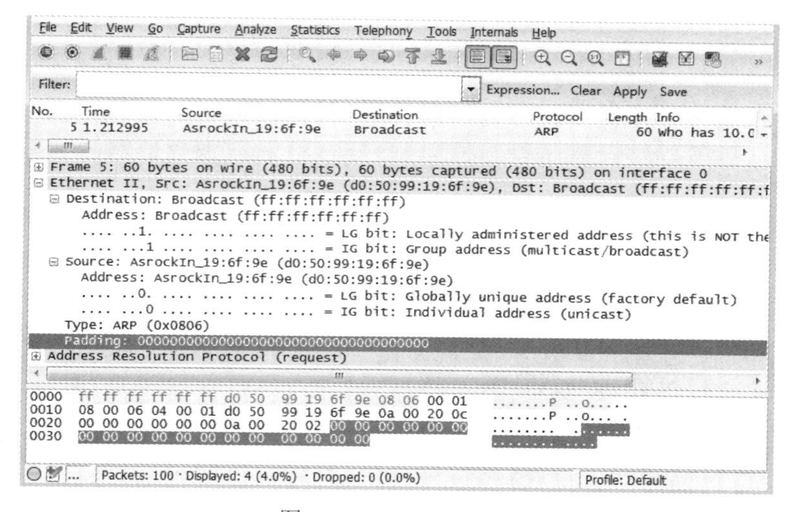

图 2-1-7 ARP Padding

四、知识扩展

1. Ethernet 802.3 RAW 帧格式

Ethernet 802.3 RAW 是 1983 年 Novell 发布其划时代的 Netware/86 网络套件时采用的私有以太网帧格式，该格式以当时尚未正式发布的 802.3 标准为基础；但是当两年以后 IEEE 正式发布 802.3 标准时情况发生了变化——IEEE 在 802.3 帧头中又加入了 802.2 LLC（Logical Link Control）头，这使得 Novell 的 RAW 802.3 格式跟正式的IEEE 802.3标准互不兼容。该格式中将 Ethernet V2 格式中的 Type 字段改为 Length 字段，因为 RAW 802.3 帧只支持 IPX/SPX 一种协议。

如图 2-1-8 所示，是 Ethernet 802.3 RAW 类型以太网帧格式。在 Ethernet 802.3 RAW 类型以太网帧中，原来 Ethernet II 类型以太网帧中的类型字段被“总长度”字段所取代，它指明其后数据域的长度，其取值范围为：46～1500。接下来的 2 个字节是固定不变的十六进制数

0xFFFF，它标识此帧为 Novell 以太网类型数据帧。

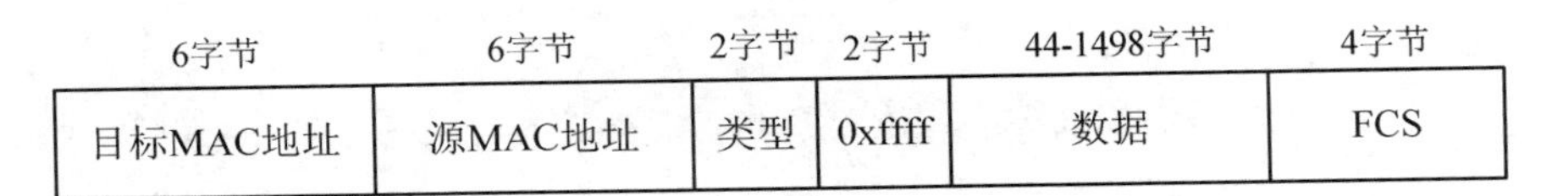

图 2-1-8　Ethernet 802.3 RAW 帧格式

2. Ethernet 802.3 SAP 帧格式

如图 2-1-9 所示，是 Ethernet 802.3 SAP 类型以太网帧格式。从图中可以看出，在 Ethernet 802.3 SAP 帧中，将原 Ethernet 802.3 RAW 帧中 2 个字节的 0xFFFF 变为各 1 个字节的 DSAP 和 SSAP，同时增加了 1 个字节的“控制”字段，构成了 802.2 逻辑链路控制（LLC）的首部。LLC 提供了无连接（LLC 类型 1）和面向连接（LLC 类型 2）的网络服务。LLC1 是应用于以太网中，而 LLC2 应用在 IBM SNA 网络环境中。

6字节	6字节	2字节	1字节	1字节	1字节	43～1497字节	4字节
目标MAC地址	源MAC地址	类型	DSAP	SSAP	控制	数据	FCS

图 2-1-9　Ethernet 802.3 SAP 帧格式

新增的 802.2 LLC 首部包括两个服务访问点：源服务访问点（SSAP）和目标服务访问点（DSAP）。它们用于标识以太网帧所携带的上层数据类型，如十六进制数 0x06 代表 IP 协议数据，十六进制数 0xE0 代表 Novell 类型协议数据，十六进制数 0xF0 代表 IBM NetBIOS 类型协议数据等。

3. Ethernet 802.3 SNAP 帧格式

如图 2-1-10 所示，是 Ethernet 802.3 SNAP 类型以太网帧格式。

6字节	6字节	2字节	1字节	1字节	1字节	3字节	2字节	38～1492字节	4字节
目标MAC地址	源MAC地址	总长度	0xAA	0xAA	0x03	OUI ID	类型	数据	FCS

图 2-1-10　Ethernet 802.3 SNAP 帧格式

Ethernet 802. 3 SNAP 类型以太网帧格式和 Ethernet 802.3 SAP 类型以太网帧格式的主要区别在于：2 个字节的 DSAP 和 SSAP 字段内容被固定下来，其值为十六进制数 0xAA。1 个字节的“控制”字段内容被固定下来，其值为十六进制数 0x03。

增加了 SNAP 字段，由下面两项组成：新增了 3 个字节的组织唯一标识符（Organizationally Unique Identifier，OUI ID）字段，其值通常等于 MAC 地址的前 3 字节，增加了表示上层协议的类型。

这是 IEEE 为保证在 802.2 LLC 上支持更多的上层协议同时更好地支持 IP 协议而发布的标准，与 802.3/802.2 LLC 一样 802.3/802.2 SNAP 也带有 LLC 头，但是扩展了 LLC 属性，新添加了一个 2 字节的协议类型域（同时将 SAP 的值置为 AA），从而使其可以标识更多的上层协议类型；另外添加了一个 3 字节的 OUI 字段用于代表不同的组织，RFC 1042 定义了 IP 报文在 802.2 网络中的封装方法和 ARP 协议在 802.2 SNAP 中的实现。

任务 2　描述 HDLC 帧的格式

知识与技能：

- 了解 HDLC 的用途
- 理解 HDLC 控制字段的作用
- 能够利用思科模拟器完成 HDLC 广域网配置实验

一、任务背景介绍

数据链路层的主要功能是将物理层的比特流封转成帧，进行透明传输，并进行差错检测，但不进行差错纠正。最早的数据链路层协议是面向字符的，但由于存在很多缺点，比如控制报文与数据报文格式不一致；采用效率低的停止等待协议；仅对数据部分进行差错控制；可靠性差等。为了克服这些缺点，IBM 公司于 20 世纪 70 年代初，推出了著名的体系结构 SNA。SNA 在数据链路层采用面向比特的同步数据链路控制（Synchronous Data Link Control，SDLC）协议。所谓“面向比特”就是帧首部中的控制信息不是由几种不同的控制字符组成，而是由首部中的各比特值来决定。后来，国际标准化组织对 SDLC 进行修改，成为了高级数据链路控制（HDLC）协议。

二、知识点介绍

高级数据链路控制（High-Level Data Link Control，HDLC）协议提供面向连接和无连接两种服务。它既可以以点到点线路方式工作，也可以以点到多点线路方式工作。HDLC 协议既支持半双工通信，也支持全双工通信，具有较高的数据链路传输效率；数据报文可透明传输；所有帧采用了流量控制和差错控制，传输可靠性高；传输控制与处理分离，具有较大的灵活性。

HDLC 有 3 种工作模式，包括最初开发的用于单点到多点连接的主从方式下的正常应答模式（Normal Response Mode，NRM）和异步应答模式（Asynchronous Response Mode，ARM），以及目前主要使用的点对点连接的异步平衡模式（Asynchronous Balanced Mode，ABM）。

1. HDLC 协议的帧格式

HDLC 协议的帧格式如图 2-2-1 所示。

1字节	1或2字节	1字节	≥ 0字节	2或4字节	1字节
标志	地址	控制	信息	帧校验序列	标志

图 2-2-1　HDLC 协议的帧格式

各个字段含义如下。

（1）标志（Flag）字段

HDLC 协议的标志字段二进制取值 01111110，以 01111110 的比特模式作为 HDLC 帧的分割符，即用来标识帧的开始和结束。在连续发送多个帧时，该标志字段可以同时标识前一帧的结束和后一帧的开始。通常，在不进行帧发送的时候，信道仍处于激活状态，发送方仍然不断地发送标志字段，接收方一旦发现某个标志字段后面不再是标志字段，便认为是新的一帧开始传输了。但是帧的数据部分也有可能出现 01111110 这样的比特模式，为了避免混淆，HDLC 协议采用了“0 比特插入法”，在发送数据的同时，一旦发现除标志字段以外的任何数据出现 5 个连续的 1，便在第 5 个“1”后面插入一个“0”，这样就确保除了标志字段外，不会有 6 个连续的比特 1 被发送，从而实现了数据的透明传输。

（2）地址字段

地址字段中只存放一个地址，具体是发送结点的地址还是接收结点的地址取决于所采用的工作方式。在主从方式下，主站点发送给从站点的是请求帧，其地址字段存放的是对方结点的地址，而从站点发送给主站点的是应答帧，其地址字段存放的是本站点的地址。地址字段长度通常为 8 比特，可标识 256 个地址。当地址字段中字节首位为“0”时，表示该字节后面的 1 个字节是扩展地址，这样可以标识更多的地址。

（3）控制字段

控制字段占用 1 字节长度，用于构成各种命令及应答，以及对链路进行监控。根据该字段前两个比特位的不同，HDLC 帧分为信息帧、监控帧和无编号帧。

（4）信息字段

信息字段用来存放实际传送的数据，其长度未做限定。其上限受通信结点的容量以及 FCS 校验的可靠性限制，目前用得较多的是 1000～2000 比特，而下限是 0，即无信息字段。比如，监控帧中没有信息字段。

（5）帧校验序列（FCS）字段

早期的通信线路有比较高的比特错误率，包括比特丢失、比特翻转等错误。HDLC 协议提供了差错控制功能，在帧中包含一个 16 或 32 比特的帧校验序列（Frame Check Sequence，FCS）用于差错检测。帧校验序列是对地址字段、控制字段及信息字段的内容进行循环冗余校验（CRC-16 或 CRC-32）。接收结点在收到帧后对帧检验序列进行校验，如果发现错误，可以发送否定确认给发送结点，也可以什么也不发送而等待发送结点超时重传。

2. 帧类型和 HDLC 操作

HDLC 有 3 种帧类型，通过 HDLC 帧中的控制字段来标识。控制字段占 8 位二进制，从 0～7 对各位进行编号。如果 HDLC 帧中的控制字段的 0 比特位为 0，则表示该帧是信息帧 I；如果 0、1 比特位为 10，表示该帧是监控帧 S；如果 0、1 比特位为 11，则表示该帧为无编号帧 U。不同类型的 HDLC 帧的控制字段具体信息如图 2-2-2 所示。

控制字段

	0	1	2	3	4	5	6	7
信息帧 I	0	N(S)			0	N(R)		
监控帧 S	0	0	type		0	N(R)		
无编号帧 U	0	0	type		0	type		

图 2-2-2　不同类型的 HDLC 帧的控制字

（1）信息帧

信息帧，简称为 I 帧（I-Frame），用于传输上层的信息或数据。其控制字段中的 N(S)和 N(R)分别标识发送帧的序号和期望的接收帧的序号，这两个字段用于实现滑动窗口机制，以及确认已接收 N®之前的所有帧。

（2）监控帧

监控帧，简称为 S 帧（S-Frame），用于差错控制和流量控制。当产生错误或无助于捎带确认信息的信息帧发送时，发送监控帧，它不带信息字段。其控制字段中的 type 是类型字段，占两个比特位，共有 4 种不同的编码，N(R)是帧序号，其具体含义和 type 字段有关，如表 2-2-1 所示。

表 2-2-1　监控帧的类型及 N(R)字段含义

Type 字段	类型	功能描述	N（R）字段含义
00	RR	接收就绪，请求发送下一帧	期望接收的下一帧
01	REJ	拒绝，请求立即重发 N(R)之后所有帧	重发帧的序号
10	RNR	接收未就绪，请求暂停发送	N(R)之前各帧已收到
11	SREJ	选择性拒绝，仅重发指定 N(R)帧	重发帧的序号

（3）无编号帧

无编号帧，简称为 U 帧（U-Frame），用于连接管理，也可以用于传输数据。通过该类型帧可以在连接设备之间彼此交换会话管理和控制信息。一些无编号帧也包含信息字段，用于存放系统管理信息或用户数据。无编号帧的控制字段中的 type 字段共有 5 比特，可以定义 32 种类型的无编号帧。

信息帧、监控帧和无编号帧的控制字段中的第 4 位都是 P/F（Poll/Final，轮询/结束）比特位，该比特位为一个比特，当置 1 时便是轮询或结束。HDLC 在不同工作模式下的 P/F 比特位的用法是不一样的，一般请求帧中的 P/F 比特位置 1，表示 P（轮询）；应答帧中前面几帧的 P/F 比特位置 0，最后一帧的 P/F 比特位置 1，表示 F（结束）。

三、任务实现

由于 Wireshark 不能解析 HDLC 帧，需要借助 HDLC 帧转换器，并在 Wireshark 中编写脚本，才能对 HDLC 帧进行解析。考虑到实验对实验设备及其他技术要求较多，而我们的重点是解析 HDLC 帧，因此在本任务的实现中，我们利用思科模拟器，配置二层利用 HDLC 帧通信的广域网，利用模拟器捕捉通信过程中的 HDLC 帧，起到事半功倍的效果。

任务：利用 Cisco Packet Tracer，搭建数据链路层利用 HDLC 通信的广域网，并利用模拟器分析 HDLC 帧结构。

（1）准备一台电脑，安装 Cisco Packet Tracer。安装完毕，打开 Cisco Packet Tracer，如图 2-2-3 所示。

（2）在 Cisco Packet Tracer 中，通过以下步骤，搭建实验环境。

①点击路由器图标，如图 2-2-4 所示，在右侧显示的路由器组中，找到普通路由器 Generic（倒数第二个图标），拉取两台放入逻辑拓扑图界面。

②点击终端设备图标，如图 2-2-5 所示，在右侧显示的终端组中，找到普通 PC 机（第一个图标），拉取两台分别放在路由器的两侧，偏下方。

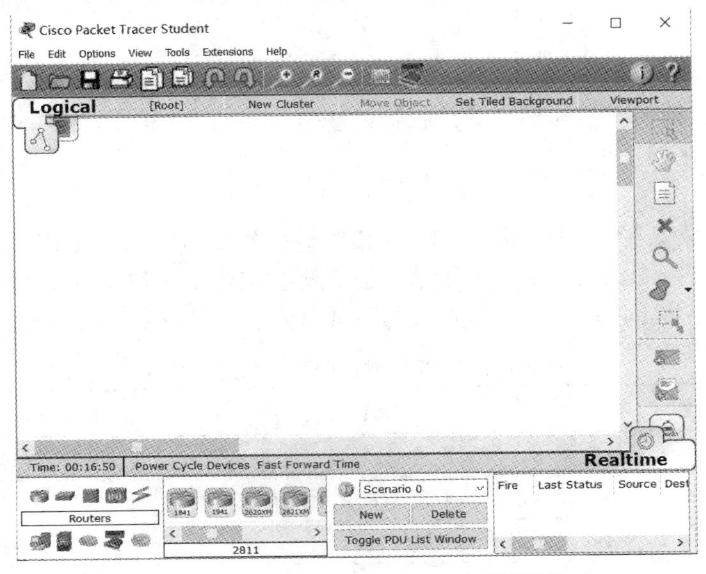

图 2-2-3 Cisco Packet Tracer 初始界面

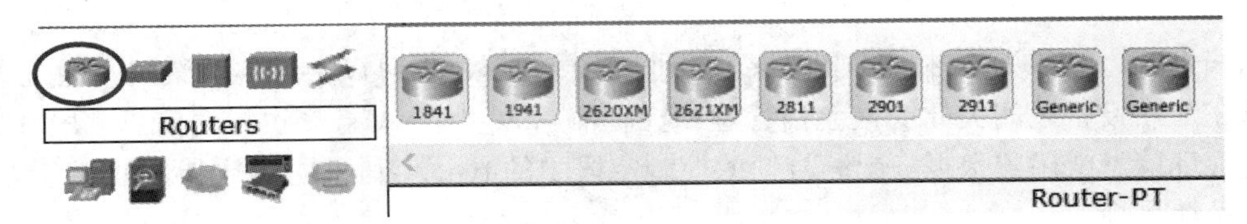

图 2-2-4 路由器

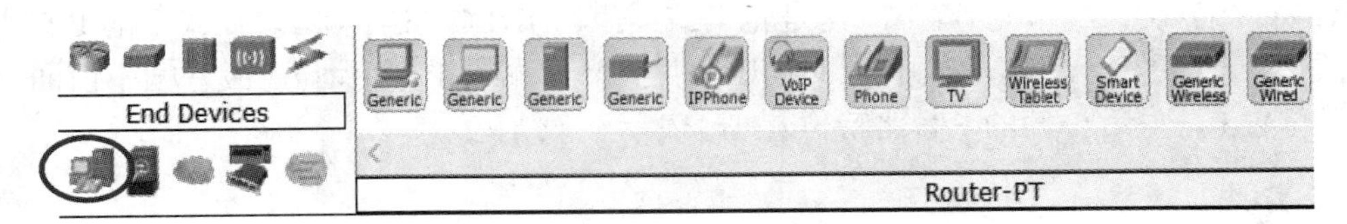

图 2-2-5 终端设备

③点击连接线图标，如图 2-2-6 所示。在右侧显示的连接线组中，选择交叉线（第 4 个图标）。交叉线一端连接 PC0 的 FastEthernet0（快速以太网口 0/0 口），另一端连接 Router0 的 FastEthernet0/0。同理，另一条交叉线一端连接 PC1 的 FastEthernet0，另一端连接 Router1 的 FastEthernet0/0。此外，选择配置线（第 2 个图标）。配置线一端连接 PC0 的串口 RS232，另一端连接 Router0 的配置口 Console。同理，另一条配置线一端连接 PC1 的串口 RS232，另一端连接 Router1 的配置口 Console。最后，选择带时钟的串行线（倒数第 3 个图标）。串行线一端连接 Router0 的串口 Serial2/0，另一端连接 Router1 的串口 Serial2/0。至此，实验拓扑图绘制完成，如图 2-2-7 所示，下面对设备进行配置。

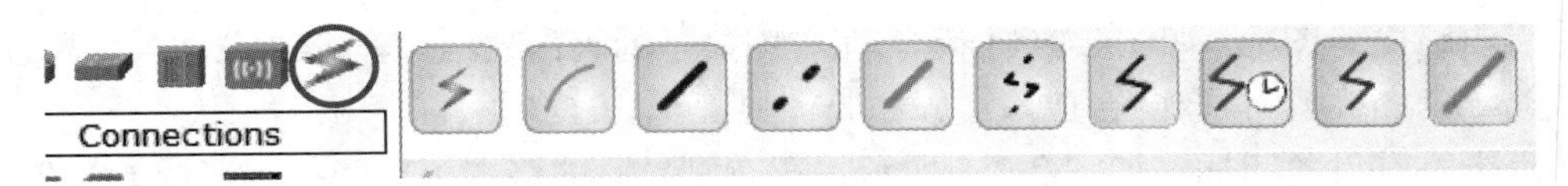

图 2-2-6 连接线

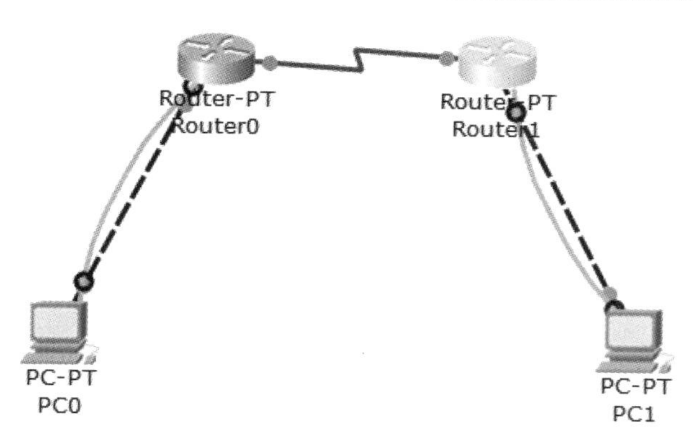

图 2-2-7　实验拓扑图

④点击 PC0，选择 Desktop 菜单，点击 IP Configuration，如图 2-2-8 所示，配置 PC0 的 IP 地址，如图 2-2-9 所示；然后选择 Config 菜单，点击 FastEthernet0 配置 PC0 快速以太网口 0 的端口状态“Port Status”为开启“On”，配置带宽“Bandwidth”为“100Mbps”，配置工作方式为“Full Duplex”，如图 2-2-10 所示。同理，配置 PC1 的 IP 地址，如图 2-2-11 所示，并对 PC1 的以太网口 0 执行与 PC0 相同的配置。

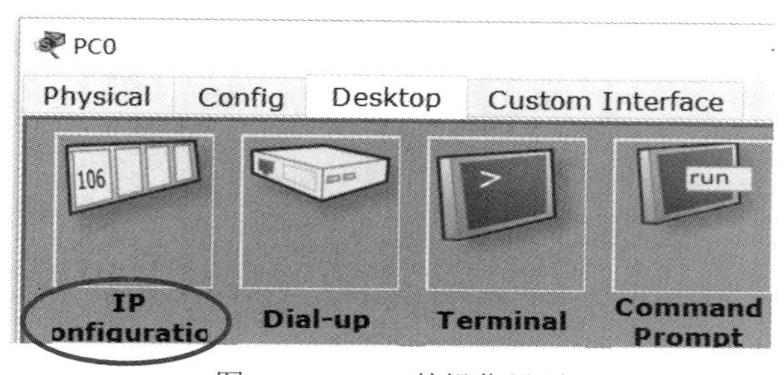

图 2-2-8　PC0 的操作界面

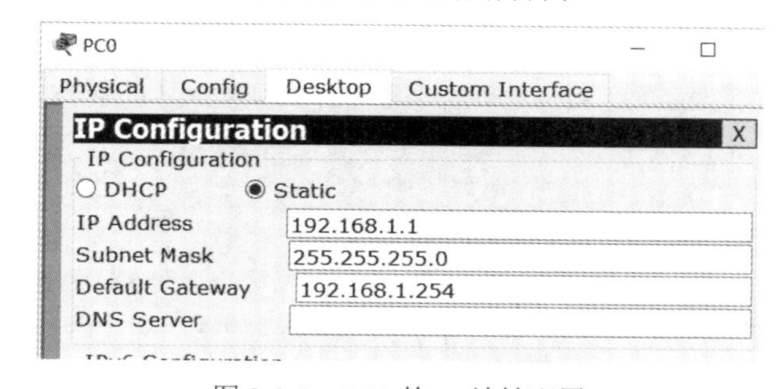

图 2-2-9　PC0 的 IP 地址配置

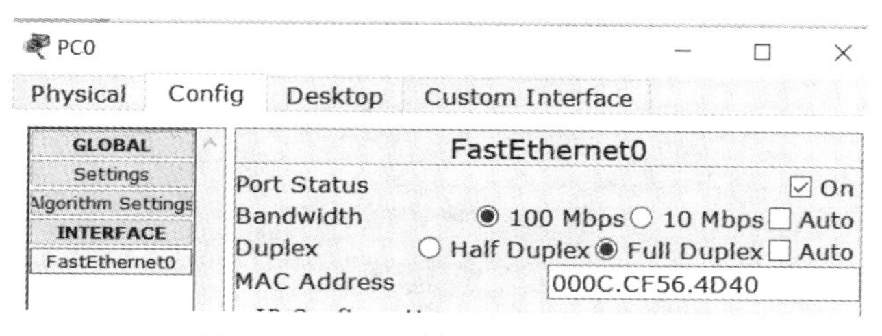

图 2-2-10　PC0 快速以太网口配置

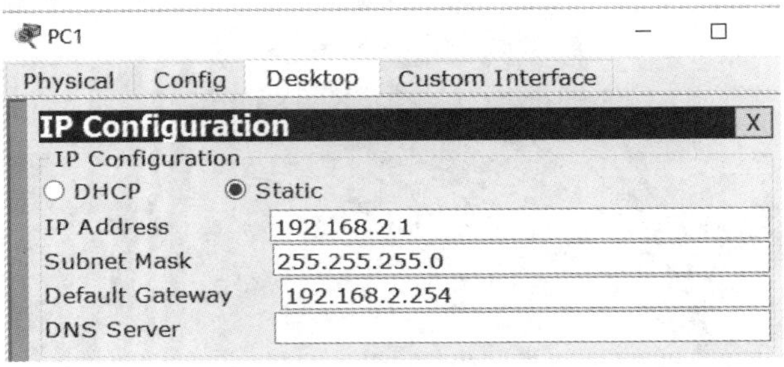

PC1
Physical Config Desktop Custom Interface
IP Configuration
IP Configuration
DHCP Static
IP Address 192.168.2.1
Subnet Mask 255.255.255.0
Default Gateway 192.168.2.254
DNS Server

图 2-2-11 PC1 的 IP 地址配置

⑤对路由器进行命令配置。点击 Router0，选择 CLI，如图 2-2-12 所示，执行以下配置命令。

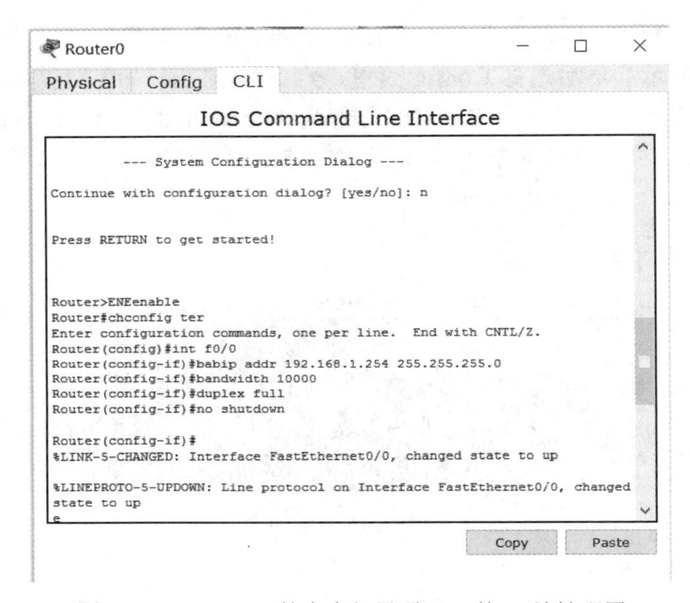

图 2-2-12 Router0 的命令行界面 PC0 的 IP 地址配置

```
Router>enable          !进入特权模式
Router#config ter          !进入全局配置模式
Router(config)#int f0/0     !进入快速以太网口 f0/0
Router(config-if)#ip addr 192.168.1.254 255.255.255.0     ! 配置 IP 地址和子网掩码
Router(config-if)#bandwidth   10000          !设置端口速率为 100Mb/s
Router(config-if)#duplex full          !配置端口为全双工工作模式
Router(config-if)#no shutdown     !开启端口
Router(config-if)#exit        !退出该端口
Router(config)#int   s2/0     !进入串口 s2/0
Router(config-if)#ip addr 10.10.10.1 255.255.255.0     !配置 IP 地址和子网掩码
Router(config-if)#no shut        !开启端口
Router(config-if)#clock rate 64000      !配置端口时钟
Router(config-if)#encapsulation   hdlc          !配置端口的协议为 hdlc
Router(config-if)#exit       !退出到特权模式
Router(config)#ip route 192.168.2.0 255.255.255.0 10.10.10.2   !配置 router0 到 routert1 的静态路由。
```

```
Router(config)#exit
```

点击 router1，选择 CLI，执行以下配置命令。

```
Router>enable            !进入特权模式
Router#config ter          !进入全局配置模式
Router(config)#int f0/0       !进入快速以太网口 f0/0
Router(config-if)#ip addr 192.168.2.254 255.255.255.0     ! 配置 IP 地址和子网掩码
Router(config-if)#bandwidth   10000          !设置端口速率为 100Mb/s
Router(config-if)#duplex full        !配置端口为全双工工作模式
Router(config-if)#no shutdown      !开启端口
Router(config-if)#exit       !退出该端口
Router(config)#int    s2/0      !进入串口 s2/0
Router(config-if)#ip addr 10.10.10.2 255.255.255.0      !配置 IP 地址和子网掩码
Router(config-if)#no shut        !开启端口
Router(config-if)#encapsulation    hdlc          !配置端口的协议为 hdlc
Router(config-if)#exit       !退出到特权模式
Router(config)#ip route 192.168.1.0 255.255.255.0 10.10.10.1    !配置 router1 到 routert0 的静态路由。
Router(config)#exit
```

⑥测试 PC0 到 Router1 和 PC1 的连通性。点击 PC0，选择 Desktop 菜单，点击 Command Prompt，打开命令执行框，如图 2-2-13 所示。输入“ping 10.10.10.2”，查看 PC0 到 Router1 的连通性。输入“ping 192.168.2.1”，查看 PC0 到 PC1 的连通性。结果显示 PC0 到 Router1 和 PC1 均是连通的，如图 2-2-14 和图 2-2-15 所示。

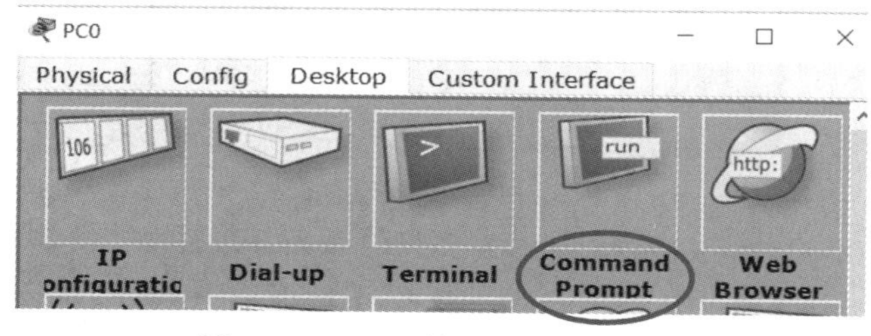

图 2-2-13　PC0 的可执行命令窗口

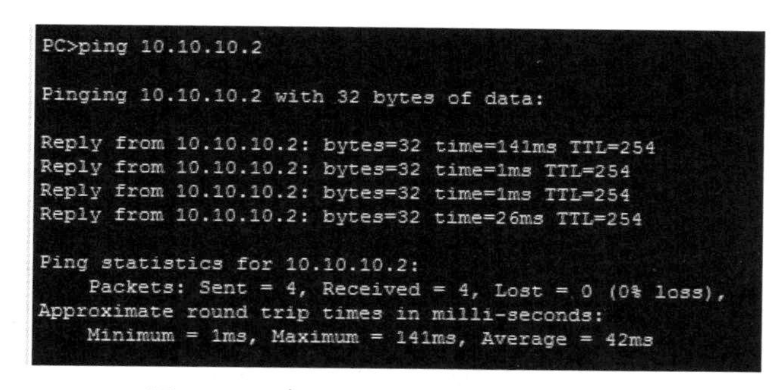

图 2-2-14　PC0 执行“ping 10.10.10.2”

（3）利用模拟器查看 HDLC 帧的信息。在 Cisco Packet Tracer 中，如图 2-2-16 所示，点击右下角的模拟器 Simulation，不选择“Constant Delay”；重复执行第⑥步，在 PC0 上执行“ping 192.168.2.1”；点击模拟器中的 Simulation，通过一次一次地点击“Capture/Forward”按

钮，观察 ICMP 报文如何一步一步地完成传送。

```
PC>ping 192.168.2.1

Pinging 192.168.2.1 with 32 bytes of data:

Reply from 192.168.2.1: bytes=32 time=15ms TTL=126
Reply from 192.168.2.1: bytes=32 time=1ms TTL=126
Reply from 192.168.2.1: bytes=32 time=9ms TTL=126
Reply from 192.168.2.1: bytes=32 time=15ms TTL=126

Ping statistics for 192.168.2.1:
    Packets: Sent = 4, Received = 4, Lost = 0 (0% loss),
Approximate round trip times in milli-seconds:
    Minimum = 1ms, Maximum = 15ms, Average = 10ms
```

图 2-2-15　PC0 执行“ping 192.168.2.1”

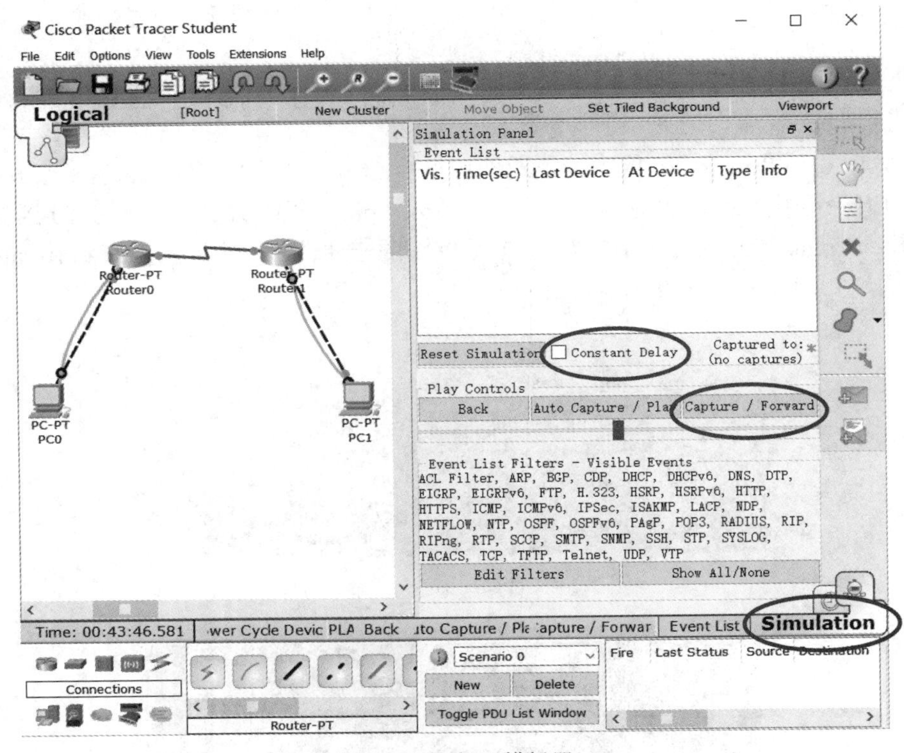

图 2-2-16　打开模拟器

在“Even List”中，呈现了 PC0 执行“ping 192.168.2.1”过程中，通信线路上传输的 ICMP 报文，如图 2-2-17 所示。过程如下：PC0 生成一个 ICMP 报文；PC0 将该报文封装到以太网帧 EthernetⅡ中并传送给 Router0（我们在此将其称为 1 号数据包，之后的也依次类推）；Router0 解封装 1 号数据包，又重新封装到 HDLC 帧中，发送给 Router1；Router1 解封装 2 号数据包，并重新将其封装到以太网帧 EthernetⅡ中，并传送给 PC1。从 PC1 到 PC0 的 ICMP 报文的传输方式同理。

从以上阐述我们知道，在广域网通信链路上，数据链路层使用的是 HDLC 帧进行传输。那么，通过点击 Router0 发送给 Router1 的 ICMP 报文的“Info”对应的图标，可以查看该报文的详细信息，如图 2-2-18 所示。在路由器 Router1 上，进入的数据包（左侧 In layers），Layer2 为 HDLC 帧，是 Router0 发送给 Router1 的；发出的数据包（右侧 Out Layers），Layer2 为以太网帧 Ethernet II，是 Router1 要发送给 PC1 的。

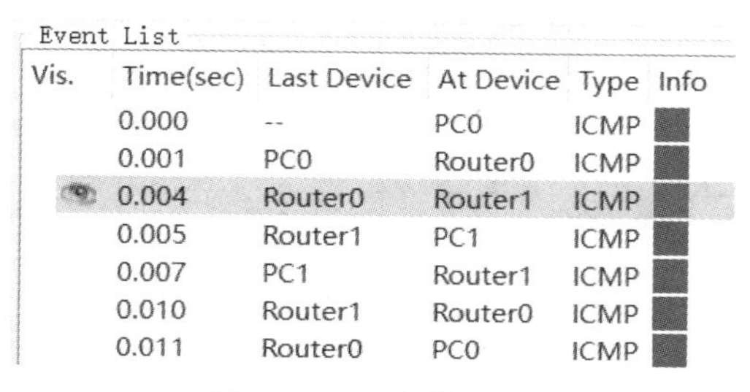

Event List

Vis.	Time(sec)	Last Device	At Device	Type	Info
	0.000	--	PC0	ICMP	
	0.001	PC0	Router0	ICMP	
	0.004	Router0	Router1	ICMP	
	0.005	Router1	PC1	ICMP	
	0.007	PC1	Router1	ICMP	
	0.010	Router1	Router0	ICMP	
	0.011	Router0	PC0	ICMP	

图 2-2-17　事件列表

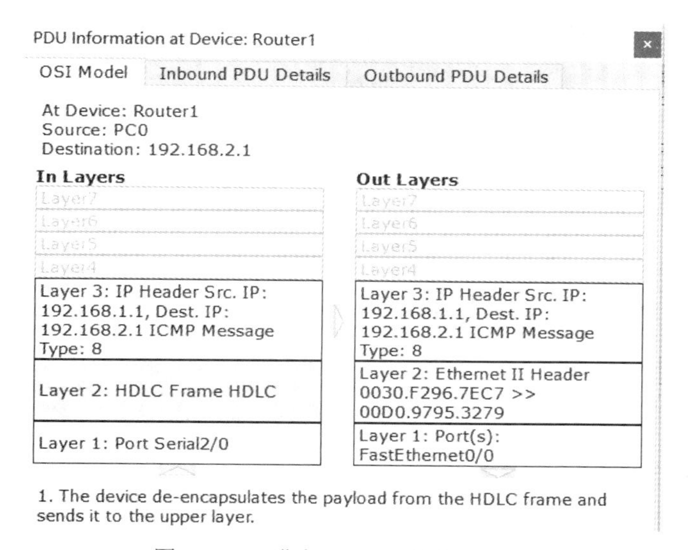

图 2-2-18　进出 Router1 的数据信息

点击“Inbound PDU Details”，可以看到 Router1 收到的 HDLC 帧和帧的详细信息，如图 2-2-19 所示。我们可以看到 ICMP 报文封装到 IP 数据报中，而 IP 数据报封装到 HDLC 帧中。PC0 生成的 ICMP 报文，在从 PC0 传送至 PC1 的过程中，没有发生任何变化，但其外的 IP 数据报首部的个别字段的值及帧的类型会不断发生变化，留给您在实验中细细观察。IP 数据报及 ICMP 报文会在以后的章节中一一讲解。

四、知识扩展

HDLC 协议是一个链路控制协议，和底层的物理传输机制无关，它具有封装简单、冗余度低等特点，其协议实现既可以由软件完成，也可以由硬件芯片完成，因此广泛应用于数据通信领域，比如同步光纤多通道电话线路的控制通道中。一些厂商，如思科，在标准 HDLC 协议的首部信息中加入了其他一些协议字段，使用低级别的 HDLC 成帧技术开发了思科 HDLC 协议。另外，HDLC 协议是思科路由器中串行接口的默认封装。

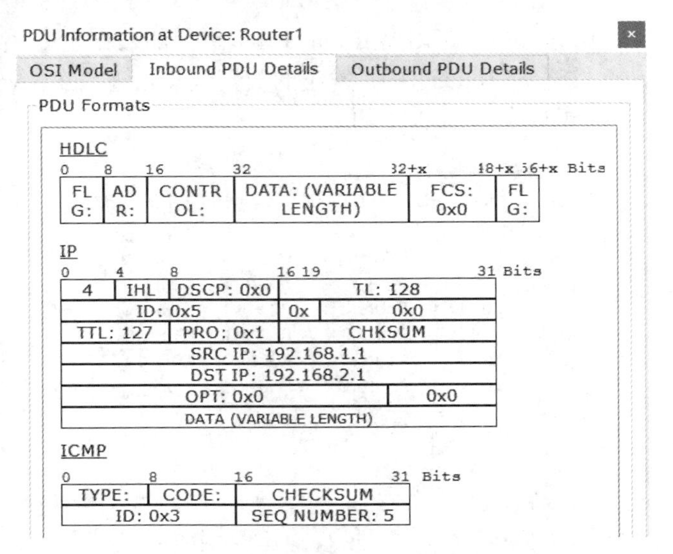

图 2-2-19　HDLC 帧及其封装的数据信息

IEEE802.2 的逻辑链路控制（Logic Link Control，LLC）协议就是受到 HDLC 协议的启发而设计的，目前 HDLC 协议的子集广泛应用于 X.25 网络、帧中继网络中，并作为数据链路层协议连接服务器到广域网中。

任务 3　描述 PPP 协议帧的格式

知识与技能：

- 理解 PPP 的概念和发展历史
- 理解 PPP 的功能和层次结构
- 理解 PPP 通信的身份验证和加密算法原理
- 掌握 PPP 帧结构和建立过程
- 掌握使用 Wireshark 分析 PPP 协议方法

一、任务背景介绍

在 20 世纪 80 年代末，因为串行线因特网协议（Serial Line Internet Protocol，SLIP）影响传输性能问题，阻碍了因特网的发展，因此，IETF（Internet Engineering Task Force，因特网工程任务组）推出了点到点类型线路的数据链路层协议，即点到点协议（Point to Point Protocol，PPP），来解决远程因特网连接的问题。PPP 协议在 RFC 1661、RFC 1662 和 RFC 1663 中进行了描述。

PPP 不但解决了 SLIP 中的问题，而且实现了动态分配 IP 地址的功能，并对上层的多种协议提供支持，同时提供丰富可选的增强功能，比如支持动态地址协商、提供身份认证服务、支持多链路捆绑、支持各种方式压缩数据等，从而使之成为正式的因特网标准。最后，不论是异步电路还是同步电路，PPP 协议均可以建立主机和网络、路由器和网络间的连接，因此，它得到了十分广泛的应用。

PPP 主要用于广域网的连接、局域网中拨号连接。PPP 是双向全双工操作通信协议，电话拨号或电缆直接连接都可以采用此种协议通信，实现两个对等实体间数据包的传输。

二、知识点介绍

1. PPP 的层次结构

PPP 协议处于数据链路层，在物理硬件上支持各种传输介质，包括 EIA/TIA 232、EIA/TIA 449、EIA/TIA 530、V.35、V.21 等光纤、双绞线。在数据链路层 PPP 通过 LCP 协议提供了链路建立、维护、协商、认证和拆除等系列管理功能，等同于以太网中数据链路层的 MAC 子层；在网络层 PPP 通过 NCP 为不同的协议提供服务功能，比如 IP 和 IPX 等协议，此时 NCP 等同于以太网数据链路层的 LLC 子层；在帧的封装格式上，PPP 协议采用了在 HDLC 基础上的变化形式。如图 2-3-1 为 PPP 层次结构图，从图可以看出 PPP 协议主要由 NCP 和 LCP 两种协议组成。

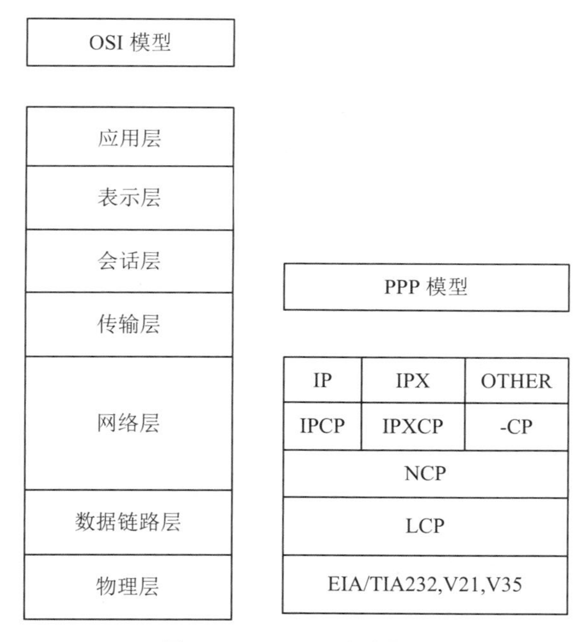

图 2-3-1　PPP 层次结构图

2. PPP 的基本功能

从 PPP 的层次结构图中，可知它由 NCP 和 LCP 两种主要的协议组成，那么 PPP 相应的基本功能主要是链路控制功能（LCP）和网络控制功能（NCP）。

链路控制功能（LCP）主要完成 PPP 协议中的数据链路建立、配置、测试和释放功能。

在链路建立时 LCP 完成最大传输单元、质量协议、魔术字、协议域压缩、验证协议、地址和控制域压缩协商等参数的协商功能。

当用户发起呼叫需要建立链路连接时完成建立链路连接时参数选择的协商；通信过程中测试线路；线路不用时释放链路等情况下，均需要链路控制 LCP（Link Control Protocol，LCP）完成对应的功能。

网络控制功能（NCP）主要完成 PPP 中的建立和配置不同的网络层协议功能，及协商链路上传输的数据包的格式与类型的功能。

NCP 有 IPCP 和 IPXCP 两种。IPCP 用于在 LCP 上运行 IP 协议；IPXCP 用于在 LCP 上运行 IPX 协议。IPCP 有两个功能：一是协商 IP 地址；二是协商 IP 压缩协议。

LCP 链路成功建立后，网络控制协议族（Network Control Protocol，NCP）为上层提供服务接口，配置上层协议所需环境，满足不同用户需求。针对不同类型的协议，会使用不同的 NCP 组件，如 IPX 提供 IPXCP 接口，IP 提供 IPCP 接口等

同时，PPP 还提供 PAP 和 CHAP 等安全方面的验证协议族。此部分内容将在知识扩展中给与详细的介绍。

3. PPP 的帧格式

PPP 协议帧主要是在 HDLC 帧格式的基础上做了些变动，二者间的最大的区别是，HDLC 是面向位的帧格式，而 PPP 是面向字符的帧格式。另外，PPP 协议在点到点串行线路上使用字符填充技术，故所有的 PPP 帧的大小均是字节的整数倍。如图 2-3-2 所示为 PPP 的帧格式。

标志字段(F) 01111110	地址字段(A) 8位	控制字段(C) 8位	协议字段(P) 8位	信息字段(I) N位	帧校验序列字段 (FCS)16位

图 2-3-2　PPP 的帧格式

标志字段（F）：共 8 位，该字段是以 HDLC 的标志字节（01111110）开始的。

地址字段（A）：共 8 位，该字段固定为 11111111，表明主从端的状态均为接收状态。

控制字段（C）：共 8 位，缺省值为 00000011，表明是无序号帧。在有噪声情况下则需使用有序号帧进行可靠传输。

协议字段（P）：共 8 位，该字段告知信息字段中使用的具体协议，LCP、NCP、IP、IPX、AppleTalk 及其它协议都在该字段中定义了代码。

信息字段（I）：长度是不固定的，最大为约定的最大值。缺省长度 1500 字节。

校验和字段（FCS）：一般情况下是 2 字节，但也可以是 4 字节。

4. PPP 的建立过程

PPP 建立的过程是通过一系列的协商完成，比如网络层协商数据链路上传输的数据类型和格式，链路层协商 MTU、密码验证、拆除和监控链路数据等。PPP 建立的过程主要分为五个阶段：链路不可用阶段、链路建立阶段、验证阶段、网络层协议阶段、链路终止阶段。如图 2-3-3 所示为 PPP 的建立过程。

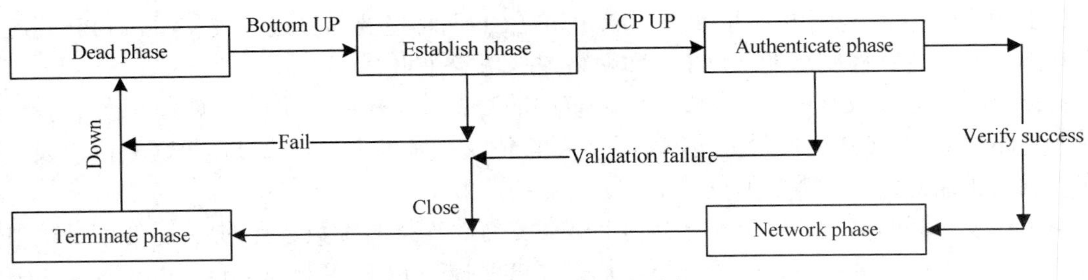

图 2-3-3　PPP 的建立过程

（1）链路不可用阶段（Dead）。在 Dead 阶段，LCP 状态机有 Initial 和 Starting 两个状态。通过发送 Up 事件会从该状态迁移到 Establish 状态。当断开连接后，链路会自动回到该状态。这个阶段只是检测设备是否就位，时间较短，所以此阶段是链路的开始和结束点。

（2）链路建立阶段（Establish）。在 Establish 阶段，当 LCP 状态机接收到 Configure-Ack 数据包，则进入 Opened 状态，停止配置数据包的发送，进而成功建立一个传输配置数据包的连接；当 LCP 状态机接收到非 LCP 数据包则直接丢弃；LCP 状态机只配置除网络层协议相关的配置；在网络层协议阶段或验证阶段，当 LCP 状态机接收到 Configure-Request 则会回到链路建立阶段。

（3）验证阶段（Authenticate）。在 Authenticate 阶段，当在链路上传输数据时，两端需要验证对方的身份或密钥后，才允许对方在网络层进行数据传输。若一端要求对端通过约定的协议进行验证，则一端需要在链路建立阶段发送该协议的请求给对端，当协议验证通过后才可进入网络层协议阶段，否则，验证不过，则继续验证而不是直接进入到链路终止阶段。因此，在该阶段仅仅允许验证协议、链路控制协议和链路质量检测的数据包进行网络层的传输，其余包则全丢弃。

（4）网络层协议阶段（Network-Layer Protocol）。在 Network-Layer Protocol 阶段，NCP 有 Opened 和 Closed 两种状态，当 NCP 处于 Opened 状态之前，PPP 收到与之对应网络层协议的数据包则将会被丢弃；当 NCP 处于 Opened 状态时，PPP 开始传输对应网络层协议的数据包。在该阶段，链路上可以传输 LCP、NCP 数据包和它们的混合包。

（5）链路终止阶段（Link Terminate）。在 Link Terminate 阶段，由于定时器超时、验证失败、链路关闭、载波信号丢失、链路质量差等原因，导致正常的链路进入终止状态。当交换结束，应用通知物理层拆除连接进而强行终止链路；当验证失败时，发出终止请求的一方必须等到收到终止应答或者重启计数器超过最大终止计数次数才断开连接，收到终止请求的一方必须等对方先断开连接，而且在发送终止应答之后必须等到至少一次重启计数器超时之后才能断开连接，之后 PPP 回到链路不可用状态。

三、任务实现

1. 使用 Wireshark 捕获 PPP 数据包

（1）准备工作

网线、路由器、1 台 PC、抓包工具 Wireshark。

（2）安装并打开 Wireshark 软件，选择正在联网的网卡，开始抓包。如图 2-3-4 所示选择联网网卡。

（3）PPP 工作原理

首先，用户通过拨号接入 ISP，建立 PC 机到 ISP 的物理连接；其次，PC 机向 ISP 发送许多 LCP 分组，建立 LCP 连接，而分组和响应选择了使用 PPP 的相应参数；然后，进行网络配置，NCP 给新的接入用户分配临时的 IP 地址，从而用户的 PC 机成为了因特网上的 IP 地址主机；最后，用户通信完毕，NCP 释放网络层连接，回收分配的 IP 地址，LCP 释放数据链路层连接，释放物理层资源。

2. 链路建立阶段（Establish）

（1）链路建立阶段的基本步骤：

Step1：按默认方式安装抓包工具 Wireshark；
Step2：断开网络连接（确保主机处于断网状态）；
Step3：打开抓包工具后开始抓包；
Step4：点击“宽带连接”，使主机进入联网状态；
Step5：确定网络处于联网状态后，停止抓包。

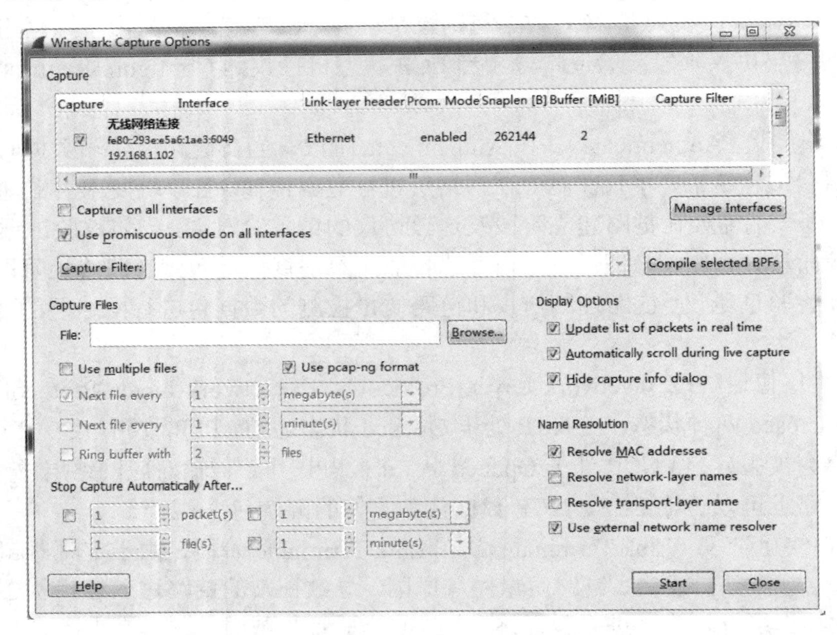

图 2-3-4　选择联网网卡

进行宽带拨号使主机联网之后，同时运行 Wireshark 得到，如图 2-3-5 和图 2-3-6 所示链路建立阶段数据。

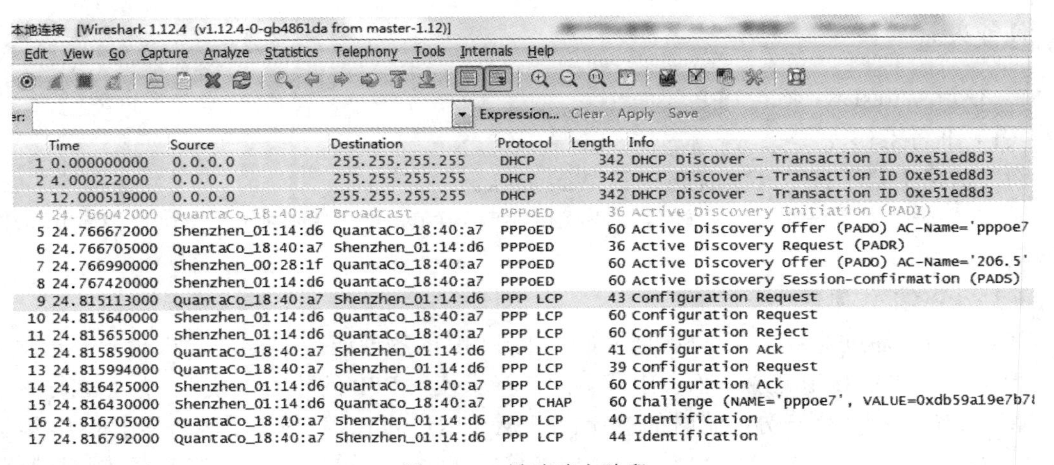
本地连接 [Wireshark 1.12.4 (v1.12.4-0-gb4861da from master-1.12)]

No.	Time	Source	Destination	Protocol	Length	Info
1	0.000000000	0.0.0.0	255.255.255.255	DHCP	342	DHCP Discover - Transaction ID 0xe51ed8d3
2	4.000222000	0.0.0.0	255.255.255.255	DHCP	342	DHCP Discover - Transaction ID 0xe51ed8d3
3	12.000519000	0.0.0.0	255.255.255.255	DHCP	342	DHCP Discover - Transaction ID 0xe51ed8d3
4	24.766042000	QuantaCo_18:40:a7	Broadcast	PPPoED	36	Active Discovery Initiation (PADI)
5	24.766672000	Shenzhen_01:14:d6	QuantaCo_18:40:a7	PPPoED	60	Active Discovery Offer (PADO) AC-Name='pppoe7
6	24.766705000	QuantaCo_18:40:a7	Shenzhen_01:14:d6	PPPoED	36	Active Discovery Request (PADR)
7	24.766990000	Shenzhen_00:28:1f	QuantaCo_18:40:a7	PPPoED	60	Active Discovery Offer (PADO) AC-Name='206.5'
8	24.767420000	Shenzhen_01:14:d6	QuantaCo_18:40:a7	PPPoED	60	Active Discovery Session-confirmation (PADS)
9	24.815113000	QuantaCo_18:40:a7	Shenzhen_01:14:d6	PPP LCP	43	Configuration Request
10	24.815640000	Shenzhen_01:14:d6	QuantaCo_18:40:a7	PPP LCP	60	Configuration Request
11	24.815655000	Shenzhen_01:14:d6	QuantaCo_18:40:a7	PPP LCP	60	Configuration Reject
12	24.815859000	QuantaCo_18:40:a7	Shenzhen_01:14:d6	PPP LCP	41	Configuration Ack
13	24.815994000	QuantaCo_18:40:a7	Shenzhen_01:14:d6	PPP LCP	39	Configuration Request
14	24.816425000	Shenzhen_01:14:d6	QuantaCo_18:40:a7	PPP LCP	60	Configuration Ack
15	24.816430000	Shenzhen_01:14:d6	QuantaCo_18:40:a7	PPP CHAP	60	Challenge (NAME='pppoe7', VALUE=0xdb59a19e7b7
16	24.816705000	QuantaCo_18:40:a7	Shenzhen_01:14:d6	PPP LCP	40	Identification
17	24.816792000	QuantaCo_18:40:a7	Shenzhen_01:14:d6	PPP LCP	44	Identification

图 2-3-5　链路建立阶段

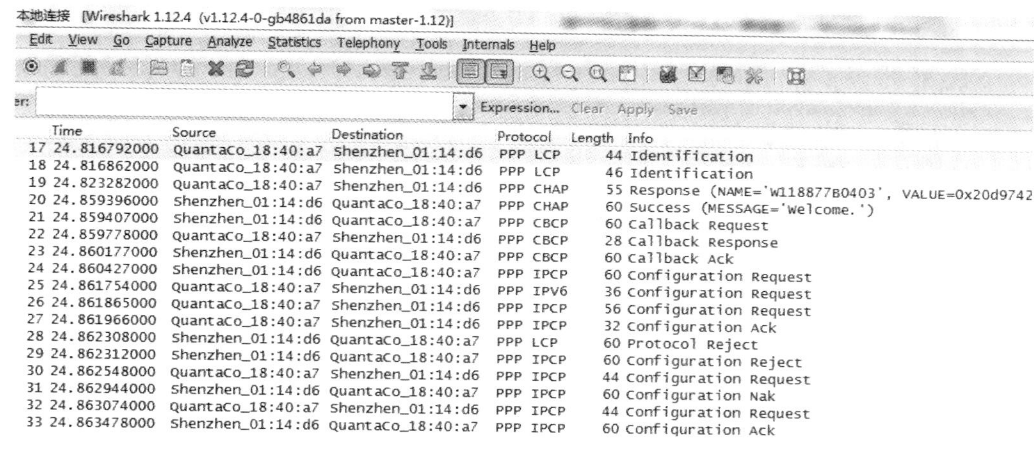

本地连接 [Wireshark 1.12.4 (v1.12.4-0-gb4861da from master-1.12)]

Edit View Go Capture Analyze Statistics Telephony Tools Internals Help

Expression... Clear Apply Save

No.	Time	Source	Destination	Protocol	Length	Info
17	24.816792000	QuantaCo_18:40:a7	Shenzhen_01:14:d6	PPP LCP	44	Identification
18	24.816862000	QuantaCo_18:40:a7	Shenzhen_01:14:d6	PPP LCP	46	Identification
19	24.823282000	QuantaCo_18:40:a7	Shenzhen_01:14:d6	PPP CHAP	55	Response (NAME='W118877B0403', VALUE=0x20d9742
20	24.859396000	Shenzhen_01:14:d6	QuantaCo_18:40:a7	PPP CHAP	60	Success (MESSAGE='Welcome.')
21	24.859407000	Shenzhen_01:14:d6	QuantaCo_18:40:a7	PPP CBCP	60	Callback Request
22	24.859778000	QuantaCo_18:40:a7	Shenzhen_01:14:d6	PPP CBCP	28	Callback Response
23	24.860177000	Shenzhen_01:14:d6	QuantaCo_18:40:a7	PPP CBCP	60	Callback Ack
24	24.860427000	Shenzhen_01:14:d6	QuantaCo_18:40:a7	PPP IPCP	60	Configuration Request
25	24.861754000	QuantaCo_18:40:a7	Shenzhen_01:14:d6	PPP IPV6	36	Configuration Request
26	24.861865000	QuantaCo_18:40:a7	Shenzhen_01:14:d6	PPP IPCP	56	Configuration Request
27	24.861966000	QuantaCo_18:40:a7	Shenzhen_01:14:d6	PPP IPCP	32	Configuration Ack
28	24.862308000	Shenzhen_01:14:d6	QuantaCo_18:40:a7	PPP LCP	60	Protocol Reject
29	24.862312000	Shenzhen_01:14:d6	QuantaCo_18:40:a7	PPP IPCP	60	Configuration Reject
30	24.862548000	QuantaCo_18:40:a7	Shenzhen_01:14:d6	PPP IPCP	44	Configuration Request
31	24.862944000	Shenzhen_01:14:d6	QuantaCo_18:40:a7	PPP IPCP	60	Configuration Nak
32	24.863074000	QuantaCo_18:40:a7	Shenzhen_01:14:d6	PPP IPCP	44	Configuration Request
33	24.863478000	Shenzhen_01:14:d6	QuantaCo_18:40:a7	PPP IPCP	60	Configuration Ack

图 2-3-6　链路建立阶段

（2）链路建立阶段的分析过程：

由图 2-3-5 和图 2-3-6 可知 PC 机进入一个“链路建立”状态，建立链路层 LCP 连接。具体过程分析如下：

①先发送配置请求帧（Configure-Request）即 PPP 帧，如图 2-3-7 所示。

```
9 24.815113000 QuantaCo_18:40:a7 Shenzhen_01:14:d6 PPP LCP 43 Configuration Request
⊞ Frame 9: 43 bytes on wire (344 bits), 43 bytes captured (344 bits) on interface 0
⊞ Ethernet II, Src: QuantaCo_18:40:a7 (e8:9a:8f:18:40:a7), Dst: Shenzhen_01:14:d6 (2c:53:4a:01:14:d6)
⊞ PPP-over-Ethernet Session
⊟ Point-to-Point Protocol
    Protocol: Link Control Protocol (0xc021)
⊟ PPP Link Control Protocol
    Code: Configuration Request (1)
    Identifier: 0 (0x00)
    Length: 21
  ⊟ Options: (17 bytes), Maximum Receive Unit, Magic Number, Protocol Field Compression, Address and Contro
    ⊞ Maximum Receive Unit: 1480
    ⊞ Magic Number: 0x37593ce8
    ⊞ Protocol Field Compression
    ⊞ Address and Control Field Compression
    ⊞ Callback: Location is determined during CBCP negotiation
```

图 2-3-7　发送配置请求帧

②然后链路另一端发送配置确认帧（Configure-Ack）表示所有项都接受，如图 2-3-8 所示。

```
12 24.815859000 QuantaCo_18:40:a7 Shenzhen_01:14:d6 PPP LCP 41 Configuration Ack
⊞ Frame 12: 41 bytes on wire (328 bits), 41 bytes captured (328 bits) on interface 0
⊞ Ethernet II, Src: QuantaCo_18:40:a7 (e8:9a:8f:18:40:a7), Dst: Shenzhen_01:14:d6 (2c:53:4a:01:14:d6)
⊞ PPP-over-Ethernet Session
⊟ Point-to-Point Protocol
    Protocol: Link Control Protocol (0xc021)
⊟ PPP Link Control Protocol
    Code: Configuration Ack (2)
    Identifier: 1 (0x01)
    Length: 19
  ⊟ Options: (15 bytes), Authentication Protocol, Maximum Receive Unit, Magic Number
    ⊞ Authentication Protocol: Challenge Handshake Authentication Protocol (0xc223)
    ⊞ Maximum Receive Unit: 1480
    ⊞ Magic Number: 0xefe3a247
```

图 2-3-8　发送配置确认帧

③然后 PC 机再次发送配置请求帧（Configure-Request），直到协商结束后建立 LCP 链路成功，进入验证（Authentication）状态，拨号使用口令鉴别协议（PAP）分请求帧（Request）和确认帧（Ack）。如图 2-3-9、图 2-3-10 和图 2-3-11 所示。

```
15 24.816430000 Shenzhen_01:14:d6 QuantaCo_18:40:a7 PPP CHAP 60 Challenge (NAME='pppoe7', VALUE=0xdb59a19e7b78a4a93e70c6
⊞ Frame 15: 60 bytes on wire (480 bits), 60 bytes captured (480 bits) on interface 0
⊞ Ethernet II, Src: Shenzhen_01:14:d6 (2c:53:4a:01:14:d6), Dst: QuantaCo_18:40:a7 (e8:9a:8f:18:40:a7)
⊞ PPP-over-Ethernet Session
⊟ Point-to-Point Protocol
    Protocol: Challenge Handshake Authentication Protocol (0xc223)
⊟ PPP Challenge Handshake Authentication Protocol
    Code: Challenge (1)
    Identifier: 1
    Length: 27
  ⊟ Data
      Value Size: 16
      Value: db59a19e7b78a4a93e70c6fce6888748
      Name: pppoe7
```

图 2-3-9　请求鉴别帧

```
19 24.823282000 QuantaCo_18:40:a7 Shenzhen_01:14:d6 PPP CHAP 55 Response (NAME='W118877B0403', VALUE=0x20d9742172c4fbab
⊞ Frame 19: 55 bytes on wire (440 bits), 55 bytes captured (440 bits) on interface 0
⊞ Ethernet II, Src: QuantaCo_18:40:a7 (e8:9a:8f:18:40:a7), Dst: Shenzhen_01:14:d6 (2c:53:4a:01:14:d6)
⊞ PPP-over-Ethernet Session
⊟ Point-to-Point Protocol
    Protocol: Challenge Handshake Authentication Protocol (0xc223)
⊟ PPP Challenge Handshake Authentication Protocol
    Code: Response (2)
    Identifier: 1
    Length: 33
  ⊟ Data
      Value Size: 16
      Value: 20d9742172c4fbab4c141f00f7a72e5a
      Name: W118877B0403
```

图 2-3-10　鉴别确认帧

```
20 24.859396000 Shenzhen_01:14:d6 QuantaCo_18:40:a7 PPP CHAP 60 Success (MESSAGE='Welcome.')
⊞ Frame 20: 60 bytes on wire (480 bits), 60 bytes captured (480 bits) on interface 0
⊞ Ethernet II, Src: Shenzhen_01:14:d6 (2c:53:4a:01:14:d6), Dst: QuantaCo_18:40:a7 (e8:9a:8f:18:40:a7)
⊞ PPP-over-Ethernet Session
⊟ Point-to-Point Protocol
    Protocol: Challenge Handshake Authentication Protocol (0xc223)
⊟ PPP Challenge Handshake Authentication Protocol
    Code: Success (3)
    Identifier: 1
    Length: 12
    Message: Welcome.
```

图 2-3-11　鉴别成功帧

④然后进入建立网络协议状态，进行 NCP 配置协商，此处进行 IP 协议配置。如图 2-3-12 和图 2-3-13 所示。

```
21 24.859407000  Shenzhen_01:14:d6  QuantaCo_18:40:a7  PPP CBCP   60 Callback Request
22 24.859778000  QuantaCo_18:40:a7  Shenzhen_01:14:d6  PPP CBCP   28 Callback Response
23 24.860177000  Shenzhen_01:14:d6  QuantaCo_18:40:a7  PPP CBCP   60 Callback Ack
24 24.860427000  Shenzhen_01:14:d6  QuantaCo_18:40:a7  PPP IPCP   60 Configuration Request
25 24.861754000  QuantaCo_18:40:a7  Shenzhen_01:14:d6  PPP IPV6   36 Configuration Request
26 24.861865000  QuantaCo_18:40:a7  Shenzhen_01:14:d6  PPP IPCP   56 Configuration Request
27 24.861966000  QuantaCo_18:40:a7  Shenzhen_01:14:d6  PPP IPCP   32 Configuration Ack
28 24.862308000  Shenzhen_01:14:d6  QuantaCo_18:40:a7  PPP LCP    60 Protocol Reject
29 24.862312000  Shenzhen_01:14:d6  QuantaCo_18:40:a7  PPP IPCP   60 Configuration Reject
30 24.862548000  QuantaCo_18:40:a7  Shenzhen_01:14:d6  PPP IPCP   44 Configuration Request
31 24.862944000  Shenzhen_01:14:d6  QuantaCo_18:40:a7  PPP IPCP   60 Configuration Nak
32 24.863074000  QuantaCo_18:40:a7  Shenzhen_01:14:d6  PPP IPCP   44 Configuration Request
33 24.863478000  Shenzhen_01:14:d6  QuantaCo_18:40:a7  PPP IPCP   60 Configuration Ack
```

图 2-3-12　网络协议配置

⑤网络层配置后，链路就可进入数据通信的“链路打开”（Link Open）状态，网络连接建立。

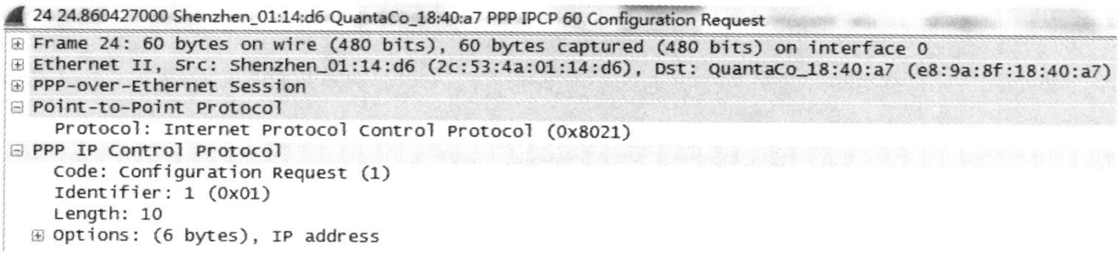

24 24.860427000 Shenzhen_01:14:d6 QuantaCo_18:40:a7 PPP IPCP 60 Configuration Request
Frame 24: 60 bytes on wire (480 bits), 60 bytes captured (480 bits) on interface 0
Ethernet II, Src: Shenzhen_01:14:d6 (2c:53:4a:01:14:d6), Dst: QuantaCo_18:40:a7 (e8:9a:8f:18:40:a7)
PPP-over-Ethernet Session
Point-to-Point Protocol
Protocol: Internet Protocol Control Protocol (0x8021)
PPP IP Control Protocol
Code: Configuration Request (1)
Identifier: 1 (0x01)
Length: 10
Options: (6 bytes), IP address

图 2-3-13　网络 IP 协议配置

3. 链路终止阶段（Terminate）

链路终止阶段的基本步骤：

Step1：确定网络处于联网状态；

Step2：打开抓包工具开始抓包；

Step3：断开网络连接（确保主机处于断网状态）；

Step4：确定网络处于断网状态后，停止抓包。

当网络处于联网状态，开始抓包；数据传输结束后，由链路的一端发出 PPP LCP 分组（Terminate-Request）请求终止链路连接，如图 2-3-14 所示。

*本地连接 [Wireshark 1.12.4 (v1.12.4-0-gb4861da from master-1.12)]
File Edit View Go Capture Analyze Statistics Telephony Tools Internals Help
Filter: ppp
Expression... Clear Apply Save
Time Source Destination Protocol Length Info
227 19.369593000 172.167.7.245 59.51.247.97 UDP 52 Source port: 23373 Destination port: 34136
228 19.843812000 QuantaCo_18:40:a7 Shenzhen_01:14:d6 PPP LCP 38 Termination Request
229 19.844245000 Shenzhen_01:14:d6 QuantaCo_18:40:a7 PPP LCP 60 Termination Ack
Frame 228: 38 bytes on wire (304 bits), 38 bytes captured (304 bits) on interface 0
Ethernet II, Src: QuantaCo_18:40:a7 (e8:9a:8f:18:40:a7), Dst: Shenzhen_01:14:d6 (2c:53:4a:01:14:d6)
PPP-over-Ethernet Session
Point-to-Point Protocol
Protocol: Link Control Protocol (0xc021)
PPP Link Control Protocol
Code: Termination Request (5)
Identifier: 9 (0x09)
Length: 16
Data: 37593ce8003ccd7400000000

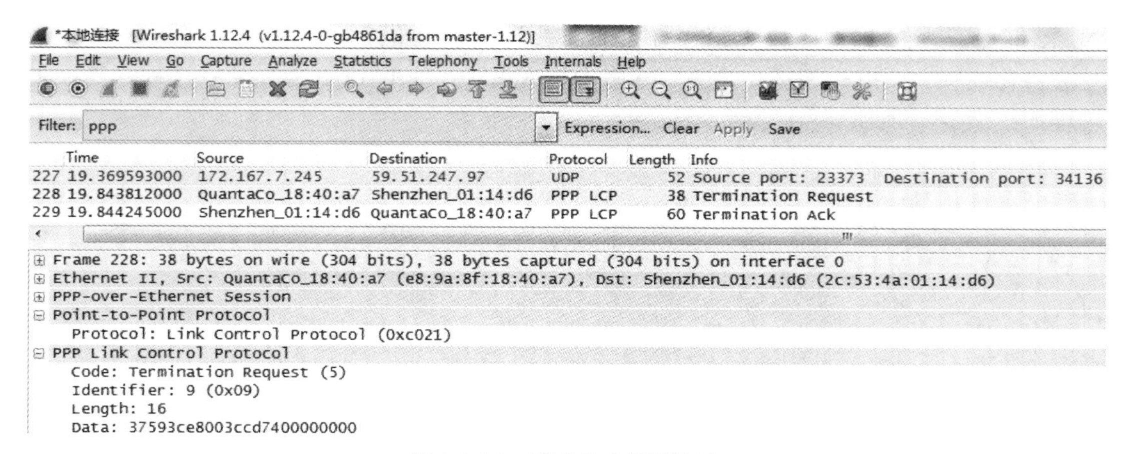

图 2-3-14　请求终止链路连接

然后对端发送 PPP LCP 分组（Terminate-Ack）终止确认请求，转到“链路终止”，如图 2-3-15 所示。

四、知识扩展

PPP 在两端进行网络层协商通信前，双方需通过身份验证，保证通信传输的安全性。PPP 作为一种成熟的协议，目前有 CHAP 和 PAP 两种身份验证协议。

（1）PAP 的验证过程

PAP 英文的全称为 Password Authentication Protocol，是二次握手协议，主要通过用户名和口令来验证对方的身份。另外，PAP 在网络上一般是用明文的方式直接传输用户名和密码，因此，安全性能低。

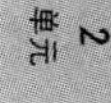

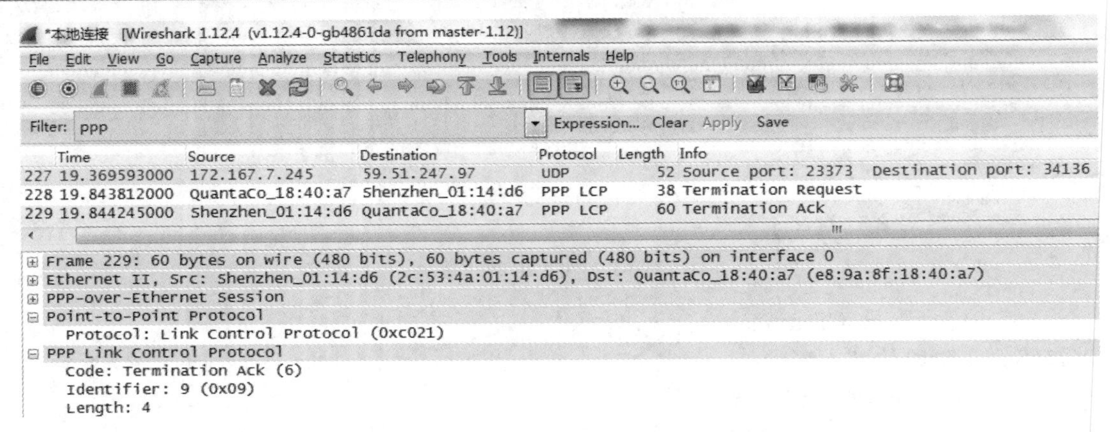

图 2-3-15 确认终止链路连接

PAP 具体验证过程如下：在开始验证阶段，验证方首先将自己的用户名和口令发送给被验证方；其次，被验证方将收到的用户名和口令和本地服务器保存的用户名和口令进行匹配；然后，如果用户名和口令相互匹配，则验证通过，被验证方发送 ACK 报文给被验证方，表示验证通过，双方进入下一个协商阶段；最后，若用户名和口令不匹配，则验证失败，被验证方发送 NAK 报文给被验证方，此时，PPP 不会直接关闭链路，验证次数达到规定的安全阈值后，系统会自动加锁关闭链路连接，消除因网络干扰或误传造成的 LCP 重新协商过程。其报文交互过程如图 2-3-16 所示。

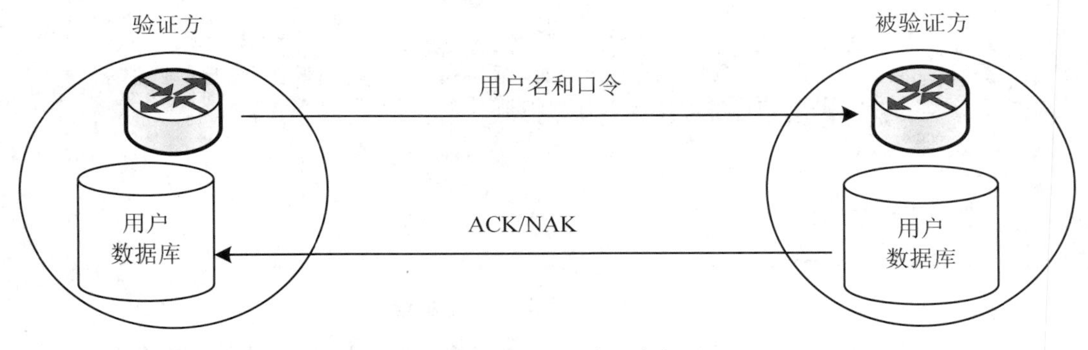

图 2-3-16 PAP 验证流程

（2）CHAP 的验证过程

CHAP 英文的全称为 Challenge Handshake Authentication Protocol，是一种挑战响应式三次握手协议，主要通过加密后的用户名和口令来验证对方的身份。CHAP 在网络中由于只传输用户名而不传输口令密钥，因此，其安全性能比 PAP 高。另外，CHAP 在整个 PPP 的数据传输的各个阶段都可以使用，为防止第三方破译出口令密钥，要求验证方和被验证方每次使用不同的随机数据。

CHAP 具体验证过程如下：首先，验证方需要向被验证方发送本身的主机名、随机生成的报文；其次，被验证方收到验证信息后，查找收到的主机名在本地用户数据库中所对应的口令密钥；然后，被验证方利用查找到的口令密钥、接收的随机报文、收到报文的 ID 号，使用 MD5 加密算法生成本地应答，并将应答和本地主机名发送给验证方；再次，验证方收到应答信息后，查找收到的主机名在本地用户数据库中所对应的口令密钥；然后，验证方利用查找到的口令密钥、随机报文、报文的 ID 号，使用 MD5 加密算法生成本地应答，并将接收到的应答和本地生成的应答进行匹配；最后，若匹配成功则返回 ACK，链路连接成功，否则返回 NAK，立即切断线路连接。其报文交互流程如图 2-3-17 所示。

图 2-3-17　CHAP 验证流程

本单元小结

目前以太网有多种标准，其数据帧有多种格式，本单元主要介绍了局域网协议以太网 V2 的帧结构，通过 Wireshark 捕捉的 ARP 数据包解码来分析它的帧结构，使分析的结果更有利于对以太网 V2 的帧结构的研究。HDLC 和 PPP 协议包的研究，HDLC 和 PPP 协议包的帧格式相似。二者主要区别：PPP 是面向字符的，而 HDLC 是面向位的。HDLC 是面向比特的同步通信协议，主要为全双工点对点操作提供完整的数据透明度。就系统结构而言，HDLC 适用于点到点或点到多点式的结构；就工作方式而言，HDLC 适用于半双工或全双工；就传输方式而言，HDLC 只用于同步传输；在传输速度方面，HDLC 常用于中高速传输。PPP 是为同等单元之间传输数据包这样简单链路设计的链路层协议。这种链路提供全双工操作，并按照顺序传输数据包。设计目的主要是通过拨号或专线方式建立点对点连接发送数据，使其成为各种主机、网桥和路由器简单连接的一种共通的解决方案。

习题 2

一、选择题

1．下列协议中，可以将 IP 地址转换为 MAC 地址的是（　　）。
A．RARP　　B．ARP　　C．DNS　　D．ICMP

2．以太网 V2 最少由（　　）字节构成。
A．18　　B．46　　C．64　　D．128

3．（　　）类型指的是使用的 ARP 协议。
A．0x0806　　B．0x0835　　C．0x0800　　D．0x8137

4．ARP 数据包中目标 MAC 地址是由（　　）字节构成。

A．2　　B．4　　C．6　　D．8

5．ARP 数据包中 Padding 的作用（　　）。

A．分析　　B．封装　　C．配置　　D．填充

6．HDLC 协议是一种（　　）。

A．面向比特的数据链路层协议

B．面向字节计数的同步链路控制协议

C．面向字符的同步链路控制协议

D．异步链路控制协议

7．HDLC 协议采用（　　）标志作为帧定界符。

A．10000001　　B．01111110　　C．10101010　　D．10101011

8．下列所述的协议中，哪一个不是广域网协议？（　　）

A．PPP　　B．X．25　　C．HDLC　　D．RIP

9．下面协议帧中，（　　）帧中没有数据单元校验字段。

A．PPP　　B．HDLC　　C．IP　　D．TCP

二、填空题

1．计算机网络的主要目的是________和________。

2．以太网帧格式 Ethernet V2 更改了 Ethernet V1 的________和________，在帧格式上并无变化。

3．帧校验序列包含长度为________的循环冗余校验值。

4．HDLC 是一种面向________链路层协议。

5．HDLC 和 PPP 协议包的帧格式相似。二者主要区别：PPP 是________，而 HDLC 是________。

6．________协议是为了解决以前互联网所采用的 SLIP 协议的缺点而开发的，能够解决动态分配 IP 地址的需要，并提供对上层网络层的多种协议的支持。

3 网络层协议

本单元介绍网络层协议，主要包括 IP 协议、IGMP v3 协议的帧格式，以通过帧格式和 Wireshark 捕捉的数据包解码来分析具体的案例。

内容摘要：

- IP 协议帧格式
- IGMP v3 协议帧的格式

学习目标：

- 了解网络层协议的帧格式
- 掌握网络层协议的分析方法

任务 1　IP 协议帧格式

知识与技能：

- 了解 IP 协议的格式
- 抓包分析 IP 协议数据包

一、任务背景介绍

IP 协议是因特网上的中枢。它定义了独立的网络之间以什么样的方式协同工作从而形成一个全球互联网。因特网内的每台主机都有 IP 地址。数据被称作数据报的分组形式从一台主机发送到另一台。每个数据报标有源 IP 地址和目的 IP 地址，然后被发送到网络中。如果源主机和目的主机不在同一个网络中，那么一个被称为路由器的中间机器将接收被传送的数据报，并且将其发送到距离目的端最近的下一个路由器。这个过程就是分组交换。

IP 允许数据报从源端途经不同的网络到达目的端。每个网络有它自己的规则和协定。IP

能够使数据报适应于其途经的每个网络。例如，每个网络规定的最大传输单元各有不同。IP允许将数据报分片并在目的端重组来满足不同网络的规定。通过 UDP 数据包分析 IP 数据包的结构。

二、知识点介绍

IP 实现两个基本功能：寻址和分段。IP 可以根据数据包包头中包括的目的地址将数据报传送到目的地址，在此过程中 IP 负责选择传送的道路，这种选择道路称为路由功能。如果有些网络内只能传送小数据报，IP 可以将数据报重新组装并在报头域内注明。IP 模块中包括这些基本功能，这些模块存在于网络中的每台主机和网关上，而且这些模块（特别在网关上）有路由选择和其他服务功能。对 IP 来说，数据报之间没有什么联系，对 IP 不好说什么建立连接或逻辑链路。

IP 协议是用于将多个包交换网络连接起来的，它在源地址和目的地址之间传送一种称之为数据包的东西，它还提供对数据大小的重新组装功能，以适应不同网络对包大小的要求。

版本（Version）：占 4 位，指 IP 协议的版本。通信双方使用的 IP 协议版本必须一致。目前广泛使用的 IP 协议版本号为 4（即IPv4）。

首部长度（Header Length）：占 4 位，可表示的最大十进制数值是 15。请注意，这个字段所表示数的单位是 32 位字长（1 个 32 位字长是 4 字节），因此，当 IP 的首部长度为 1111 时（即十进制的 15），首部长度就达到 60 字节。当 IP 分组的首部长度不是 4 字节的整数倍时，必须利用最后的填充字段加以填充。因此数据部分永远从 4 字节的整数倍开始，这样在实现 IP 协议时较为方便。首部长度限制为 60 字节的缺点是有时可能不够用。但这样做是希望用户尽量减少开销。最常用的首部长度就是 20 字节（即首部长度为 0101），这时不使用任何选项，如图 3-1-1 所示。

0	3	7	15	31
版本	首部长度	服务类型	总长度	
标识			标志	片偏移
生存时间		协议	首部校验和	
源地址				
目的地址				
数据				

图 3-1-1　IP 数据结构

区分服务（Differentiated Services）：占 8 位，用来获得更好的服务。这个字段在旧标准中叫做服务类型，但实际上一直没有被使用过。1998 年 IETF 把这个字段改名为区分服务。只有在使用区分服务时，这个字段才起作用。

总长度（Total Packet Length）：总长度指首部和数据之和的长度，单位为字节。总长度字段为 16 位，因此数据报的最大长度为 $2^{16}-1=65535$ 字节。

在 IP 层下面的每一种数据链路层都有自己的帧格式，其中包括帧格式中的数据字段的最大长度，称为最大传送单元（Maximum Transfer Unit，MTU）。当一个数据报封装成链路层的帧时，此数据报的总长度（即首部加上数据部分）一定不能超过下面的数据链路层的 MTU 值。

标识（Identification）：占 16 位。IP 软件在存储器中维持一个计数器，每产生一个数据报，计数器就加 1，并将此值赋给标识字段。但这个“标识”并不是序号，因为 IP 是无连接服务，数据报不存在按序接收的问题。当数据报由于长度超过网络的 MTU 而必须分片时，这个标识字段的值就被复制到所有数据报的标识字段中。相同的标识字段的值使分片后的各数据报片最后能正确地重装成为原来的数据报。

标志（Flag）：占 3 位，但目前只有 2 位有意义。

标志字段中的最低位记为 MF（More Fragment）。MF=1 表示后面“还有分片”的数据报，MF=0 表示这已是若干数据报片中的最后一个。

标志字段中间的一位记为 DF（Don’t Fragment），意思是“不能分片”。只有当 DF=0 时才允许分片。

片偏移（Offset）：占 13 位。片偏移指出：较长的分组在分片后，某片在原分组中的相对位置。也就是说，相对用户数据字段的起点，该片从何处开始。片偏移以 8 个字节为偏移单位。这就是说，除了最后一个分片，每个分片的长度一定是 8 字节（64 位）的整数倍。

生存时间（Time To Live）：占 8 位，生存时间字段常用的英文缩写是 TTL，表明数据报在网络中的寿命。由发出数据报的源点设置这个字段。其目的是防止无法交付的数据报无限制地在因特网中兜圈子，因而白白消耗网络资源。最初的设计是以秒作为 TTL 的单位。每经过一个路由器时，就把 TTL 减去数据报在路由器消耗掉的一段时间。若数据报在路由器消耗的时间小于 1 秒，就把 TTL 值减 1。当 TTL 值为 0 时，就丢弃这个数据报。后来把 TTL 字段的功能改为“跳数限制”（但名称不变）。路由器在转发数据报之前就把 TTL 值减 1，若 TTL 值减少到零，就丢弃这个数据报，不再转发。因此，现在 TTL 的单位不再是秒，而是跳数。TTL 的意义是指明数据报在网络中至多可经过多少个路由器。显然，数据报在网络上经过的路由器的最大数值是 255。若把 TTL 的初始值设为 1，就表示这个数据报只能在本局域网中传送。

协议（Protocol Identifier）：占 8 位，协议字段指出此数据报携带的数据是使用何种协议，以便使目的主机的 IP 层知道应将数据部分上交给哪个处理过程。

首部校验和（Header Checksum）：占 16 位。这个字段只校验数据报的首部，但不包括数据部分。这是因为数据报每经过一个路由器，路由器都要重新计算一下首部校验和（一些字段，如生存时间、标志、片偏移等都可能发生变化）。不校验数据部分可减少计算的工作量。

源地址（Source IP Address）：用来存储最初发送数据包的主机的 32 位的 IP 地址。

目的地址（Destination IP Address）：用来存储该数据包到达目的系统的 32 位的 IP 地址。

三、任务实现

例 3-1-1：ping 一个网站并分析 IP 数据包的结构。

任务环境：ping 某网页，分析 IP 分片的情况。

打开 Wireshark，ping 一网址后，分析 IP 分片的情况。

在 Wireshark 中过滤 ICMP 的数据包，如图 3-1-2 所示。

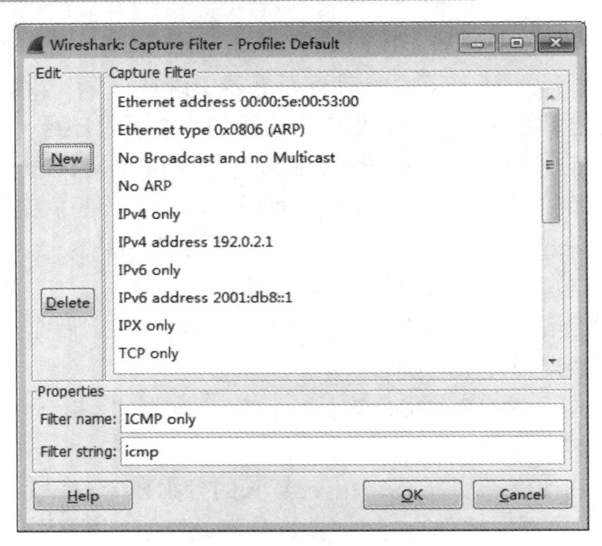

图 3-1-2　ICMP 过滤

运行 Wireshark，发现没有抓到任何包，则通过开始菜单打开“运行”窗口。在该窗口输入“cmd”再点击“确定”按钮，如图 3-1-3 所示。

图 3-1-3　运行窗口

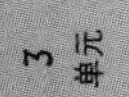

打开命令窗口，ping 网站 www.baidu.com，得到的信息如图 3-1-4 所示。

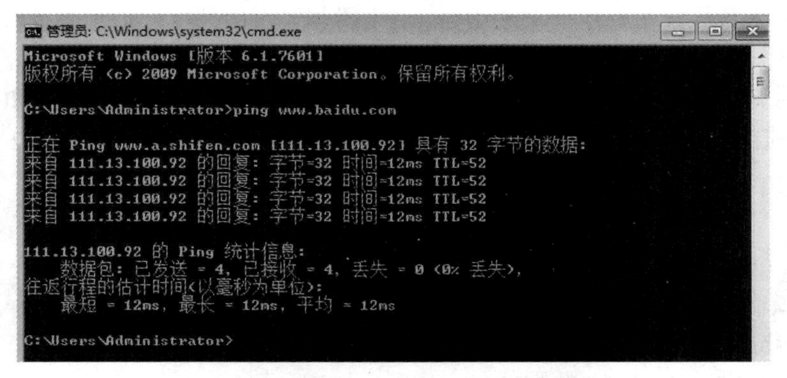

图 3-1-4　ping 网站 www.baidu.com 的命令窗口

在 ping 过网站之后，运行 Wireshark 软件，并分析 ICMP 的数据包中的 IP 数据的情况。

1. Version 和 Header Length

图 3-1-5 和图 3-1-6 是 IP 数据包的前两个字段：Version 和 Header Length。

0100 .... = Version: 4　目前产品使用的是 IPv4。

.... 0101 = Header Length: 20 bytes 常用的首部长度就是 20 字节（即首部长度为 0101），这时不使用任何选项。

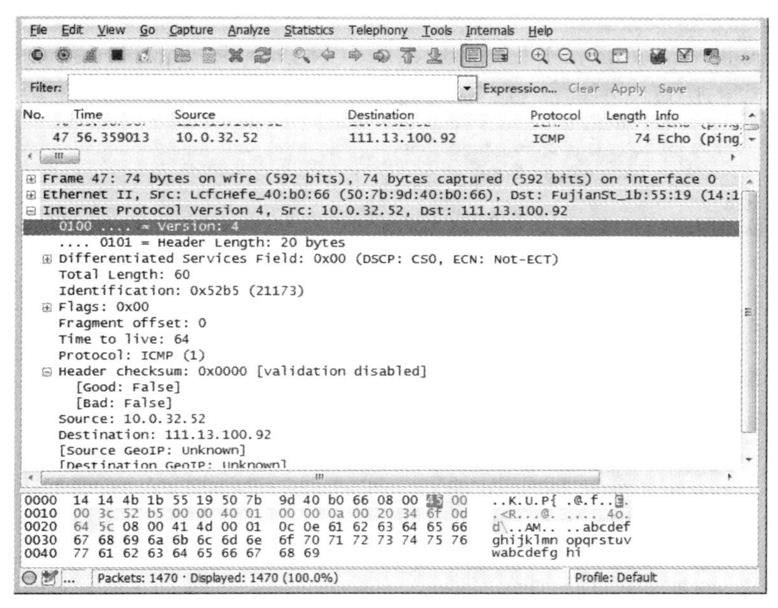

图 3-1-5　Version

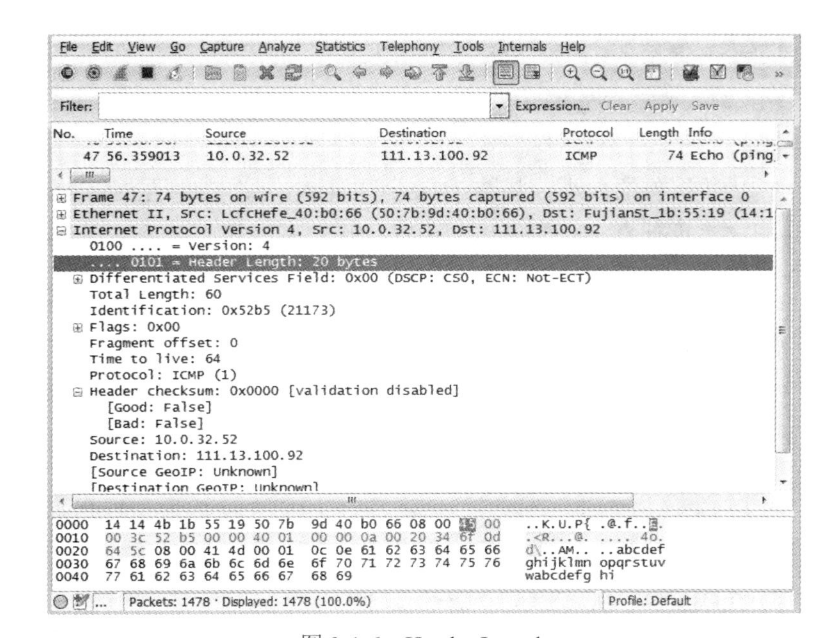

图 3-1-6　Header Length

2. Differential Services Field

图 3-1-7 是 Differential Services Field 字段，为 IP 数据包定优先级，这些优先级能够作用于利用它们的应用程序、主机和路由上。

0000 00.. = Differentiated Services Codepoint: Default (0)

差分服务代码点，利用已使用的 6 比特和未使用的 2 比特，通过编码值来区分优先级。默认值是 0，尽力服务数据。

.... ..00 = Explicit Congestion Notification: Not ECN-Capable Transport (0)

基于显示反馈的协议，不具备 ECN 传输能力。

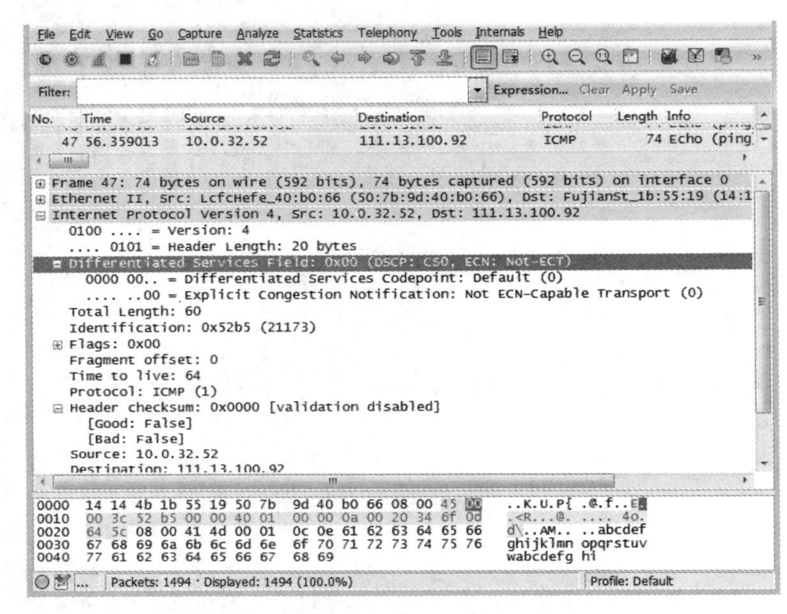

图 3-1-7 Differential Services Field

3. Total Length

用来说明整个 IP 数据包的大小，从图 3-1-8 可以看出，总长度是 60，最下方的黑色背景部分 00 3c 是 60 的十六进制表示。通过这个字段，我们可以知道系统包终止的位置，就是减去 Header Length 的长度。

4. Identification

IP 软件在存储器中维持一个计数器，每产生一个数据报，计数器就加 1，并将此值赋给标识字段。但这个“标识”并不是序号，因为 IP 是无连接服务，数据报不存在按序接收的问题。图 3-1-9 和图 3-1-10 中的数据分别是 21173 和 21174，图 3-1-10 中的数据包的值是图 3-1-9 中数据包的值加 1。

5. Flags

如图 3-1-11 所示，表示数据包是不是能分片，占 3 位。

0... .... = Reserved bit: Not set

保留位，没有设置。

.0.. .... = Don't fragment: Not Set

设置某一 IP 路由是否可以分片这个 IP 包，值为 0，能分割。

..0. .... = More fragments: Not set

说明本数据包中还有没有其他分片。当前值为 0，说明后面没有被分割的数据包。

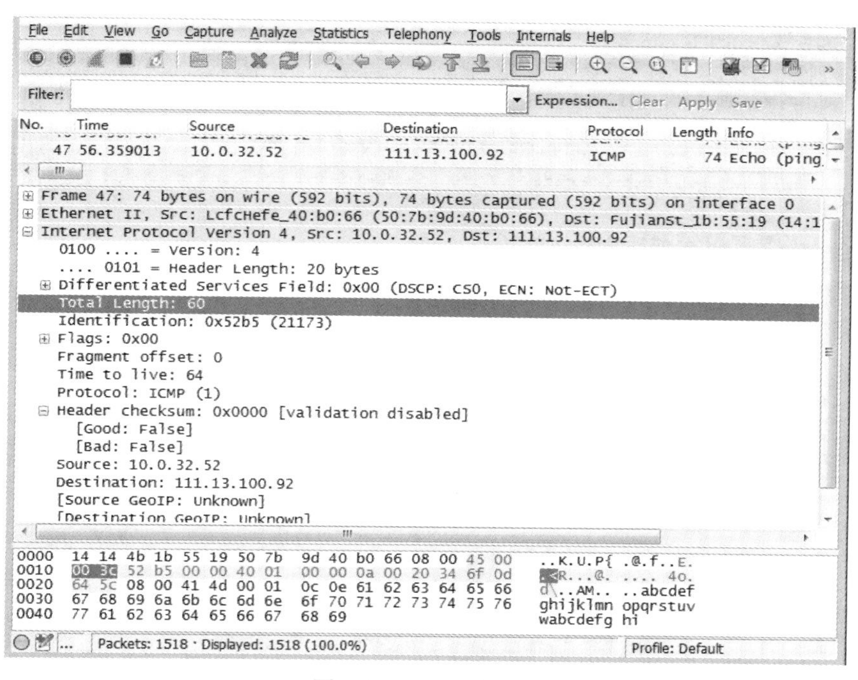

图 3-1-8 Total Length

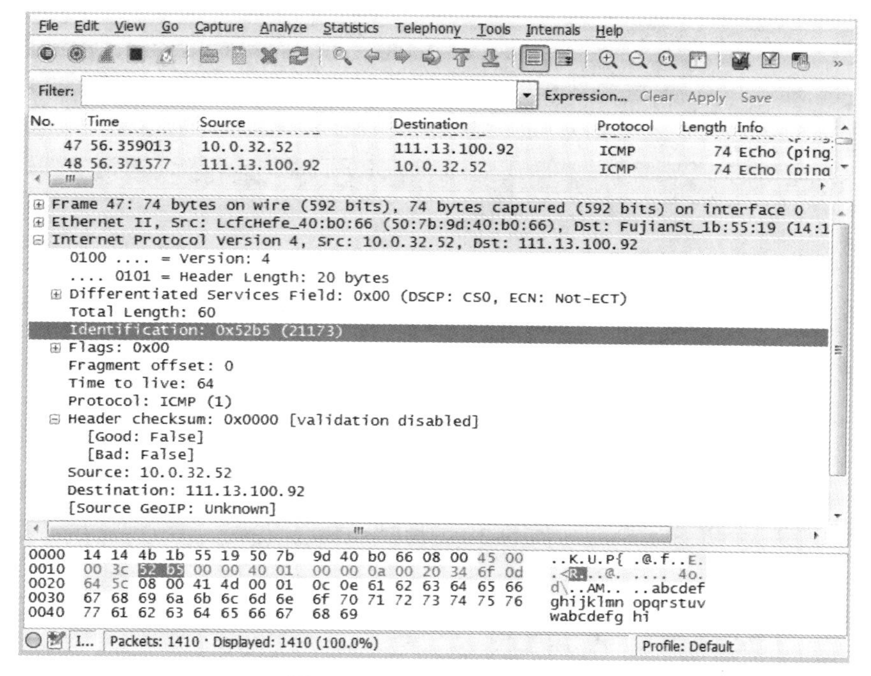

图 3-1-9 Identification（1）

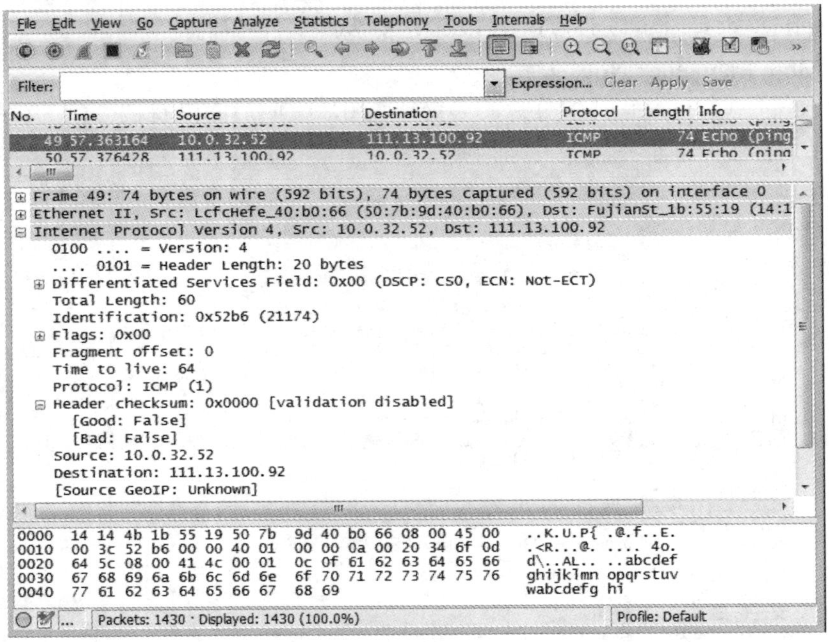

```
Frame 49: 74 bytes on wire (592 bits), 74 bytes captured (592 bits) on interface 0
Ethernet II, Src: LcfcHefe_40:b0:66 (50:7b:9d:40:b0:66), Dst: FujianSt_1b:55:19 (14:1
Internet Protocol Version 4, Src: 10.0.32.52, Dst: 111.13.100.92
  0100 .... = Version: 4
  .... 0101 = Header Length: 20 bytes
  Differentiated Services Field: 0x00 (DSCP: CS0, ECN: Not-ECT)
  Total Length: 60
  Identification: 0x52b6 (21174)
  Flags: 0x00
  Fragment offset: 0
  Time to live: 64
  Protocol: ICMP (1)
  Header checksum: 0x0000 [validation disabled]
    [Good: False]
    [Bad: False]
  Source: 10.0.32.52
  Destination: 111.13.100.92
  [Source GeoIP: Unknown]
```

图 3-1-10　Identification（2）

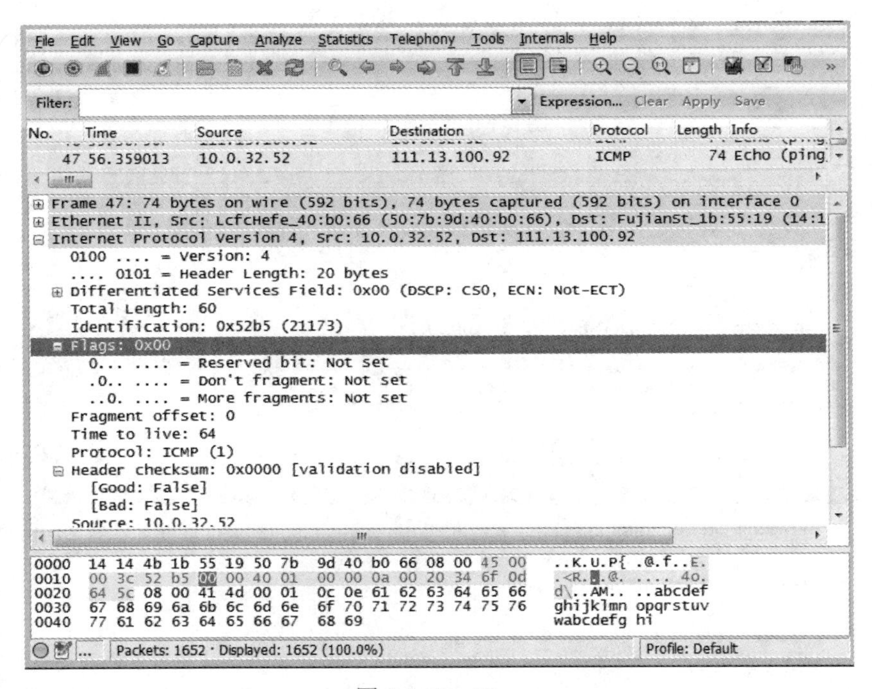

图 3-1-11　Flags

6. Fragment offset

从图 3-1-12 中可以看出 Fragment offset 的值是 0，表示该片可分割。

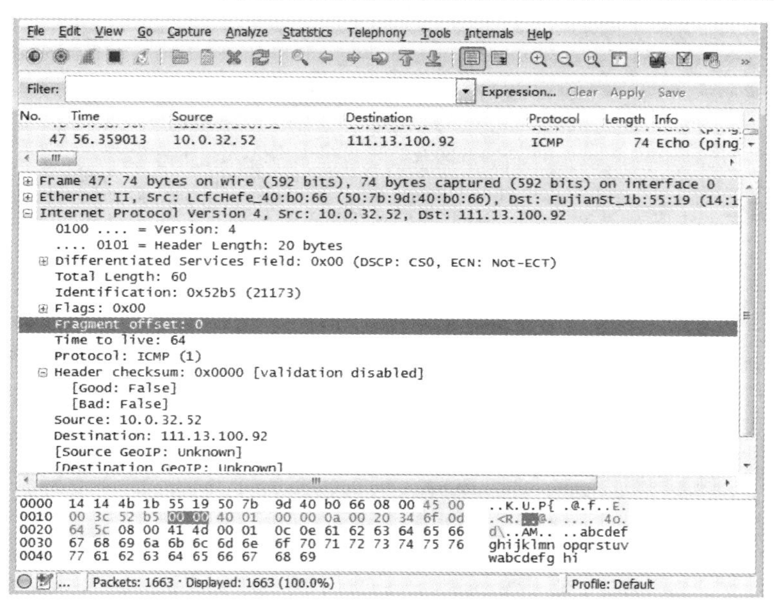

图 3-1-12　Fragment offset

7. Time To Live

表明数据报在网络中的寿命。由发出数据报的源点设置这个字段。其目的是防止无法交付的数据报无限制地在因特网中兜圈子，因而白白消耗网络资源。路由器在转发数据报之前就把 TTL 值减 1，若 TTL 值减少到零，就丢弃这个数据报，不再转发。图 3-1-13 中显示的值是 64。

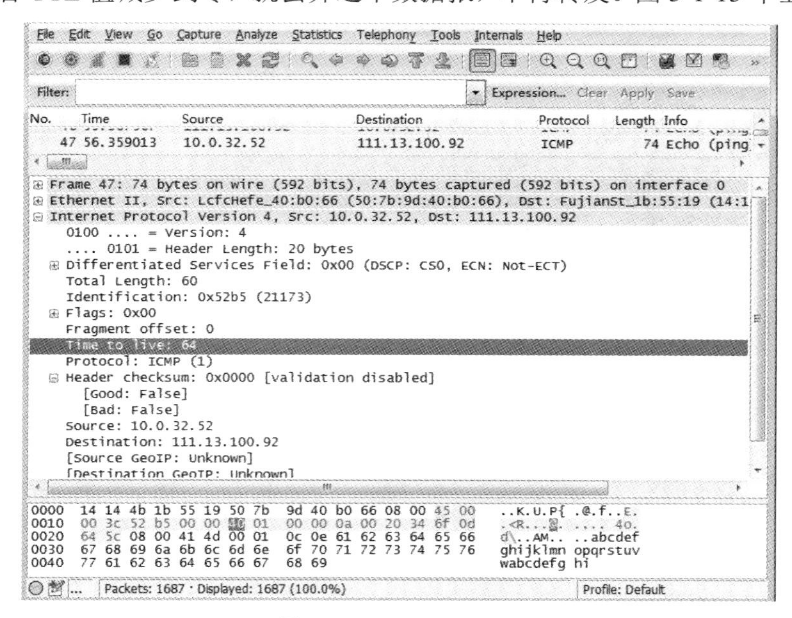

图 3-1-13　Time to Live

8. Protocol

协议字段指出此数据报携带的数据是使用何种协议，以便使目的主机的 IP 层知道应将数据部分上交给哪个处理过程。图 3-1-14 中显示 Protocol: ICMP (1)，表明使用的是 ICMP 协议。

File Edit View Go Capture Analyze Statistics Telephony Tools Internals Help

Filter: Expression... Clear Apply Save

No. Time Source Destination Protocol Length Info
47 56.359013 10.0.32.52 111.13.100.92 ICMP 74 Echo (ping

⊞ Frame 47: 74 bytes on wire (592 bits), 74 bytes captured (592 bits) on interface 0
⊞ Ethernet II, Src: LcfcHefe_40:b0:66 (50:7b:9d:40:b0:66), Dst: FujianSt_1b:55:19 (14:1
⊟ Internet Protocol Version 4, Src: 10.0.32.52, Dst: 111.13.100.92
0100 .... = Version: 4
.... 0101 = Header Length: 20 bytes
⊞ Differentiated Services Field: 0x00 (DSCP: CS0, ECN: Not-ECT)
Total Length: 60
Identification: 0x52b5 (21173)
⊞ Flags: 0x00
Fragment offset: 0
Time to live: 64
Protocol: ICMP (1)
⊟ Header checksum: 0x0000 [validation disabled]
[Good: False]
[Bad: False]
Source: 10.0.32.52
Destination: 111.13.100.92
[Source GeoIP: Unknown]
[Destination GeoIP: Unknown]

0000 14 14 4b 1b 55 19 50 7b 9d 40 b0 66 08 00 45 00 ..K.U.P{ .@.f..E.
0010 00 3c 52 b5 00 00 40 01 00 00 0a 00 20 34 6f 0d .<R...@. .... 4o.
0020 64 5c 08 00 41 4d 00 01 0c 0e 61 62 63 64 65 66 d\..AM.. ..abcdef
0030 67 68 69 6a 6b 6c 6d 6e 6f 70 71 72 73 74 75 76 ghijklmn opqrstuv
0040 77 61 62 63 64 65 66 67 68 69 wabcdefg hi

Packets: 1735 · Displayed: 1735 (100.0%) Profile: Default

图 3-1-14 Protocol

9. Header Checksum

图 3-1-15 中显示的是这个字段只校验数据报的首部，但不包括数据部分。

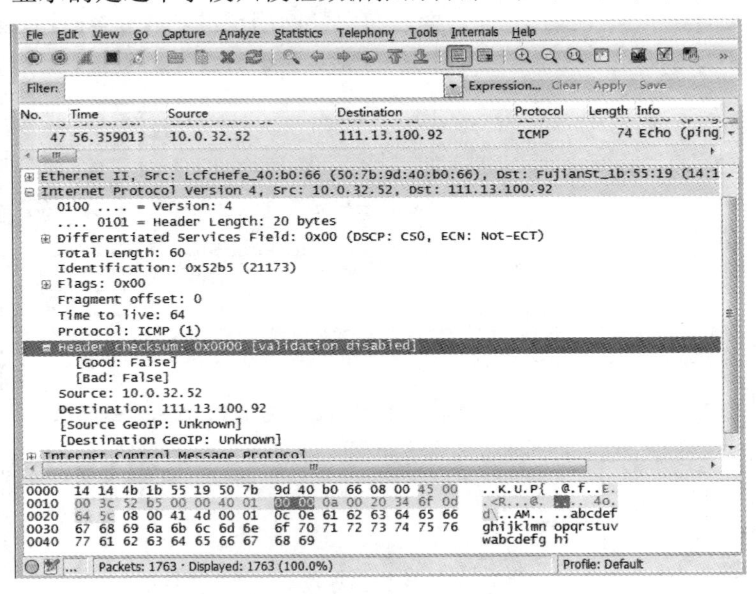

图 3-1-15 Header Checksum

10. Source IP Address

如图 3-1-16 所示，用来存储最初发送数据包的主机的 32 位的 IP 地址，即本机的 IP 地址。

11. Destination IP Address

如图 3-1-17 所示，用来存储该数据包到达目的系统的 32 位的 IP 地址，所 ping 到的网站的 IP 地址。

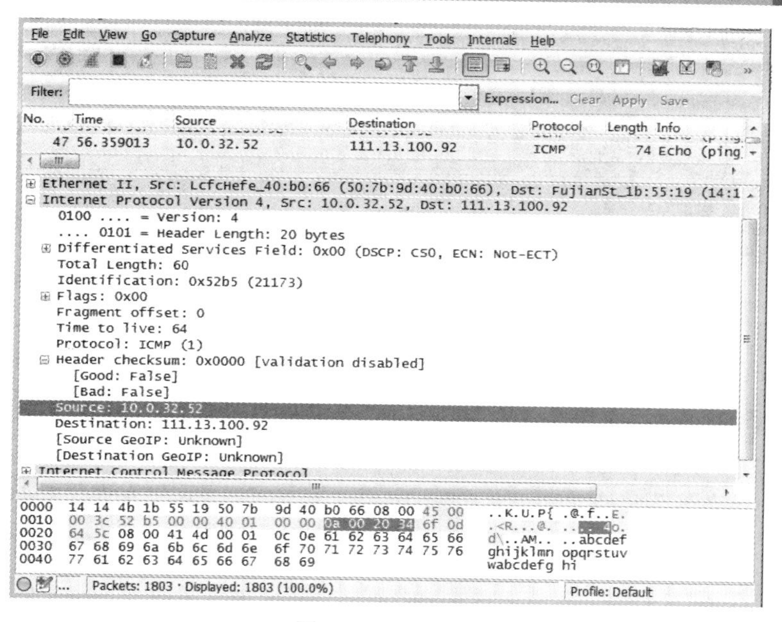

图 3-1-16 Source

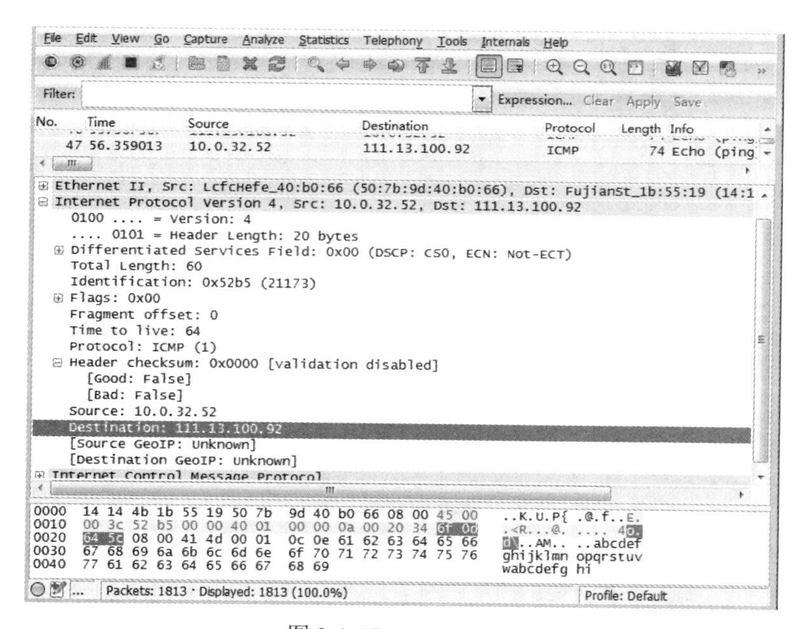

图 3-1-17 Destination

例 3-1-2：ping 与例 3-1-1 相同的网站，并设置数据包的长度大小为 3000。

任务环境：分析 IP 分片的情况，并与例 3-1-1 进行对比。

在命令窗口中输入 ping -l 3000 111.13.100.92，如图 3-1-18 所示。

在 Wireshark 中观察 IP 的分片情况，发现本例题与例 3-1-1 中大部分参数都相同，只有个别参数不一样，我们对不同的参数进行分析。

```
C:\Users\Administrator>ping -l 3000 111.13.100.92

正在 Ping 111.13.100.92 具有 3000 字节的数据:
请求超时。
请求超时。
请求超时。
请求超时。

111.13.100.92 的 Ping 统计信息:
    数据包: 已发送 = 4，已接收 = 0，丢失 = 4 (100% 丢失)，

C:\Users\Administrator>_
```

图 3-1-18　ping -l 3000 111.13.100.92 命令窗口

1. Total Length

用来说明整个 IP 数据包的大小，从图 3-1-19 可以看出，通过该字段发现总长度不是设置的 3000，而是 1500，也就是 IP 数据包的总长度只要超过了 1500，都按照 1500 标注。

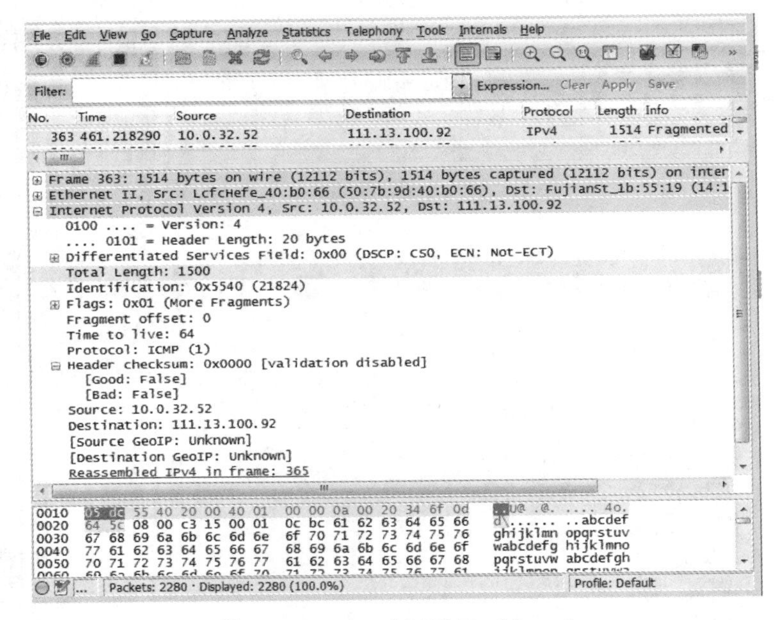

图 3-1-19　ping -l 3000 Total Length

2. Flags

如图 3-1-20 所示，表示数据包是不是能分片，占 3 位。

设置某一 IP 路由是否可以分片这个 IP 包，值为 0，能分片。

..1. .... = More fragments: Not set

说明本数据包中还有没有其他片段。当前值为 1，说明后面还有被分割的数据包。

与例 3-1-1 不同的是，当前的数据包后还有数据包，说明长度为 3000 的数据包被分片了。

四、知识扩展

IPv6 是 Internet Protocol Version 6 的缩写，也被称作下一代互联网协议，它是由 IETF 小组（Internet Engineering Task Force）设计的用来替代现行的 IPv4 协议的一种新的 IP 协议。

我们知道，Internet 的主机都有一个唯一的 IP 地址，IP 地址用一个 32 位的二进制数表示一个主机号码，但 32 位地址资源有限，已经不能满足用户的需求了，因此 Internet 研究组织

发布新的主机标识方法，即 IPv6。在 RFC1884 中（RFC 是 Request for Comments 的缩写。RFC 实际上就是 Internet 有关服务的一些标准），规定的标准语法建议把 IPv6 地址的 128 位（16 个字节）写成 8 个 16 位的无符号整数，每个整数用 4 个十六进制数表示，这些数之间用冒号（:）分开，例如：3ffe:3201:1401:1280:c8ff:fe4d:db39:1984。

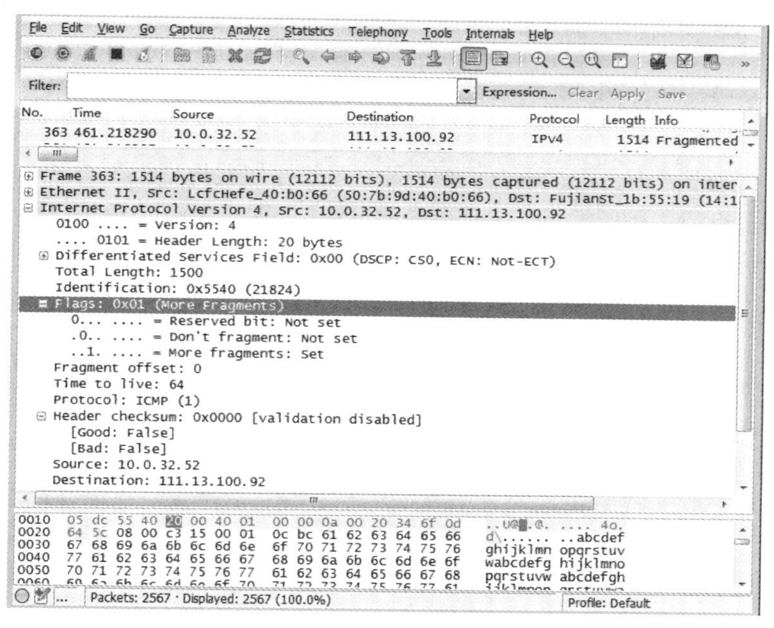

图 3-1-20　ping -l 3000 Flags

扩展的寻址能力：IPv6 将 IP 地址长度从 32 位扩展到 128 位，支持更多级别的地址层次、更多的可寻址节点数以及更简单的地址自动配置。通过在组播地址中增加一个“范围”域提高了多点传送路由的可扩展性。还定义了一种新的地址类型，称为“任意播地址”，用于发送数据包给一组节点中的任意一个。

简化的报头格式：一些 IPv4 报头字段被删除或变为了可选项，以减少包处理中例行处理的消耗并限制 IPv6 报头消耗的带宽。

对扩展报头和选项支持的改进：IP 报头选项编码方式的改变可以提高转发效率，使得对选项长度的限制更宽松，且提供了将来引入新的选项的更大的灵活性。

标识流的能力：增加了一种新的能力，使得标识属于发送方要求特别处理（如非默认的服务质量获“实时”服务）的特定通信“流”的包成为可能。

认证和加密能力：IPv6 中指定了支持认证、数据完整性和（可选的）数据机密性的扩展功能。

任务 2　描述 IGMP v3 协议帧的格式

知识与技能：

- 了解 IGMP v3 协议的帧格式

- 掌握 IGMP v3 协议帧格式分析的规则

一、任务背景介绍

“普通查询”由多播路由器发出，用于获知邻接接口（即查询所传输的网络中相连的接口）的完整的多播接收状态。在一个普通查询中，组地址字段和源数量（N）字段都为 0。

“指定组查询”由一台多播路由器发出，用于获知邻接接口中跟某一个 IP 地址相关的多播接收状态。在指定组查询中，组地址字段含有需要查询的那个组地址，源数量（N）字段为 0。

“指定组和源查询”由一台多播路由器发出，用于获知邻接接口是否需要接收来自指定的这些源，发往指定组的多播数据报。在一个指定组和源的查询中，组地址字段含有要查询的多播地址，源地址字段含有相关的源地址。

二、知识点介绍

IGMP 是 Internet Group Management Protocol（互联网组管理协议）的简称。它是 TCP/IP 协议族中负责 IP 组播成员管理的协议，用来在 IP 主机和与其直接相邻的组播路由器之间建立、维护组播组成员关系。

当一台主机加入到一个新的组时，它发送一个 IGMP 消息到组地址以宣告它的成员身份，多播路由器和交换机就可以从中学习到组的成员。利用从 IGMP 中获取到的信息，路由器和交换机在每个接口上维护一个多播组成员的列表。

IGMP v3 在兼容和继承 IGMP v1 和 IGMP v2 的基础上，进一步增强了主机的控制能力，并增强了查询和报告报文的功能。

如图 3-2-1 所示，IGMP v3 的查询报文格式功能如下。

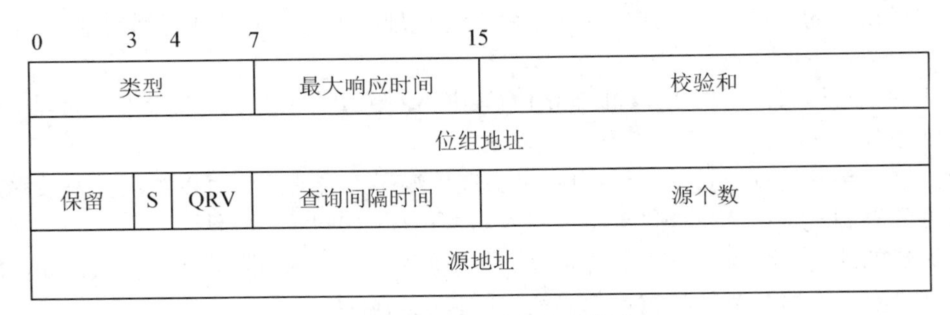

图 3-2-1 IGMP v3 查询报文格式

类型（Type）：当前是查询报文格式还是报告报文格式（见图 3-2-2）。

最大响应代码（Max_Resp_Code）：最大响应代码字段指定在发送一个响应报告之前所允许的最大时间。实际允许的时间被称为最大响应时间，其单位是 1/10 秒。

最大响应时间的小值允许 IGMP v3 路由器调节“离开延迟”（最后一台主机离开组的那个时间点跟路由协议被通知到已经不存在成员的那个时间点，两者之间的时间差）。更大的值，尤其在指数范围内的值，可以调节网络中 IGMP 流量的爆炸。

校验和（Checksum）：校验和是对整个 IGMP 数据报以 16 位为一段进行取反求和。为了计算校验和，校验和字段开始必须被设置成 0。当收到一个数据时，在处理之前必须先对校验和进行验证。

组地址（Group Address）：当发送一个普通查询的时候，组地址字段必须被置 0。当发送一个指定组查询或者发送一个指定组和源的查询时，必须被设置成要被查询的 IP 组地址。

保留（Resv）：发送的时候以 0 填充，接收的时候不做处理，被忽略。

标志位 S（禁止路由器处理）：当被设置成 1 的时候，S 标志表示任何接收路由器禁止更新它们在收到查询时要更新的那些定时器。但它不禁止查询者选举或者普通的在路由器上执行的（当路由器作为一个组成员的时候）主机端的查询处理。

查询者的查询间隔代码（QQIC）：查询者的查询间隔代码字段指定查询者使用的查询间隔。实际的间隔称为查询者的查询间隔（QQI），以秒为单位表示。

当前为非查询者的多播路由器从最近收到的查询中取 QQI 值作为自己的"查询间隔"值，除非最近收到 QQI 是 0，在这种情况下，接收路由器使用缺省的"查询间隔"值。

源数量（Number_of_Source）：源数量（N）字段表明该查询中存在多少个源地址。在普通查询或指定组查询中这个值是 0，在指定组和源的查询中，这个值为非 0 值。

源地址（Source Address）：[i]（i 取值从 1 到 n）：n 个 IP 单播地址的数组，n 就是 Number of Sources（N）字段的值。

附加数据：如果收到的查询中的 IP 首部中数据报长度字段表明除了上述的字段之外，还有附加的数据存在，IGMP v3 的实现在计算校验和的时候必须包含这些数据，但是在发送查询的时候，必须忽略这些数据，一个 IGMP v3 的实现在上述字段之外，不能再包含其他数据。

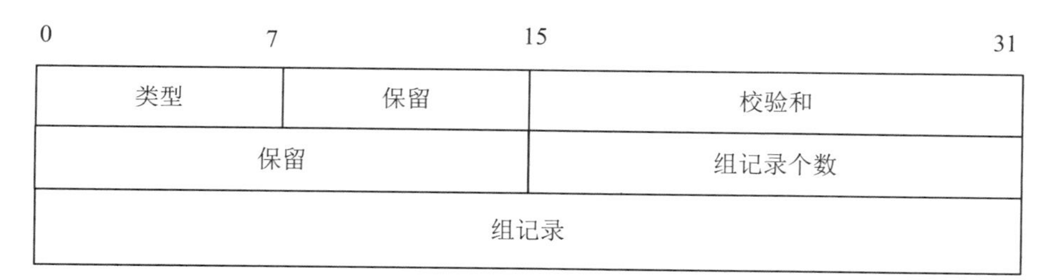

图 3-2-2　IGMP v3 报告报文格式

Reserved（8bit）和 Reserved（16bit）：都是表示保留字段，不过在 IGMP 中为了使它们都保持对应的长度，所以才有了长度上的区别，它在发送的时候是以 0 填充，在接收的时候是不作任何处理的。

组记录个数（Number_of_Group_Records(M)）：该字段表示该报告报文中包含几个组记录。

组记录（Group Record[i]（i 从 1 到 M））：一个主机可能需要点播多个组播地址的组播业务，每个记录包含了对应于其中一个组播地址的源地址列表等信息，它受到 Number_of_Group_Records 的大小的影响。每一个组记录字段是一整块数据，其含有的信息是关于发送者在报告发送接口上的某一个多播组的成员关系。

在 IGMP v3 中它有了以下的改进功能：

（1）增加了主机的控制能力。

如何实现：IGMP v3 不仅可以指定加入的组播组 G，还能明确要求从哪个指定组播源 S

接受信息，这也是指定源组播功能。

（2）查询消息可以携带源地址（源地址就是节目流地址）。

（3）响应消息包含多组记录。

如何实现：IGMP v1 和 v2 版本的响应消息和查询消息具有相同的报文结构，即报文中仅包含组地址信息。IGMP v3 响应消息包含组地址，其中可以携带一个或多个组记录，在每个组记录中，包含组播组地址和数目不等的源地址信息。

（4）取消响应的抑制机制

原因：由于 IGMP v3 响应报文中同时携带源地址和组播组地址，而且包括 Include 和 Exclude 两种状态，为了减轻主机负担无需响应抑制机制，即组成员可以独立报告响应消息。

三、任务实现

例 3-2-1：查看 IGMP v3 的格式。

任务环境：IGMP v3 报告报文格式。

1．Type

如图 3-2-3 所示，Type: Membership Report (0x22)为成员关系报告，抓包特定源 10.0.32.31 特定组 224.0.0.22 的报告。

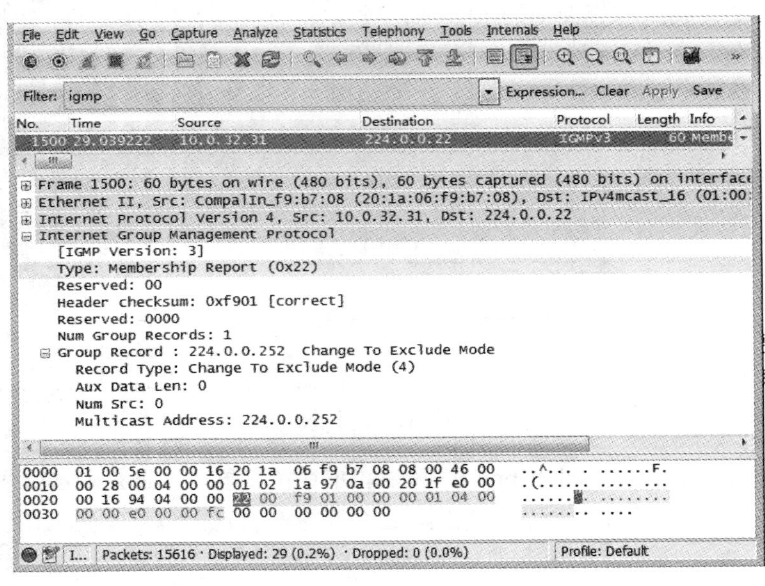

图 3-2-3 Type

2．Reserved

如图 3-2-4 所示，保留位。

Reserved: 00

Reserved: 0000

两个均是保留位，一个是 8 位的，一个是 16 位的，作为发送均是用 0 填充。

3．Header checksum

如图 3-2-5 所示，Header checksum: 0xf901 [correct] 0xf90 是校验和结果，校验结果正确。

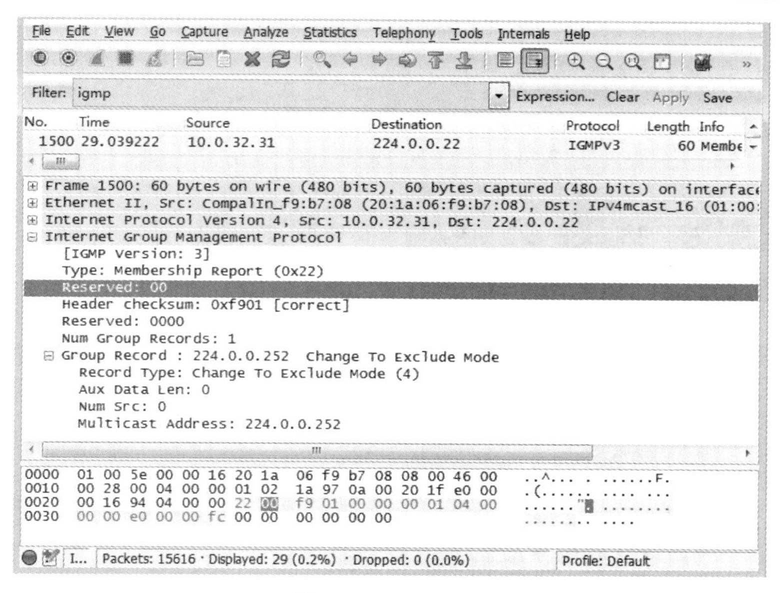

图 3-2-4　Reserved

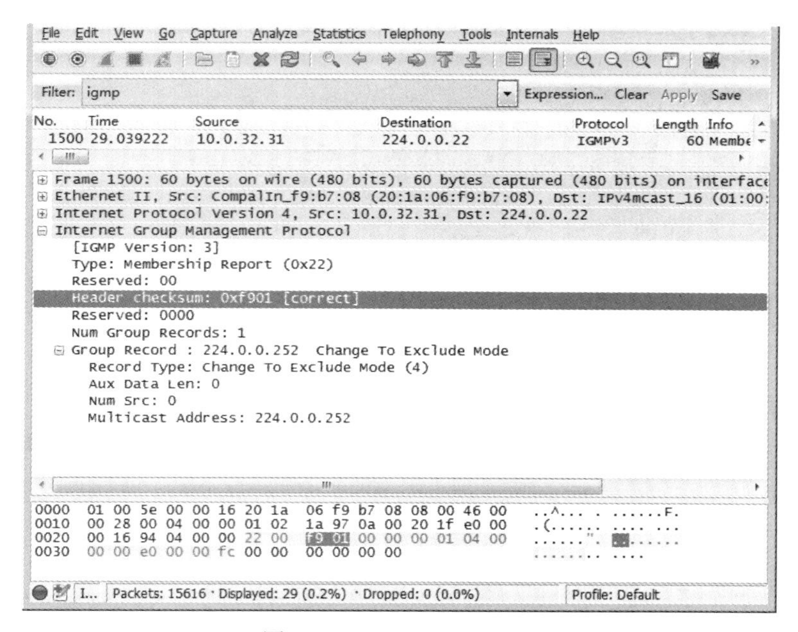

图 3-2-5　Header checksum

4．Num Group Records

如图 3-2-6 所示组记录，Num Group Records: 1　表示该报告报文中包含有 1 个组记录。

5．Group Record

在一个报告消息中，有一定数量的不同类型的组记录，如图 3-2-7 所示。“当前状态记录”由一个系统发出，用于响应在一个接口上收到的查询。它报告了接口跟某一个多播 IP 地址相关的当前的接收状态。标明接口相关于某一指定的多播地址的过滤模式改变到 EXCLUDE。该组记录中的源地址[i]字段含有该指定多播地址相关的新的源列表（如果非空的话）。

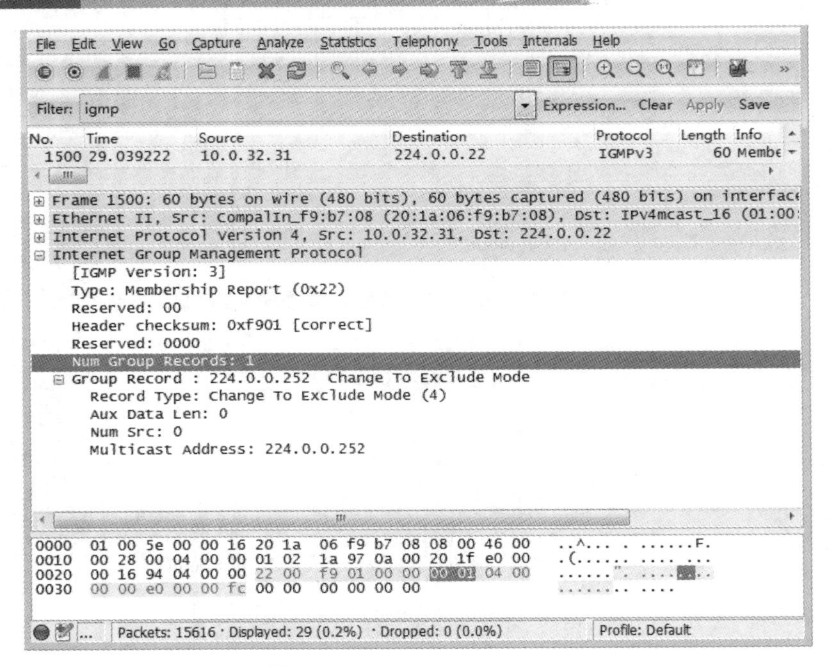

图 3-2-6　Num Group Records

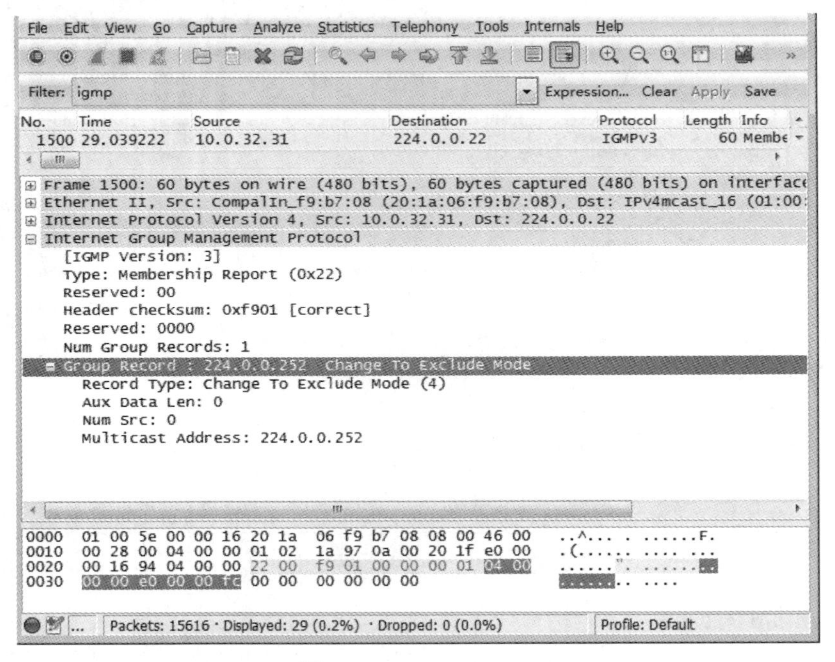

图 3-2-7　Group Record

- Aux Data Len:0：辅助数据长度含有在组记录中的辅助数据的实际长度，其单位是32bit 字。它有可能是 0，这就表示辅助数据不存在。
- Num Src: 0：源数量（N）字段标明在组记录中存在多少源地址。

Multicast Address: 224.0.0.252　多播地址字段标明该组记录从属的多播 IP 地址。

四、知识扩展

1. IGMP v1

IGMP v1 定义了主机只可以加入组播组，但没有定义离开成员组的信息，路由器基于成员组的超时机制发现离线的组成员。

IGMP v1 主要基于查询和响应机制来完成对组播组成员的管理。当一个网段内有多台组播路由器时，由于它们都能从主机那里收到 IGMP 成员关系报告报文（Membership Report Message），因此只需要其中一台路由器发送 IGMP 查询报文（Query Message）就足够了。这就需要有一个查询器(Querier)的选举机制来确定由哪台路由器作为 IGMP 查询器。对于 IGMP v1 来说，由组播路由协议（如 PIM）选举出唯一的组播信息转发者 DR（Designated Router，指定路由器）作为 IGMP 查询器。

IGMP v1 没有专门定义离开组播组的报文。当运行 IGMP v1 的主机离开某组播组时，将不会向其要离开的组播组发送报告报文。当网段中不再存在该组播组的成员后，IGMP路由器将收不到任何发往该组播组的报告报文，于是 IGMP 路由器在一段时间之后便删除该组播组所对应的组播转发项。

2. IGMP v2

IGMP v2 是在 v1 的基础上增加了主机离开成员组的信息，允许迅速向路由协议报告组成员离开情况，这对高带宽组播组或易变型组播组成员而言是非常重要的。另外，若一个子网内有多个组播路由器，那么多个路由器同时发送 IGMP 查询报文不仅浪费资源，还会引起网络的堵塞。为解决这个问题，IGMP v2 使用不同的路由选举机制，能在一个子网内查询多个路由器。

共享网段上组播路由器的选举机制：共享网段表示一个网段上有多个组播路由器的情况。在这种情况下，由于此网段上运行 IGMP 的路由器都能从主机那里收到成员资格报告消息，因此，只需要一个路由器发送成员资格查询消息，这就需要一个路由器选举机制来确定一个路由器作为查询器。其选举过程如下。

所有 IGMP v2路由器在初始时都认为自己是查询器，并向本地网段内的所有主机和路由器发送 IGMP 普通组查询（General Query）报文。

本地网段中的其他 IGMP v2路由器在收到该报文后，将报文的源 IP 地址与自己的接口地址作比较。通过比较，IP 地址最小的路由器将成为查询器，其他路由器成为非查询器（Non-Querier）。

所有非查询器上都会启动一个定时器（Other Querier Present Timer）。在该定时器超时前，如果收到了来自查询器的 IGMP 查询报文，则重置该定时器；否则，就认为原查询器失效，并发起新的查询器选举过程。

在 IGMP v1 中，查询器的选择由组播路由协议决定；IGMP v2 对此做了改进，规定同一网段上有多个组播路由器时，具有最小 IP 地址的组播路由器被选举出来充当查询器。

IGMP v2 增加了离开组机制：在 IGMP v1 中，主机悄然离开组播组，不会给任何组播路由器发出任何通知。造成组播路由器只能依靠组播组响应超时来确定组播组成员的离开。而在 v2 中，当一个主机决定离开时，如果它是对一条成员资格查询消息作出响应的主机，那么它就会发送一条离开组的消息。

在 IGMP v2 中，当一个主机离开某组播组时，该主机向本地网段内的所有组播路由器（目的地址为 224.0.0.2）发送离开组（Leave Group）报文；当查询器收到该报文后，向该主机所声明要离开的那个组播组发送特定组查询（Group-Specific Query）报文（目的地址字段和组地址字段均填充为所要查询的组播组地址）；如果该网段内还有该组播组的其他成员，则这些成员在收到特定组查询报文后，会在该报文中所设定的最大响应时间（Max Response Time）内发送成员关系报告报文；如果在最大响应时间内收到了该组播组其他成员发送的成员关系报告报文，查询器就会继续维护该组播组的成员关系；否则，查询器将认为该网段内已无该组播组的成员，于是不再维护这个组播组的成员关系。

IGMP v2 增加了对特定组的查询，在 IGMP v1 中，组播路由器的一次查询，是针对该网段下的所有组播组。这种查询称为普通组查询。

在 IGMP v2 中，在普通组查询之外增加了特定组的查询，这种查询报文的目的 IP 地址为该组播组的 IP 地址，报文中的组地址字段部分也为该组播组的 IP 地址。这样就避免了属于其他组播组成员的主机发送响应报文。

IGMP v2 增加了最大响应时间字段，以动态地调整主机对组查询报文的响应时间。

本单元小结

本单元主要介绍了 IP 协议和 IGMP 协议，IGMP 是用于报告错误并代表 IP 对消息进行控制。IP 运用互联网组管理协议（IGMP）来告诉路由器，某一网络上直到组中的所有可用主机。ICMP 源抑制消息：当 TCP/IP 主机发送数据到另一主机时，如果速度达到路由器或者链路的饱和状态，路由器发出一个 IGMP 源抑制消息。

习题 3

一、选择题

1．一个 IP 数据包的最大长度是（　　）字节。

A．60　　B．128　　C．512　　D．65535

2．IGMP v3 保留：发送的时候以（　　）填充，接收的时候不做处理，被忽略

A．0　　B．1　　C．2　　D．3

3．IP 可以根据数据包包头中包括的目的地址将数据报传送到目的地址，在此过程中 IP 负责选择传送的道路，这种选择道路称为（　　）功能。

A．选择　　B．路由　　C．报文　　D．数据

4．多播路由器需要定时地发送（　　）查询，通过该格式各个多播组里面的主机要根据查询来回复自己的状态。

A．QQI　　B．IP　　C．TCP　　D．IGMP

5．IGMP v3 标志位 S 被设置成（　　）的时候，S 标志表示任何接收路由器禁止更新它们在收到查询时要更新的那些定时器。

A．1　　B．2　　C．3　　D．4

6. 校验和是对整个 IGMP 数据报以（　　）位为一段进行取反求和。

A. 4　　B. 8　　C. 16　　D. 64

7. IP 数据报在网络上经过的路由器的最大数值是（　　）。

A. 253　　B. 225　　C. 255　　D. 256

二、填空题

1. IP 实现两个基本功能：________和________。

2. IGMP 是________协议。

3. IGMP v1 主要基于________和________来完成对组播组成员的管理。

4. ________由多播路由器发出，用于获知邻接接口的完整的多播接收状态。

5. ________由一台多播路由器发出，用于获知邻接接口中跟某一个 IP 地址相关的多播接收状态。

6. ________由一台多播路由器发出，用于获知邻接接口是否需要接收来自指定的这些源发往指定组的多播数据报。

4

Internet 控制消息协议（ICMP）

本单元介绍 Internet 控制消息协议，主要包括 ICMP 的基本原理、ICMP 的报文格式和 ICMP 报文的种类，最后通过 ICMP 报文的具体应用来说明 ICMP 协议的工作过程。

内容摘要：

- ICMP 的基本原理
- ICMP 的报文格式
- ICMP 报文的种类
- ICMP 报文在 PING 命令和 Tracert 命令中的应用

学习目标

- 理解 ICMP 协议的基本原理
- 掌握 ICMP 报文的种类
- 理解 ICMP 报文在 PING 程序和 Tracert 程序中的应用

任务 1　ICMP 报文作用与格式

知识与技能：

- 理解 ICMP 报文的作用
- 掌握 ICMP 报文格式

一、任务背景介绍

在上一单元中我们知道，IP 提供的是不可靠的、无连接的报文交付服务。因此，为了更有效地转发 IP 数据报和提高交付成功的机会，在网际层使用了 Internet 控制报文协议 ICMP（Internet Control Message Protocol）。ICMP 报文允许主机或路由器报告差错情况以及提供有关异常情况的报告，但并不保证 IP 服务的可靠性。

二、知识点介绍

ICMP 是因特网的标准协议。在 TCP/IP 协议族中，与 IP 协议位于同一层，即网际（IP）层。但 ICMP 报文作为 IP 层数据报的数据部分，加上 IP 数据报的首部，组成 IP 数据报发送出去。ICMP 报文格式如图 4-1-1 所示。

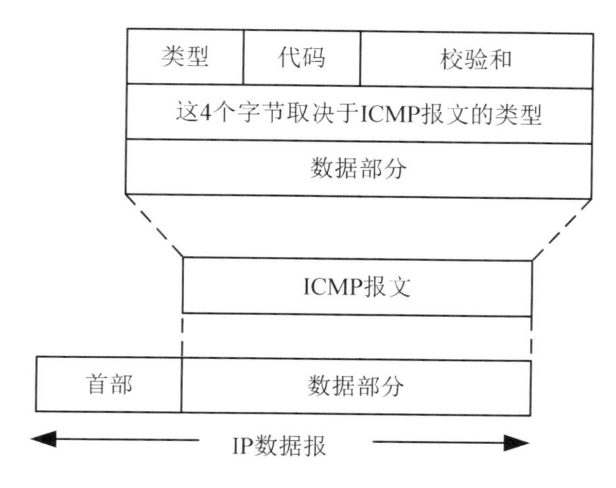

图 4-1-1　ICMP 报文格式

类型：占 8 位，ICMP 报文的类型。

代码：占 8 位，是为了进一步区分某类型 ICMP 报文中的不同的情况，记录发送特定类型的 ICMP 报文的原因。

校验和：16 位字段。我们已知 IP 数据报首部的校验和并不检验 IP 数据报的内容，因此，不能保证经过传输的 ICMP 报文不产生差错。所以，ICMP 报文段首部设置校验和字段对整个 ICMP 报文进行检验。

4 字节部分：32 位字段，具体内容由的各种类型的报文决定。

数据部分：长度取决于报文类型。查询报文的数据部分携带了基于查询类型的额外信息。差错报文的数据部分携带的信息可以找出引起差错的原始报文。

任务 2　ICMP 报文的种类及具体应用

知识与技能：

- 掌握 ICMP 报文种类
- 熟悉常见类型的 ICMP 报文的应用及报文格式

一、任务背景介绍

ICMP 报文有两种类型：ICMP 询问报文和 ICMP 差错报告报文。它们通常为应用进程提供所需的服务，典型应用是 PING 程序和 Tracert 程序。

二、知识点介绍

1. ICMP 询问报文

（1）回送请求和应答。ICMP 回送请求（Echo Request）报文是由主机或路由器向一个特定的目的主机发出的询问。收到此报文的主机必须向源主机或路由器发送 ICMP 回送应答（Echo Reply）报文。这种询问报文用来测试目的站是否可达以及了解其相关状态。报文格式分别如图 4-2-1 和图 4-2-2 所示。

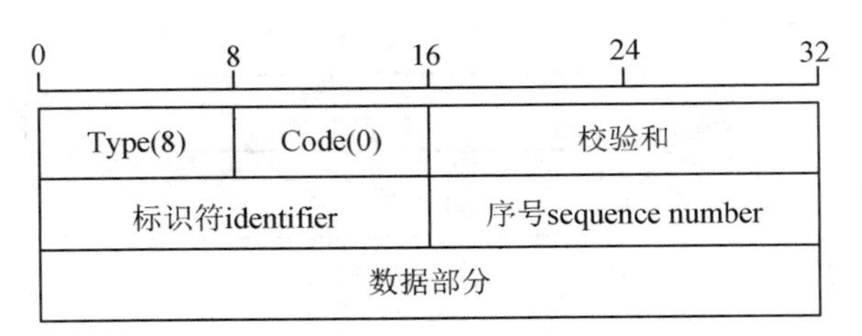

图 4-2-1　ICMP 回送请求报文格式

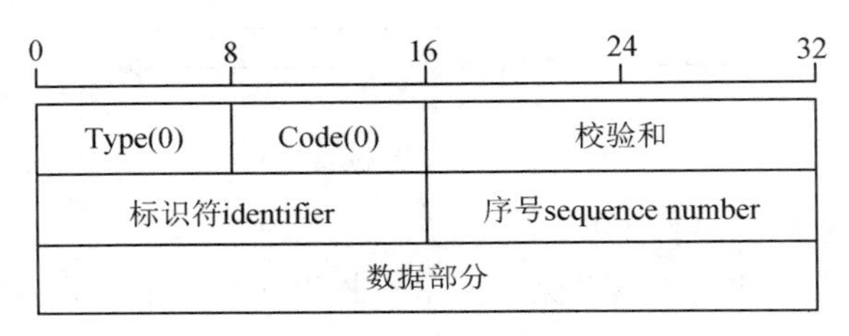

图 4-2-2　ICMP 回送应答报文格式

标识符 Identifier 用于区分不同的 PING 进程，对于 UNIX 以及类 UNIX 操作系统来说，ICMP Identifier 的内容就是 Ping 的进程号；对于 Windows 系统来说，一个标识符对应一种操作系统，Windows 系统通过序号 Sequence number 来区分不同的 Ping 进程，一般设为由 0 或 1 递增的序列，回送请求与回送应答的 Sequence number 保持一致。

（2）时间戳请求和应答。ICMP 时间戳请求报文是请某个主机或路由器回答当前的日期和时间。在 ICMP 时间戳应答报文中有一个 32 位的字段，其中写入的整数代表从 1900 年 1 月 1 日起到当前时刻一共有多少秒。时间戳请求与应答可用来进行时钟同步和测量时间。

其工作方法如下：首先，利用该报文从其他主机处获得其时钟的当前时间，然后根据时间戳请求与应答报文接收的时间，计算出两地的往返延迟，最后以此数据来同步时钟，因此这种时钟同步能力是有限的。时间戳请求与应答报文的格式分别如图 4-2-3 和图 4-2-4 所示。

2. ICMP 差错报告报文

（1）终点不可达。当路由器或主机不能交付数据报时就向源点发送终点不可达报文。比如，日常生活中，邮寄包裹会经历多个传递环节，任意一环无法传送下去，都会将包裹返回给寄件人，并附上无法邮寄的原因。类似地，当一个 IP 数据报无法传送下去时，会向源发送方发送 ICMP 终点不可达报文。报文中的代码字段 code 的值就对应报文发送失败的原因。终点不可达报文格式如图 4-2-5 所示，数据部分是无法成功发送的 IP 数据报，包含该 IP 数据报的报头和 8 字节数据部分。

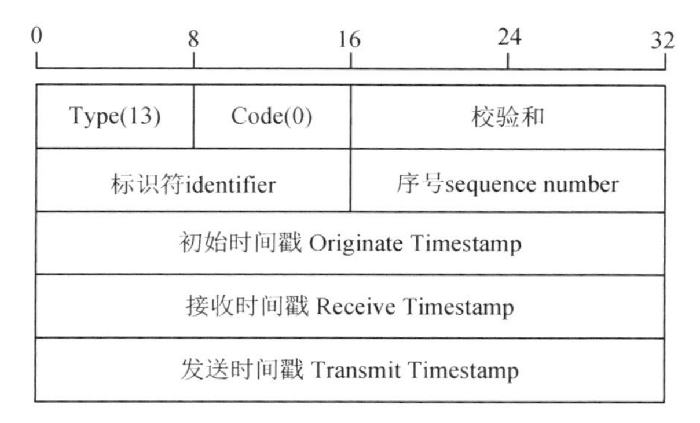

图 4-2-3　时间戳请求报文

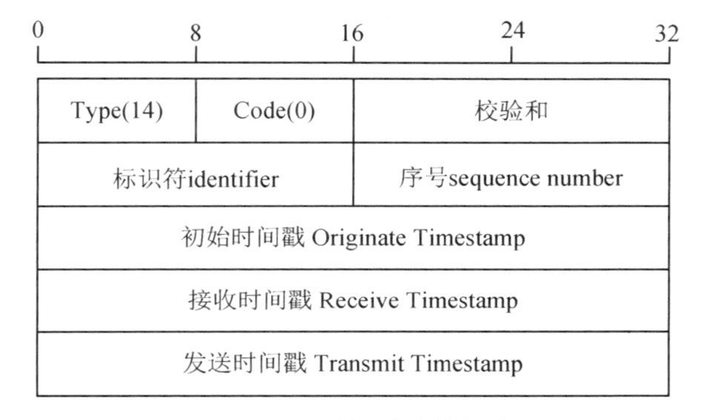

图 4-2-4　时间戳应答报文

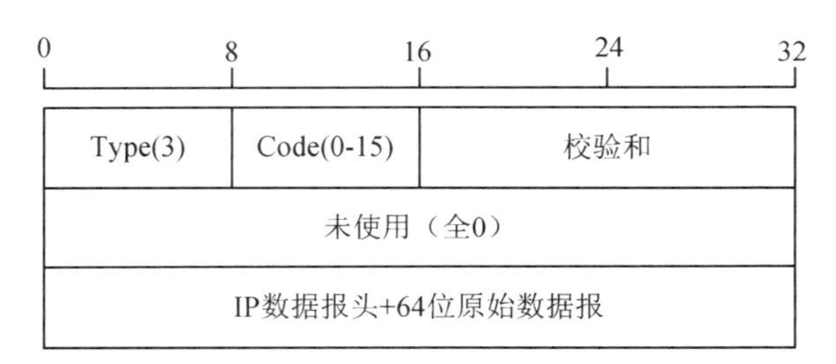

图 4-2-5　终点不可达差错报告报文

（2）源点抑制。当路由器或主机由于拥塞而丢弃数据报时，就向源点发送源点抑制报文，使源点知道应当把数据报的发送速率放慢。通过源点抑制技术进行拥塞控制的方法是：

1）当路由器发生拥塞时，便发出 ICMP 源点抑制报文。拥塞的判别可以用三种方法：一是检查路由器缓存区是否已满；二是给缓存区输出队列设置一个阈值，判断队列中数据报的个数是否超过阈值；三是检测某输入线路的传输率是否过高。

2）源主机收到抑制报文后，按一定的速率降低发往目标主机的数据报率。

3）如果在一定的时间间隔内源主机没有收到抑制报文，便认为拥塞已解除，源主机可以逐渐恢复到原来数据报的流量。

源点抑制报文格式如图 4-2-6 所示。源点抑制报文的类型字段值为 4，代码字段为 0，4 字节部分未使用，数据部分是接收到的 IP 数据报的一部分，包括 IP 首部以及数据报数据的前 8 个字节。

0–8	8–16	16–32
Type(4)	Code(0)	校验和
未使用		
IP数据报头+64位原始数据报		

图 4-2-6　源点抑制报文格式

（3）超时。当路由器收到生存时间为 0 的数据报时，除丢弃该数据报外，还要向源点发送超时报文。当终点在预先规定的时间内不能收到一个数据报的全部数据报分片时，就把已收到的数据报分片都丢弃，并向源点发送超时报文。超时报文格式如图 4-2-7 所示。

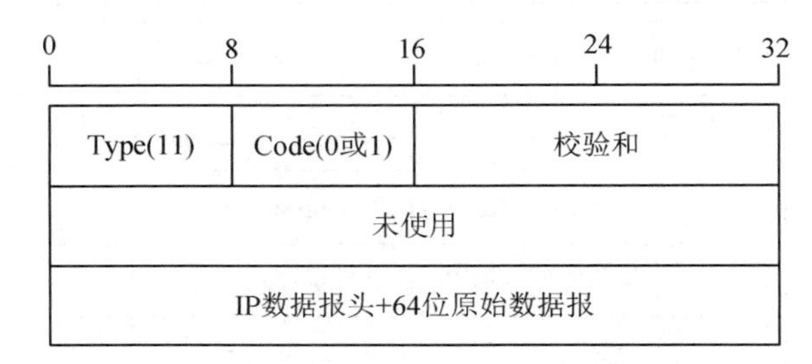

图 4-2-7　超时报文格式

Code=0，仅供路由器使用，说明数据报的生存时间字段值为 0。

Code=1，仅供目的主机使用，说明不是所有的分片都按时到达。

4 字节部分未使用。

数据部分是接收到的 IP 数据报的一部分，包括 IP 首部以及数据报数据的前 8 个字节。

（4）参数出错。当路由器或目的主机收到的数据报的首部中有的字段的值不正确时，就丢弃该数据报，并向源点发送参数出错报文。参数出错报文格式如图 4-2-8 所示。

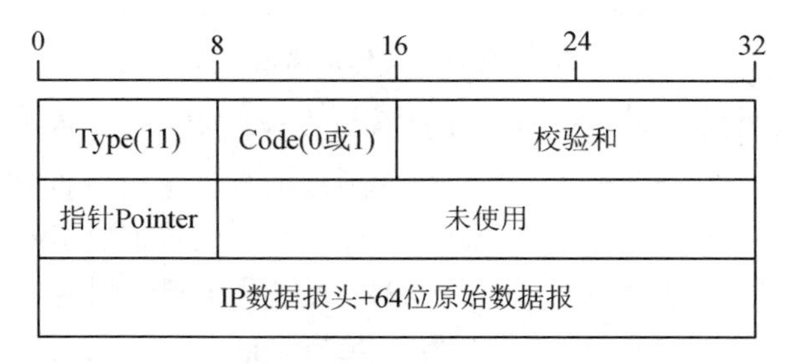

图 4-2-8　参数出错报文格式

Code=0：数据报某个参数错，指针域指向出错的字节。

Code=1：数据报缺少某个选项，无指针域。

数据部分是接收到的 IP 数据报的一部分，包括 IP 首部以及数据报数据的前 8 个字节。

（5）重定向。路由器中维护的路由表是进行路由选择的依据，而且其在路由选择过程中动态变化。在开始阶段，主机路由表的项目有限，通常只知道默认路由器的 IP 地址。因此，主机可能把发往另一个网络的数据报发送给一个错误的路由器。收到数据报的路由器会把它转发给正确的路由器。但是，为了更新主机的路由表，路由器要向主机发送一个改变路由报文。重定向报文格式如图 4-2-9 所示。

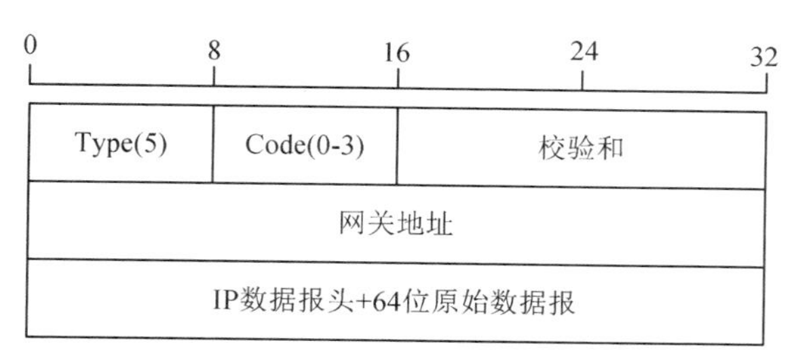

图 4-2-9　重定向报文格式

Code=0，对特定网络路由的改变。

Code=1，对特定主机路由的改变。

Code=2，基于指定服务类型的对特定网络路由的改变。

Code=3，基于指定服务类型的对特定主机路由的改变。

4 字节部分是网关地址，即目标路由器的 IP 地址。

数据部分是接收到的 IP 数据报的一部分，包括 IP 首部以及数据报数据的前 8 个字节。

3. ICMP 报文的具体类型

由首部的类型（Type）字段和代码（Code）字段标识，汇总如表 4-2-1 所示。

表 4-2-1　不同类型 ICMP 报文的类型与代码值

ICMP 报文种类	类型	代码	说明
询问报文	0	0	回送应答（ECHO Reply）
	8	0	回送请求（ECHO Request）
	9	0	路由通告
	10	0	路由请求
	13	0	时间戳请求
	14	0	时间戳应答
	17	0	地址掩码请求
	18	0	地址掩码应答
差错报告报文	3 目标不可达	0	网络不可达
		1	主机不可达
		2	协议不可达
		3	端口不可达
		4	需要进行分片，但设置了 DF 不分片
		5	源路由选择失败
		6	目标网络未知

续表

ICMP 报文种类	类型	代码	说明
		7	目标主机未知
		8	源主机被隔离
		9	与目标网路的通信被强制禁止
		10	与目标主机的通信被强制禁止
		11	对于请求的服务类型 TOS，网络不可达
		12	对于请求的服务类型 TOS，主机不可达
		13	由于过滤，通信被强制禁止
		14	主机越权
		15	优先权中止生效
	4	0	源点抑制（用于拥塞控制）
	5 重定向	0	对网络重定向
		1	对主机重定向
		2	对服务类型和网络重定向
		3	对服务类型和主机重定向
	11 超时	0	在数据报传输期间生存时间 TTL 为 0
		1	在数据报组装期间生存时间 TTL 为 0
	12 参数出错	0	IP 数据报头部错误
		1	缺少必须的选项

任务 3 PING 命令与 ICMP 回送请求与应答报文

知识与技能：

- 理解 PING 命令的执行原理
- 掌握 ICMP 回送请求与应答报文的格式

一、任务背景介绍

PING 命令是 ICMP 应用的一个典型的例子。它利用 ICMP ECHO 报文测试远程主机是否可达。如果通过 PING 命令可以获得来自远程主机的应答，那么说明两台主机在网络层是可以互联的。

二、知识点介绍

PING 命令是网络编程中常见的“客户/服务器”模型，称发送 ECHO 请求的主机为客户端，接收 ECHO 请求并发送 ECHO 应答的主机为服务器。由于大多数内核 ICMP 软件都支持对 ECHO 请求的应答，也就是说，内核直接支持 PING 命令的服务器端，因此对于程序设计人员而言只需要实现客户端的功能即可。

PING 命令客户端的工作流程非常简单：程序首先构造一个 ICMP ECHO 请求报文，填写基本首部，并将报文中的标识符字段设置为发送进程的进程号（这样可以在同一台主机上运行多个 PING 命令），同时将序号字段初始化为 0，随后还要在数据部分加上时间戳。然后调用原始套接字接口发送请求报文。发送结束后程序会等待并试图接收来自远端主机的 ECHO 应答报文，如果网络传输出现异常，中间路由器（或目的路由器）就会向接收方回复 ICMP 差错报告，程序根据差错报告打印出错信息，否则程序将打印报文信息并估算往返时间。

三、任务实现

在此，我们利用 Wireshark 抓包工具，捕获 PING 命令执行过程中发送和接收的不同种类的 ICMP 报文，并对其进行分析。

（1）在 Win7 系统中，点击 Windows 图标，在搜索框中输入“cmd”，如图 4-3-1 所示，找到命令行程序，如图 4-3-2 所示。

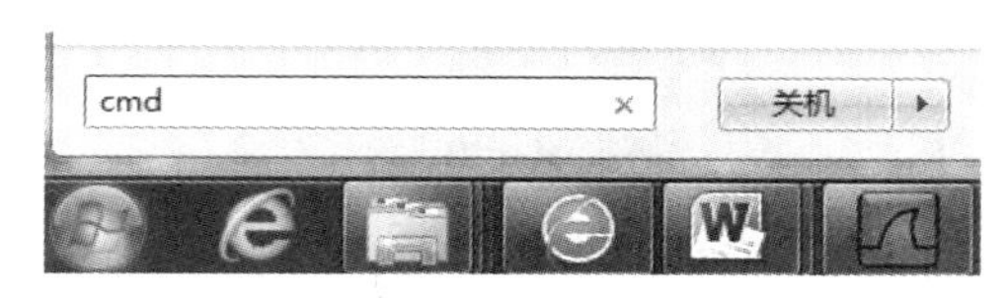

图 4-3-1　搜索窗口

图 4-3-2　cmd 命令行程序

（2）点击“cmd.exe”，打开命令行窗口，如图 4-3-3 所示。

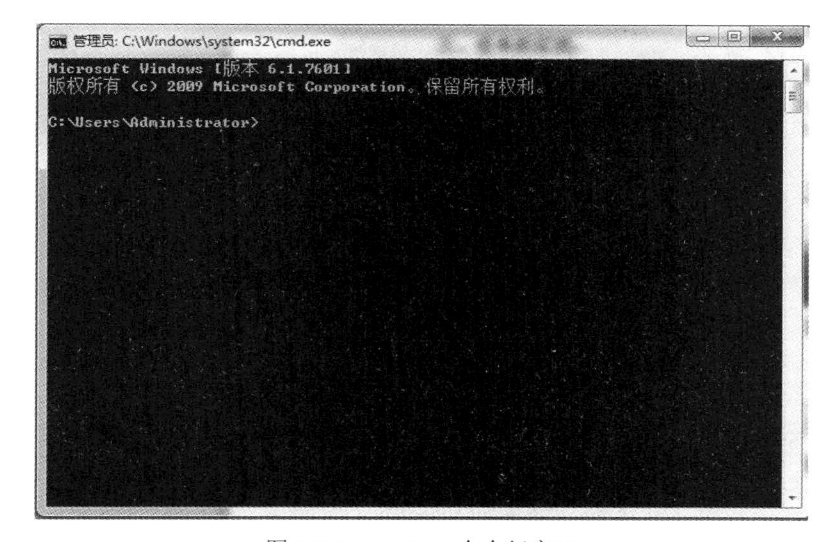

图 4-3-3　cmd.exe 命令行窗口

（3）打开 Wireshark 抓包工具，如图 4-3-4 所示，单击“Capture Options”。

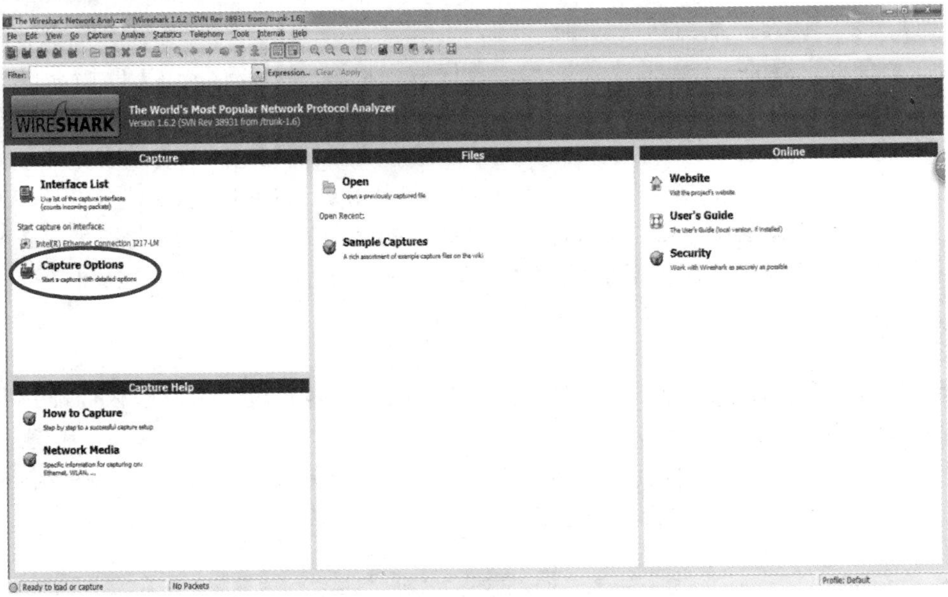

图 4-3-4　Wireshark 主界面

（4）选择当前正在使用的网络接口，点击 Start 按钮开始捕获数据，如图 4-3-5 所示。

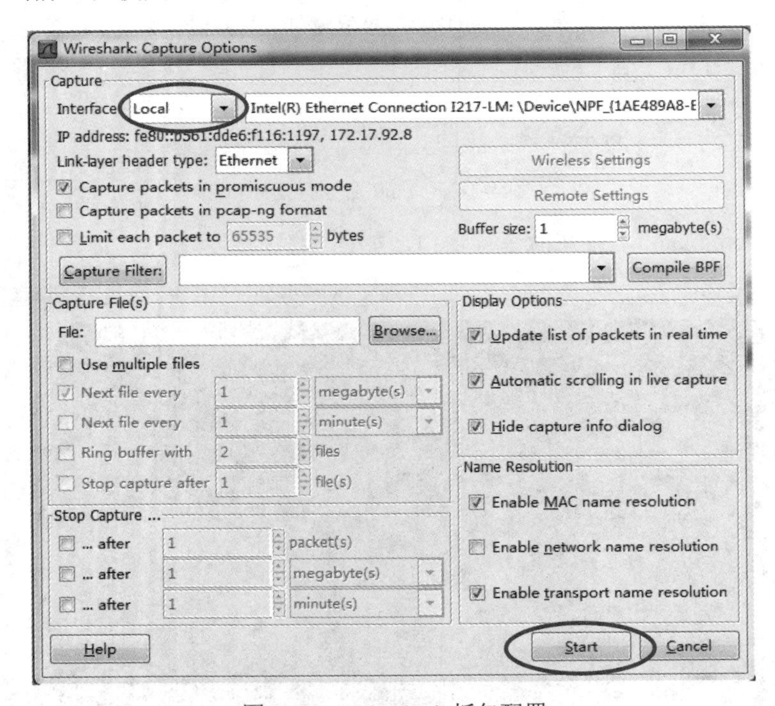

图 4-3-5　Wireshark 抓包配置

（5）在命令对话框中，输入“ping baidu.com”，回车，如图 4-3-6 所示。

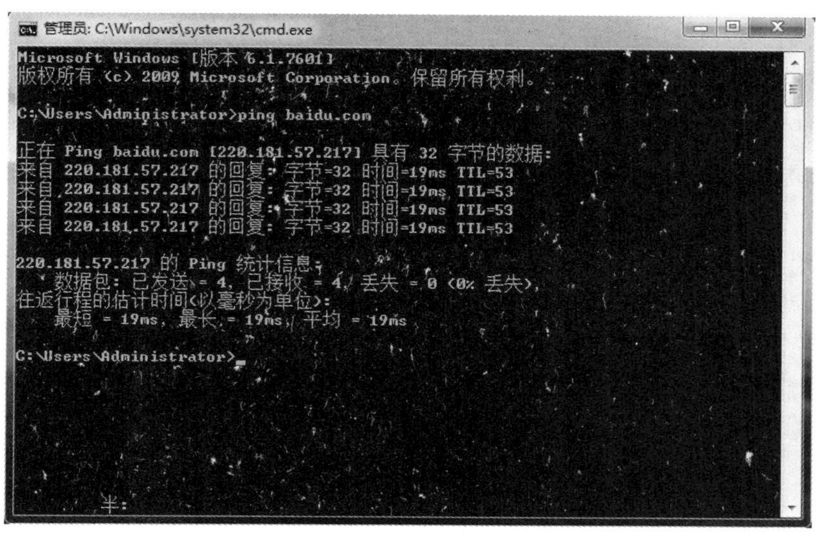

图 4-3-6　执行 ping 命令

我们可以看到，本机能够 ping 通百度的服务器，该服务器的 IP 地址为 220.181.57.217。共收到 4 条回复，说明本机共发送了 4 条请求（request）报文，所以收到 4 条应答（reply）报文。

（6）点击 Wireshark 软件中的 Stop 按钮，如图 4-3-7 所示，停止抓包。

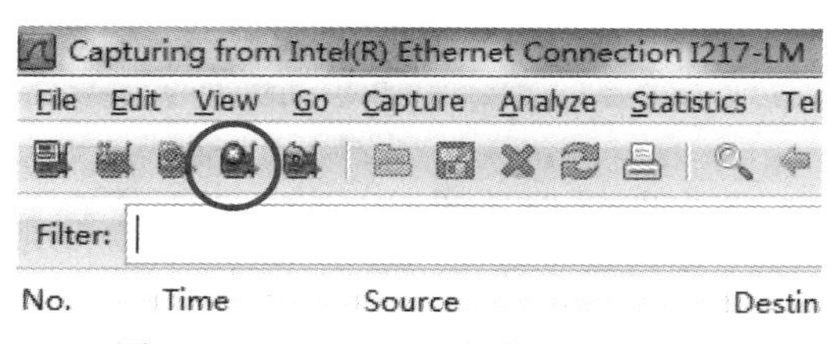

图 4-3-7　Wireshark 的停止抓包按钮

（7）在过滤器中输入“icmp”，筛选出目前捕捉到的所有 ICMP 报文，如图 4-3-8 所示。

Filter: icmp　Expression... Clear Apply

No.	Time	Source	Destination	Protocol	Length	Info
7	7.816913	172.17.92.8	220.181.57.217	ICMP	74	Echo (ping) request id=0x0001, seq=5/1280, ttl=64
8	7.835955	220.181.57.217	172.17.92.8	ICMP	74	Echo (ping) reply id=0x0001, seq=5/1280, ttl=53
10	8.817265	172.17.92.8	220.181.57.217	ICMP	74	Echo (ping) request id=0x0001, seq=6/1536, ttl=64
11	8.836651	220.181.57.217	172.17.92.8	ICMP	74	Echo (ping) reply id=0x0001, seq=6/1536, ttl=53
12	9.820168	172.17.92.8	220.181.57.217	ICMP	74	Echo (ping) request id=0x0001, seq=7/1792, ttl=64
13	9.839227	220.181.57.217	172.17.92.8	ICMP	74	Echo (ping) reply id=0x0001, seq=7/1792, ttl=53
15	10.823079	172.17.92.8	220.181.57.217	ICMP	74	Echo (ping) request id=0x0001, seq=8/2048, ttl=64
16	10.842240	220.181.57.217	172.17.92.8	ICMP	74	Echo (ping) reply id=0x0001, seq=8/2048, ttl=53

图 4-3-8　筛选 ICMP 报文

（8）我们以第一对 ICMP 回送请求和回送应答报文为例进行分析（网络正常情况下）。双击 7 号和 8 号报文，查看报文详细信息，如图 4-3-9 至图 4-3-12 所示，从中我们可以看到 ICMP 报文是封装到 IP 报文内的。

①Type：8（Echo (ping) request）//ICMP 回送请求报文，类型为 8。

②Code：0　//代码为 0

③Identifier（BE）：1（0x0001）

Identifier（LE）：1（0x0100）

Sequence number（BE）：5（0x0005）

Sequence number（LE）：1280（0x0500）

```
⊞ Internet Protocol Version 4, Src: 172.17.92.8 (172.17.92.8), Dst: 220.181.57.217 (220.181.57.217)
⊟ Internet Control Message Protocol
    Type: 8 (Echo (ping) request)
    Code: 0
    Checksum: 0x4d56 [correct]
    Identifier (BE): 1 (0x0001)
    Identifier (LE): 256 (0x0100)
    Sequence number (BE): 5 (0x0005)
    Sequence number (LE): 1280 (0x0500)
    [Response In: 8]
  ⊟ Data (32 bytes)
      Data: 6162636465666768696a6b6c6d6e6f7071727374757677 61...
      [Length: 32]
```

图 4-3-9　ICMP 回送请求报文详细信息

我们在图 4-2-1 所示的 ICMP 回送请求报文格式中，只显示了一个 Identifier 字段和一个 Sequence number 字段。但在 Wireshark 中分别显示了两个重复的字段。其实，Identifier（BE）和 Identifier（LE）均对应的是报文段中的一个字段 Identifier，Sequence number（BE）和 Sequence number（LE）均对应的是报文段中的一个字段 Sequence number。只是 Wireshark 考虑到 Windows 系统和 Linux 系统发出的 ping 报文的字节顺序不一样，Windows 为低字节序 LE：little-endian byte order（即低位字节在低端地址），Linux 为高字节序 BE：big-endian byte order（高位字节在低端地址），如图 4-3-10 和图 4-3-11 所示。

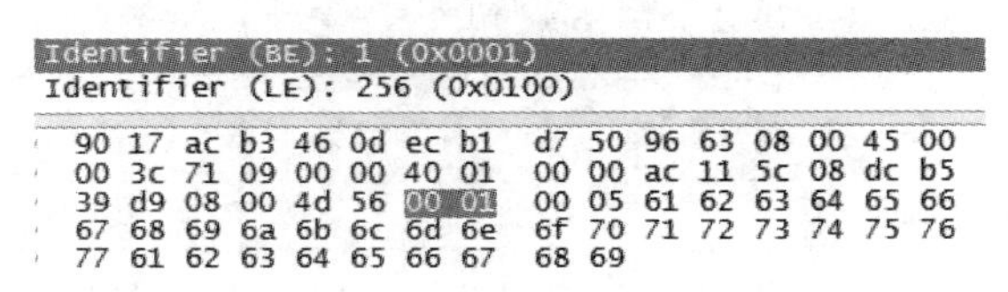

图 4-3-10　Identifier 字段（高字节序）

```
Identifier (BE): 1 (0x0001)
Identifier (LE): 256 (0x0100)

90 17 ac b3 46 0d ec b1  d7 50 96 63 08 00 45 00
00 3c 71 09 00 00 40 01  00 00 ac 11 5c 08 dc b5
39 d9 08 00 4d 56 00 01  00 05 61 62 63 64 65 66
67 68 69 6a 6b 6c 6d 6e  6f 70 71 72 73 74 75 76
77 61 62 63 64 65 66 67  68 69
```

图 4-3-11　Identifier 字段（低字节序）

由于在这次实验之前，执行了一次“ping baidu.com”，因此 Sequence number 用去了 1～4 号，本次抓包 Sequence number 从 5 开始编号。

数据部分为 32 字节的测试数据。

①Type：0（Echo (ping) request）//ICMP 回送应答报文，类型为 0。

②Code：0　//代码为 0

③Identifier 字段和 Sequence number 字段同图 4-3-9 的说明。一对 ICMP 回送请求与应答报文的序号字段是一致的。由于都是在 Win7 系统下的实验，因此 Identifier 也是一致的。

```
⊞ Internet Protocol Version 4, Src: 220.181.57.217 (220.181.57.217), Dst: 172.17.92.8 (172.17.92.8)
⊟ Internet Control Message Protocol
    Type: 0 (Echo (ping) reply)
    Code: 0
    Checksum: 0x5556 [correct]
    Identifier (BE): 1 (0x0001)
    Identifier (LE): 256 (0x0100)
    Sequence number (BE): 5 (0x0005)
    Sequence number (LE): 1280 (0x0500)
    [Response To: 7]
    [Response Time: 19.042 ms]
  ⊟ Data (32 bytes)
      Data: 6162636465666768696a6b6c6d6e6f7071727374757677761...
      [Length: 32]
```

图 4-3-12　ICMP 回送应答报文详细信息

四、知识扩展

如果在上述实验后，断开校园网连接，重复步骤（5）～（7），得到实验结果如图 4-3-13 和图 4-3-14 所示。

```
管理员: C:\Windows\system32\cmd.exe
Microsoft Windows [版本 6.1.7601]
版权所有 (c) 2009 Microsoft Corporation。保留所有权利。

C:\Users\Administrator>ping baidu.com

正在 Ping baidu.com [180.149.132.47] 具有 32 字节的数据:
请求超时。
请求超时。
请求超时。
请求超时。

180.149.132.47 的 Ping 统计信息:
    数据包: 已发送 = 4, 已接收 = 0, 丢失 = 4 (100% 丢失),

C:\Users\Administrator>
```

图 4-3-13　执行 ping 命令

Filter: icmp　Expression...　Clear　Apply

No.	Time	Source	Destination	Protocol	Length	Info
113	9.641824	172.17.92.8	180.149.132.47	ICMP	74	Echo (ping) request id=0x0001, seq=9/2304, ttl=64
117	14.354099	172.17.92.8	180.149.132.47	ICMP	74	Echo (ping) request id=0x0001, seq=10/2560, ttl=64
120	19.359520	172.17.92.8	180.149.132.47	ICMP	74	Echo (ping) request id=0x0001, seq=11/2816, ttl=64
124	24.353709	172.17.92.8	180.149.132.47	ICMP	74	Echo (ping) request id=0x0001, seq=12/3072, ttl=64

图 4-3-14　断开校园网后筛选出的 ICMP 报文

从图 4-3-14 中，我们可以看出断开校园网后筛选出的 ICMP 报文只有请求报文，没有应答报文。Identifier 字段均取值 0x0001，因为都是基于 Win7 系统的实验。Sequence number 字段序号接着上次实验的 8，从 9 开始编号。

任务 4　Tracert 命令与 ICMP 差错报告报文

知识与技能：

- 理解 Tracert 命令的执行原理
- 掌握 ICMP 超时报告报文与终点不可达报文的格式

一、任务背景介绍

ICMP 的另一个非常有用的应用是 Tracert，它用来跟踪一个分组从源结点到终点的路径。

二、知识点介绍

Tracert 从源主机向目的主机发送一连串的 IP 数据报，数据报中封装的是无法交付的 UDP 用户数据报。第一个数据报 P1 的生存时间 TTL 设置为 1。当 P1 到达路径上的第一个路由器 R1 时，路由器 R1 先收下它，接着把 TTL 的值减 1。由于 TTL 等于 0 了，R1 就把 P1 丢弃了，并向源主机发送一个 ICMP 超时报告报文。

源主机接着发送第二个数据报 P2，并把 TTL 设置为 2。P2 先到达路由器 R1，R1 收下后把 TTL 减 1 再转发给路由器 R2。R2 收到 P2 时 TTL 为 1，但减 1 后 TTL 变为 0 了。R2 就丢弃 P2，并向源主机发送一个 ICMP 超时差错报告报文。这样一直持续下去。当最后一个数据报刚刚到达目的主机时，数据报的 TTL 是 1。主机不转发数据报，也不把 TTL 的值减 1。但因 IP 数据报中封装的是无法交付的运输层的 UDP 用户数据报，因此目的主机要向源主机发送 ICMP 终点不可达的差错报告报文。

这样，源主机就达到了自己的目的，因为这些路由器和最后目的主机发来的 ICMP 报文正好给出了源主机想要的路由信息——到达目的主机所经过的路由器的 IP 地址，以及到达其中的每一个路由器的往返时间。

三、任务实现

利用 Tracert 命令，捕捉 ICMP 差错报告报文，并分析报文格式。

（1）按照任务 3 中任务实现中的步骤（1）～（4）执行。

（2）在命令行窗口中，输入“tracert baidu.com”，回车，如图 4-4-1 所示。

```
管理员: C:\Windows\system32\cmd.exe

C:\Users\Administrator>tracert baidu.com

通过最多 30 个跃点跟踪
到 baidu.com [220.181.57.217] 的路由:

  1     3 ms     2 ms     3 ms  172.17.92.254
  2     2 ms     2 ms     2 ms  10.10.9.21
  3    <1 毫秒   <1 毫秒   <1 毫秒 10.10.8.10
  4    35 ms     1 ms     1 ms  11.171.broad.ha.dynamic.163data.com.cn [171.11.2
45.1]
  5    <1 毫秒   <1 毫秒   <1 毫秒 222.85.82.133
  6     6 ms     7 ms     3 ms  219.150.148.13
  7    31 ms    31 ms    31 ms  202.97.80.61
  8     *        *        *     请求超时。
  9     *        *        *     请求超时。
 10    19 ms    19 ms    19 ms  220.181.17.90
 11     *        *        *     请求超时。
 12     *        *        *     请求超时。
 13    20 ms    20 ms    20 ms  220.181.57.217

跟踪完成。

C:\Users\Administrator>
```

图 4-4-1　执行 tracert 命令

（3）单击 Wireshark 软件中的 Stop 按钮，如图 4-4-2 所示，停止抓包。

（4）在过滤器中输入“icmp”，筛选出目前捕捉到的所有 ICMP 报文，如图 4-4-3 所示。

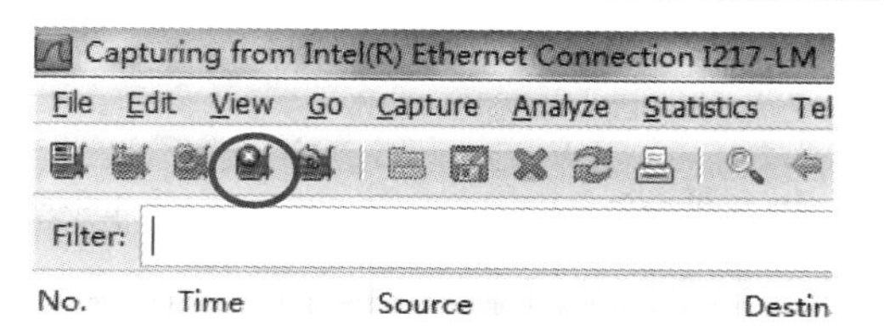

图 4-4-2　Wireshark 的停止按钮

Filter: icmp　Expression... Clear Apply

No.	Time	Source	Destination	Protocol	Length	Info
4	1.765257	172.17.92.8	220.181.57.217	ICMP	106	Echo (ping) request id=0x0001, seq=1/256, ttl=1
5	1.769112	172.17.92.254	172.17.92.8	ICMP	70	Time-to-live exceeded (Time to live exceeded in transit)
6	1.769515	172.17.92.8	220.181.57.217	ICMP	106	Echo (ping) request id=0x0001, seq=2/512, ttl=1
7	1.772463	172.17.92.254	172.17.92.8	ICMP	70	Time-to-live exceeded (Time to live exceeded in transit)
8	1.772922	172.17.92.8	220.181.57.217	ICMP	106	Echo (ping) request id=0x0001, seq=3/768, ttl=1
9	1.776440	172.17.92.254	172.17.92.8	ICMP	70	Time-to-live exceeded (Time to live exceeded in transit)
18	2.122667	172.17.92.254	172.17.92.8	ICMP	70	Destination unreachable (Port unreachable)
21	5.121848	172.17.92.254	172.17.92.8	ICMP	70	Destination unreachable (Port unreachable)
43	8.121781	172.17.92.254	172.17.92.8	ICMP	70	Destination unreachable (Port unreachable)

图 4-4-3　浏览 ICMP 报文

（5）5 号报文（超时报告报文）如图 4-4-4 所示。双击 5 号报文，展开其详细信息，如图 4-4-5 所示。

No.	Time	Source	Destination	Protocol	Length	Info
5	1.769112	172.17.92.254	172.17.92.8	ICMP	70	Time-to-live exceeded (Time to live exceeded in transit)

图 4-4-4　ICMP 超时报告报文

Time-to-live（Time to live exceeded in transit）//5 号报文是一个超时报文，在数据报传输期间其生存时间 TTL 为 0。

```
⊟ Internet Control Message Protocol
    Type: 11 (Time-to-live exceeded)
    Code: 0 (Time to live exceeded in transit)
    Checksum: 0xf4ff [correct]
  ⊟ Internet Protocol Version 4, Src: 172.17.92.8 (172.17.92.8), Dst: 220.181.57.217 (220.181.57.217)
      Version: 4
      Header length: 20 bytes
    ⊞ Differentiated Services Field: 0x00 (DSCP 0x00: Default; ECN: 0x00: Not-ECT (Not ECN-Capable Transport))
      Total Length: 92
      Identification: 0x66ea (26346)
    ⊞ Flags: 0x00
      Fragment offset: 0
    ⊞ Time to live: 1
      Protocol: ICMP (1)
    ⊞ Header checksum: 0x340f [correct]
      Source: 172.17.92.8 (172.17.92.8)
      Destination: 220.181.57.217 (220.181.57.217)
  ⊟ Internet Control Message Protocol
      Type: 8 (Echo (ping) request)
      Code: 0
      Checksum: 0xf7fd
      Identifier (BE): 1 (0x0001)
      Identifier (LE): 256 (0x0100)
      Sequence number (BE): 1 (0x0001)
      Sequence number (LE): 256 (0x0100)
```

图 4-4-5　ICMP 超时报告报文详细信息

在该 ICMP 超时报告报文首部中，

①Type：11（Time-to-live exceeded）//说明是一个 ICMP 超时报告报文

②Code：0（Time to live exceeded in transit）//说明是在数据报传输期间生存时间 TTL 减为 0 的报文。那么为什么该超时 IP 数据报首部的 TTL 字段值为 1 呢？因为该 IP 数据报在到

达目的站前的某个站点，其 TTL 值就为 1，那么在该站点就会将其 TTL 值减为 0，必定无法到达目的站点，所以在该站点就直接将 IP 数据报作为 ICMP 超时报文的数据部分发送给了源发送方，不再执行 TTL 减 1 操作。

③数据部分是超时的 IP 数据报，而该 IP 数据报中封装的是一个 ICMP 回送请求报文。

（6）18 号报文（终点不可达报告报文）如图 4-4-6 所示。双击该报文，展开其详细信息，如图 4-4-7 所示。

```
18 2.122667   172.17.92.254     172.17.92.8      ICMP      70 Destination unreachable (Port unreachable)
```

图 4-4-6　ICMP 终点不可达报告报文

Destination unreachable（Port unreachable）//终点不可达报文中的端口不可达报文。

```
⊟ Internet Control Message Protocol
    Type: 3 (Destination unreachable)
    Code: 3 (Port unreachable)
    Checksum: 0xfb8c [correct]
  ⊟ Internet Protocol Version 4, Src: 172.17.92.8 (172.17.92.8), Dst: 172.17.92.254 (172.17.92.254)
      Version: 4
      Header length: 20 bytes
    ⊞ Differentiated Services Field: 0x00 (DSCP 0x00: Default; ECN: 0x00: Not-ECT (Not ECN-Capable Transport))
      Total Length: 78
      Identification: 0x66f0 (26352)
    ⊞ Flags: 0x00
      Fragment offset: 0
      Time to live: 64
      Protocol: UDP (17)
    ⊞ Header checksum: 0x0286 [correct]
      Source: 172.17.92.8 (172.17.92.8)
      Destination: 172.17.92.254 (172.17.92.254)
  ⊟ User Datagram Protocol, Src Port: netbios-ns (137), Dst Port: netbios-ns (137)
      Source port: netbios-ns (137)
      Destination port: netbios-ns (137)
      Length: 58
    ⊞ Checksum: 0x0024 [unchecked, not all data available]
```

图 4-4-7　ICMP 终点不可达报告报文详细信息

从中可以看到，ICMP 报文的数据部分是端口不可达的 IP 数据报。

ICMP 超时报文首部中，

①Type：3（Destination unreachable）//说明是一个 ICMP 终点不可达报文。

②Code：3（Port unreachable）//说明是终点不可达中的端口不可达的情况。

③4 字节部分未使用，全为 0，如图 4-4-8 所示。

```
Internet Control Message Protocol
  Type: 3 (Destination unreachable)
  Code: 3 (Port unreachable)
  Checksum: 0xfb8c [correct]
⊟ Internet Protocol Version 4, Src: 172.17.92.8 (172.17.92.8), Dst: 172.17.92.254 (172.17.92.254)
    Version: 4
    Header length: 20 bytes
  ⊞ Differentiated Services Field: 0x00 (DSCP 0x00: Default; ECN: 0x00: Not-ECT (Not ECN-Capable Transport))
    Total Length: 78
    Identification: 0x66f0 (26352)
  ⊞ Flags: 0x00
    Fragment offset: 0
    Time to live: 64
    Protocol: UDP (17)
  ⊞ Header checksum: 0x0286 [correct]
    Source: 172.17.92.8 (172.17.92.8)
    Destination: 172.17.92.254 (172.17.92.254)
⊞ User Datagram Protocol, Src Port: netbios-ns (137), Dst Port: netbios-ns (137)
00  ec b1 d7 50 96 63 90 17  ac b3 46 0d 08 00 45 c0   ...P.c.. ..F...E.
10  00 38 a6 7c 00 00 ff 01  03 5f ac 11 5c fe ac 11   .8.|.... ._..\...
20  5c 08 03 03 fb 8c 00 00  00 00 45 00 00 4e 66 f0   \....... ..E..Nf.
30  00 00 40 11 02 86 ac 11  5c 08 ac 11 5c fe 00 89   ..@..... \...\...
40  00 89 00 3a 00 24                                  ...:.$
```

图 4-4-8　终点不可达报文 4 字节部分为全 0

④数据部分为端口不可达的 IP 数据报，其内封装的是传输层的 UDP 数据报。

四、知识扩展

在任务实现中，执行“Tracert baidu.com”命令后，得到图 4-4-9 所示的路径追踪结果。

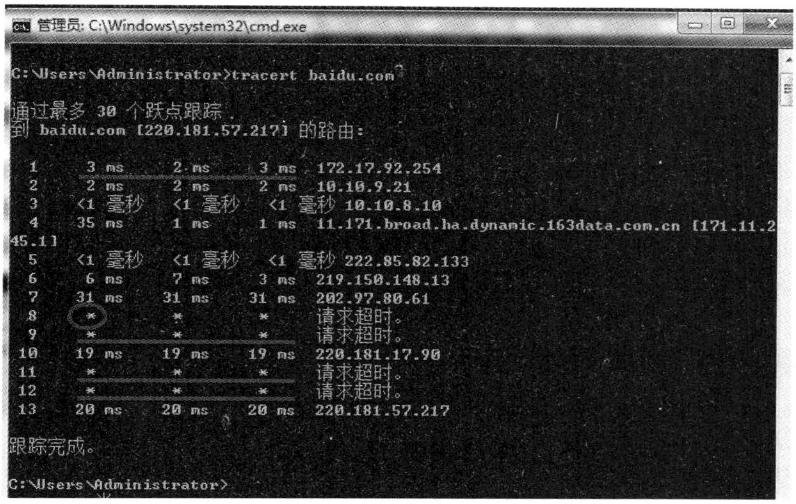

```
管理员: C:\Windows\system32\cmd.exe

C:\Users\Administrator>tracert baidu.com

通过最多 30 个跃点跟踪
到 baidu.com [220.181.57.217] 的路由:

  1     3 ms     2 ms     3 ms  172.17.92.254
  2     2 ms     2 ms     2 ms  10.10.9.21
  3    <1 毫秒   <1 毫秒   <1 毫秒 10.10.8.10
  4    35 ms     1 ms     1 ms  11.171.broad.ha.dynamic.163data.com.cn [171.11.2
45.1]
  5    <1 毫秒   <1 毫秒   <1 毫秒 222.85.82.133
  6     6 ms     7 ms     3 ms  219.150.148.13
  7    31 ms    31 ms    31 ms  202.97.80.61
  8     *        *        *     请求超时。
  9     *        *        *     请求超时。
 10    19 ms    19 ms    19 ms  220.181.17.90
 11     *        *        *     请求超时。
 12     *        *        *     请求超时。
 13    20 ms    20 ms    20 ms  220.181.57.217

跟踪完成。

C:\Users\Administrator>
```

图 4-4-9　路径追踪结果

从中可以看到：

（1）每一跳都有 3 个时间值，这是因为 Tracert 命令在实际执行中，向每一跳都发送 3 条 ICMP 回送请求报文，并期待收到对应的 3 条 ICMP 回送应答报文。如果能够在 Tracert 命令规定的有效时限内收到对应的 ICMP 回送应答报文，就记录这次请求与应答的往返时延。

（2）“*”符号表示没有在 Tracert 命令规定的时间内作出响应，有可能是网络不稳定没有响应或者响应包丢失。

（3）如果 3 个往返时间都为“*”，说明到达这一跳完全超时。如图 4-4-9 所示的第 8 跳、第 9 跳、第 11 跳和第 12 跳。

本单元小结

ICMP 报文是为了弥补 IP 协议不可靠而设置的，但 ICMP 报文并不能保证 IP 数据报的可靠性，它只能提供一些查询服务和差错报告服务，但差错是否被纠正并不一定。ICMP 报文分为两大类：查询报文与差错报告报文。任务 2 中，介绍了 ICMP 各类型报文的报文格式和各字段含义。任务 3 中，通过 PING 命令捕捉到了查询报文中的回送请求报文和回送应答报文，并对其报文格式进行了分析。任务 4 中，通过 Tracert 命令捕捉到了超时报文和终点不可达报文，并对其报文格式进行了分析。

习题 4

一、选择题

1．ICMP 协议属于（　　）层协议。

A．数据链路层　　B．网络层　　C．传输层　　D．应用层

2．下列哪个命令用来测试本机到目的机的连通性？（　　）。

A．ping　　B．ipconfig　　C．tracert　　D．ip route

3．下列哪个命令用来追踪本机到目的机的路由选择路径？（　　）。

A．ping　　B．ipconfig　　C．tracert　　D．ip route

4．ICMP 报文中的校验和是对（　　）进行检验。

A．ICMP 报文首部　　B．IP 数据报首部

C．整个 ICMP 报文　　D．IP 数据报

5．下列哪个属于 ICMP 查询报文？（　　）。

A．终点不可达　　B．回送请求报文

C．重定向报文　　D．超时报文

6．下列哪个属于 ICMP 差错报告报文？（　　）。

A．回送请求报文　　B．回送应答报文

C．时间戳请求与应答报文　　D．源点抑制报文

二、填空题

1．ICMP 报文分为两大类：________和________。

2．ICMP 回送请求报文的 Type 字段的值为________，回送应答报文的 Type 字段的值为________。

3．ICMP 差错报告报文中的________报文是用于拥塞控制的。

5

传输层协议

本单元介绍整个网络体系结构中的关键——传输层协议。在TCP/IP协议体系中，传输层有两个重要的协议：用户数据报协议UDP和传输控制协议TCP。首先，我们对传输层上的重要概念作以简单介绍。然后，认识UDP数据报的特点，并通过捕捉UDP数据报认识UDP数据报的报文格式。由于TCP比UCP复杂，因此将TCP分3个任务来介绍，主要包括TCP的特点和首部格式，TCP连接的建立与释放以及TCP协议的主要工作原理。

内容摘要：

- UDP协议的特点及报文结构
- TCP协议的特点及报文结构
- TCP连接的建立与释放

学习目标

- 理解协议的特点及报文结构
- 掌握TCP协议的特点及报文结构
- 掌握TCP的连接建立与释放

任务1　传输层通信

知识与技能：

- 理解传输层通信是面向进程的通信
- 理解端口号的作用

一、任务背景介绍

在TCP/IP协议体系中，IP层用IP地址标识通信的主机。但在实际通信中，通信的终点并不是主机，而是主机中的某个应用进程。因此，当IP层接收到发送给该主机的数据包后，向上交付给传输层，传输层最终要交付给应用层上对应的应用进程。然而应用进程有许多种，那么在传输层上，我们如何来标识这些通信终点——应用进程呢？

二、知识点介绍

为了标识传输层通信两端的应用进程，人们引入了端口号。TCP/IP 的传输层用一个 16 位字段来标识端口号。端口号仅在本地有意义，即它只标志本机上的某个应用进程在和传输层交互时的接口。也就是说，在不同的计算机中，相同的端口号不代表存在相应关系。

端口号分为两大类：

（1）服务器端使用的端口号：这里又分为两类，一类是常用的熟知端口号，如表 5-1-1 所示；另一类是登记端口号，数值为 1024～49151，这类端口号是为没有熟知端口号的应用程序使用的。使用这类端口号必须在 IANA 登记，以防重复。

表 5-1-1　常用的熟知端口号

应用进程	HTTP	DNS	FTP	TFTP	SMTP	SNMP	TELNET
熟知端口号	80	53	20 和 21	69	25	161	23

（2）客户端使用的端口号，数值为 49152～65535。这类端口号是客户应用进程在运行时动态选择的，因此也称为短暂端口号。通信结束后，该端口号就不存在了，其他进程就可以选择使用。

在 TCP/IP 协议体系中，传输层的通信协议只有 UDP 协议和 TCP 协议，分别为应用层上不同的应用进程提供服务。这就说明，传输层具有复用和分用的功能。“复用”指发送方的不同应用进程向下使用同一个传输层协议传送数据。“分用”指接收方的传输层收到报文后，通过报文头内的端口号，向上交付给对应的应用进程，如图 5-1-1 所示。

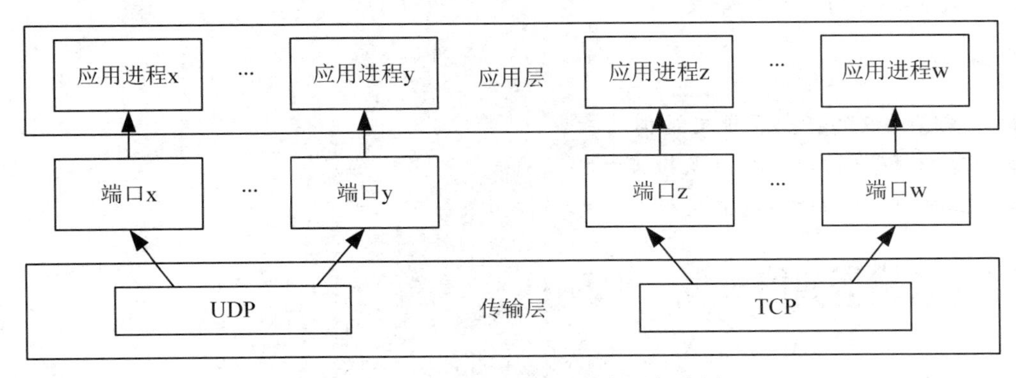

图 5-1-1　传输层基于端口的复用与分用

下面，我们来简单介绍传输层的两个重要协议，以及二者分别为哪些应用提供服务：

（1）用户数据报协议 UDP（User Datagram Protocol）

（2）传输控制协议 TCP（Transmission Control Protocol）

两个协议特点鲜明，UDP 简单，传输效率高，但不保证传输的可靠性；TCP 协议则提供可靠传输，因此 TCP 报文结构复杂。表 5-1-2 给出了这两个传输层协议分别面向哪些应用。

表 5-1-2 UDP 与 TCP 协议分别面向的应用和应用层协议

传输层协议	应用	应用层协议
UDP	腾讯 QQ	网络即时通信协议 OICQ
	域名与 IP 地址的转换	域名解析协议 DNS
	简单文件传输	简单文件传输协议 TFTP
	路由选择	路由选择协议 RIP
	IP 地址配置	动态主机配置协议 DHCP
	网络管理	简单网络管理协议 SNMP
	IP 电话	专用协议
	流式多媒体通信	专用协议
TCP	电子邮件	简单邮件传输协议 SMTP
	远程登录	远程登录协议 Telnet
	浏览万维网	超文本传输协议 HTTP
	文件传输	文件传输协议 FTP

任务 2 用户数据报协议 UDP

知识与技能：

- 理解 UDP 的主要特点
- 掌握 UDP 报文段的首部格式

一、任务背景介绍

传输层的两个协议中，用户数据报协议 UDP（User Datagram Protocol）相对简单，它只在 IP 数据报服务之上增加了复用与分用功能以及差错检测的功能，依然是提供不可靠的数据传输服务。

二、知识点介绍

1. UDP 的特点

下面我们来介绍 UDP 的主要特点：

（1）UDP 是无连接的。“无连接”类似于邮政系统的模型，不要求发送方和接收方之间的会话连接，发送方只是简单地开始向目的地发送数据分组。因此，UDP 具有无连接服务的优点，即通信比较迅速，使用灵活方便。

（2）UDP 尽最大努力交付，即不保证可靠交付，因此主机无需维持复杂的连接状态。

（3）UDP 是面向报文的。发送方的 UDP 收到应用程序交付下来的报文，在添加首部后就向下交付给 IP 层。UDP 对应用层交付下来的报文，既不合并，也不拆分，保留其边界。接收方的 UDP 收到 IP 层交上来的 UDP 用户数据报，在去除首部后就原封不动地交付给上层的应用进程。也就是说，UDP 一次交付一个完整的应用层报文。那么这就要求应用程序必须选择合适大小的报文：若应用层报文太长，UDP 把它交给 IP 层后，IP 层在传送时可能要进行分片，这就会降低 IP 层的效率；反之，若报文太短，UDP 把它交给 IP 层后，会使 IP 数据报的首部的相对长度太大，这也降低了 IP 层的效率。

（4）UDP 支持一对一、一对多、多对一和多对多的交互通信。

（5）UDP 没有拥塞控制，因此网络出现的拥塞不会使源主机的发送速率降低。这对某些实时应用是很重要的。很多的实时应用，如 IP 电话、实时视频会议等，要求源主机以恒定的的速率发送数据，并且允许在网络发生拥塞时丢失一些数据，但却不允许数据有太大的时延。

（6）UDP 首部开销小，仅有 8 字节，比 TCP 的 20 字节的首部要短。

2. UDP 的首部格式

用户数据报 UDP 由两部分组成：首部和数据部分。UDP 首部很简短，由 4 个字段组成，每个字段占 2 字节，如图 5-2-1 所示。各字段意义如下：

（1）源端口号。在需要对方回信时才选用。不需要时可全设为 0。

（2）目的端口。在终点交付报文时使用，此字段必须要设置。

（3）长度。UDP 整个报文段的长度，最小值是 8，即仅有首部。

（4）校验和检测。UDP 用户数据报在传输中是否有错。有错就直接丢弃，不进行其他操作。

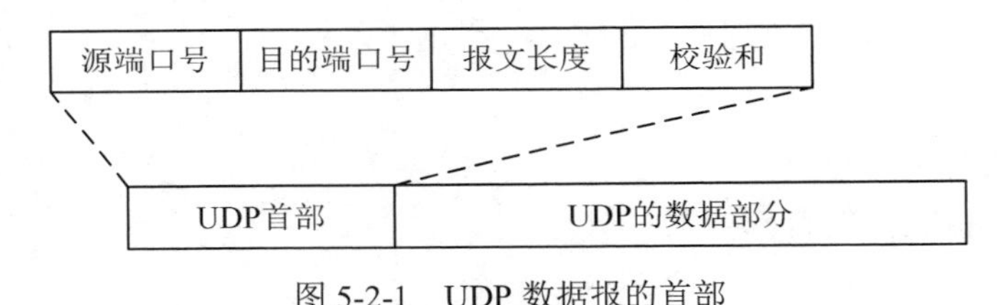

图 5-2-1 UDP 数据报的首部

三、任务实现

腾讯 QQ 使用的应用层协议是 OICQ（端口号为 8000），而 OICQ 使用的传输层协议就是 UDP。因此，我们可以在登录 QQ 和在使用 QQ 的过程中，抓取到 UDP 报文。

（1）准备一台电脑，保证可以上网，并安装有 Wireshark 抓包工具，打开 Wireshark 软件，如图 5-2-2 所示。

（2）在菜单栏中选择 Capture Options，选择当前正在使用的网络接口，单击 Start 按钮开始捕获数据，如图 5-2-3 所示。

（3）登录 QQ，与 QQ 好友聊天。

（4）单击 Wireshark 软件中的 Stop 按钮，如图 5-2-4 所示，停止抓包。

（5）在过滤器 Filter 中输入“oicq”，回车，筛选出 QQ 聊天过程中发送和接收的 OICQ 协议类型的报文段，如图 5-2-5 和图 5-2-6 所示。

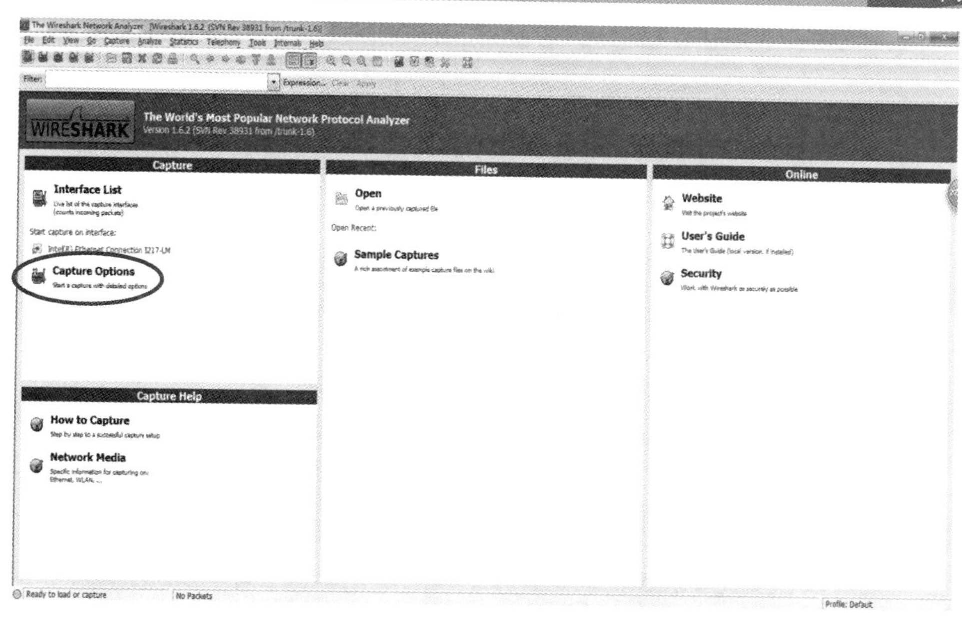

图 5-2-2　打开 Wireshark 软件

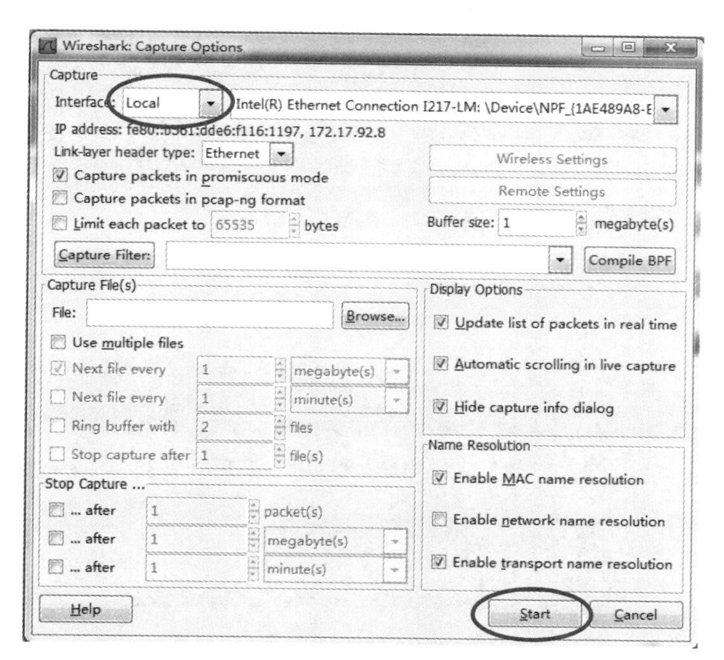

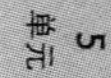

图 5-2-3　开始捕获数据界面

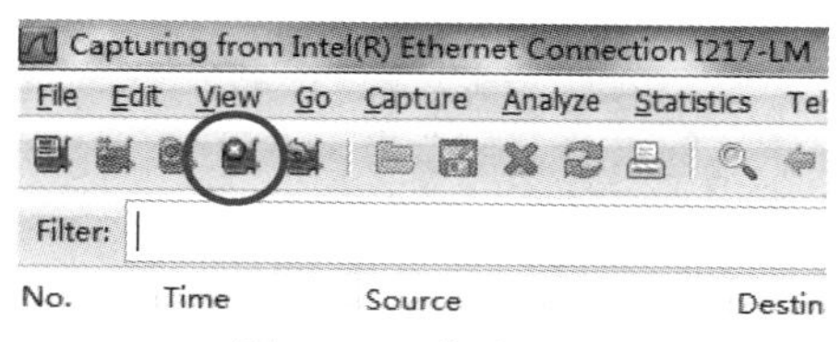

图 5-2-4　停止抓包

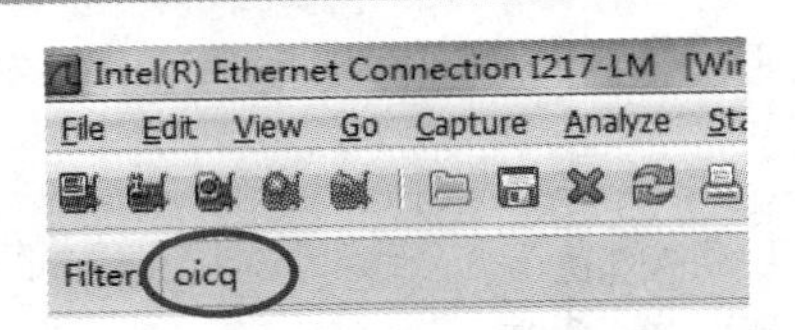

图 5-2-5　设置过滤规则

Intel(R) Ethernet Connection I217-LM [Wireshark 1.6.2 (SVN Rev 38931 from /trunk-1.6)]

File Edit View Go Capture Analyze Statistics Telephony Tools Internals Help

Filter: oicq　Expression... Clear Apply

No.	Time	Source	Destination	Protocol	Length	Info
40	12.165406	123.151.13.79	172.17.92.8	OICQ	121	OICQ Protocol
48	16.137359	123.151.13.79	172.17.92.8	OICQ	121	OICQ Protocol
356	45.497154	123.151.13.79	172.17.92.8	OICQ	89	OICQ Protocol
371	50.455350	123.151.13.79	172.17.92.8	OICQ	121	OICQ Protocol
409	65.472554	123.151.13.79	172.17.92.8	OICQ	121	OICQ Protocol
430	78.536220	123.151.13.79	172.17.92.8	OICQ	121	OICQ Protocol
492	85.643466	123.151.13.79	172.17.92.8	OICQ	121	OICQ Protocol
506	94.307697	123.151.13.79	172.17.92.8	OICQ	121	OICQ Protocol
605	105.561629	123.151.13.79	172.17.92.8	OICQ	89	OICQ Protocol
631	121.800043	123.151.13.79	172.17.92.8	OICQ	121	OICQ Protocol
676	152.773759	123.151.13.79	172.17.92.8	OICQ	121	OICQ Protocol
697	165.620105	123.151.13.79	172.17.92.8	OICQ	89	OICQ Protocol
698	166.820518	123.151.13.79	172.17.92.8	OICQ	121	OICQ Protocol
710	169.834068	123.151.13.79	172.17.92.8	OICQ	121	OICQ Protocol
712	170.796362	123.151.13.79	172.17.92.8	OICQ	121	OICQ Protocol
718	177.183185	123.151.13.79	172.17.92.8	OICQ	121	OICQ Protocol
727	186.592854	123.151.13.79	172.17.92.8	OICQ	121	OICQ Protocol
729	188.427541	123.151.13.79	172.17.92.8	OICQ	121	OICQ Protocol
857	199.818021	123.151.13.79	172.17.92.8	OICQ	121	OICQ Protocol
894	200.351085	123.151.13.79	172.17.92.8	OICQ	121	OICQ Protocol
1004	203.821114	123.151.13.79	172.17.92.8	OICQ	121	OICQ Protocol
1021	204.282107	123.151.13.79	172.17.92.8	OICQ	121	OICQ Protocol
1108	206.335582	123.151.13.79	172.17.92.8	OICQ	121	OICQ Protocol
1112	210.088931	123.151.13.79	172.17.92.8	OICQ	121	OICQ Protocol
1151	215.054261	123.151.13.79	172.17.92.8	OICQ	121	OICQ Protocol

图 5-2-6　浏览抓包数据

（6）从中选取一个报文段，对其 UDP 协议首部进行分析，在此双击第一条报文进行分析，如图 5-2-7 和图 5-2-8 所示。

图 5-2-7　选择一个 OICQ 数据包

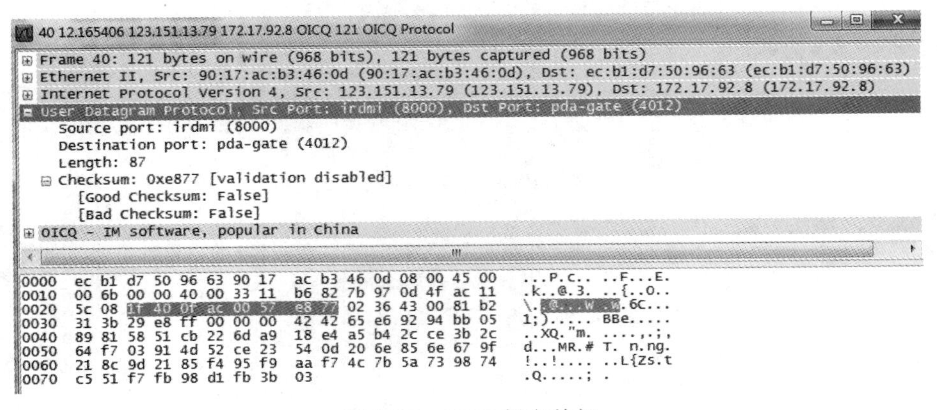

图 5-2-8　UDP 报文首部

UDP 数据报首部字段分析：

（1）Source Port：irdmi（8000）　//源端口号为 8000。说明该报文段是由 QQ 应用进程发送的报文段。

（2）Destination Port：pda –gate（4012）　//目的端口号为 4012。

（3）Length：87　//该报文总长度为 87 字节。

（4）Checksum：0xe877 [validation disabled]　//发送方计算出来的校验和为 0xe877（0x 前缀，表示为十六进制计数），填充到校验和字段。如果接收方收到该报文段，计算校验和为 0 说明没有出现差错，否则出错丢弃。

四、知识扩展

由于上述内容是借助于 QQ 聊天中发送的 OICQ 报文进行 UDP 协议抓包及报文分析的，因此，我们对上述报文段的 OICQ 协议报文段的内容也进行简要分析，如图 5-2-9 所示。

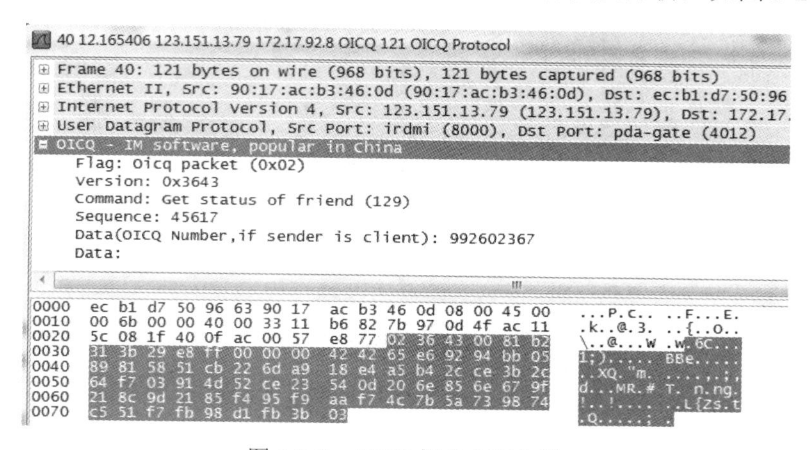

图 5-2-9　OICQ 报文内容分析

每一个 OICQ 协议数据报均以 0x02 开头，以 0x03 结尾，如图 5-2-10 所示。

```
OICQ - IM software, popular in China
    Flag: Oicq packet (0x02)
    Version: 0x3643
    Command: Get status of friend (129)
    Sequence: 45617
    Data(OICQ Number,if sender is client): 992602367
    Data:
0020  5c 08 1f 40 0f ac 00 57  e8 77 02 36 43 00 81 b2   \..@...W .w.6C...
0030  31 3b 29 e8 ff 00 00 00  42 42 65 e6 92 94 bb 05   1;)..... BBe.....
0040  89 81 58 51 cb 22 6d a9  18 e4 a5 b4 2c ce 3b 2c   ..XQ."m. ....,.;,
0050  64 f7 03 91 4d 52 ce 23  54 0d 20 6e 85 6e 67 9f   d...MR.# T. n.ng.
0060  21 8c 9d 21 85 f4 95 f9  aa f7 4c 7b 5a 73 98 74   !..!.... ..L{Zs.t
0070  c5 51 f7 fb 98 d1 fb 3b  03                        .Q.....; .
```

图 5-2-10　Flag 标志字段

（1）Flag：oicq packet（0x02）//标志位字段的值为 0x02，如图 5-2-11 所示。

（2）Version：0x3643　//（版本号字段的值为 0x3643）

（3）Command：Get status of friend（129）//命令字段的值为 129，对应“获取组里朋友的状态”的命令，如图 5-2-12 所示。

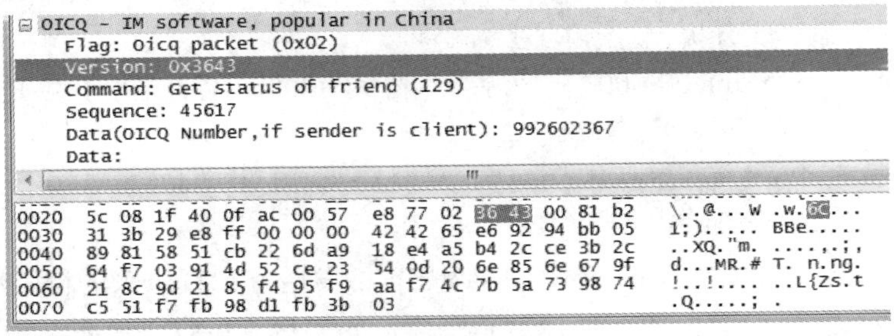

```
⊟ OICQ - IM software, popular in China
    Flag: Oicq packet (0x02)
    Version: 0x3643
    Command: Get status of friend (129)
    Sequence: 45617
    Data(OICQ Number,if sender is client): 992602367
    Data:

0020  5c 08 1f 40 0f ac 00 57  e8 77 02 36 43 00 81 b2   \..@...W .w.6C...
0030  31 3b 29 e8 ff 00 00 00  42 42 65 e6 92 94 bb 05   1;)..... BBe.....
0040  89 81 58 51 cb 22 6d a9  18 e4 a5 b4 2c ce 3b 2c   ..XQ."m. ....,.;,
0050  64 f7 03 91 4d 52 ce 23  54 0d 20 6e 85 6e 67 9f   d...MR.# T. n.ng.
0060  21 8c 9d 21 85 f4 95 f9  aa f7 4c 7b 5a 73 98 74   !..!.... ..L{Zs.t
0070  c5 51 f7 fb 98 d1 fb 3b  03                        .Q.....; .
```

图 5-2-11　Version 版本号

```
⊟ OICQ - IM software, popular in China
    Flag: Oicq packet (0x02)
    Version: 0x3643
    Command: Get status of friend (129)
    Sequence: 45617
    Data(OICQ Number,if sender is client): 992602367
    Data:

0020  5c 08 1f 40 0f ac 00 57  e8 77 02 36 43 00 81 b2   \..@...W .w.6C...
0030  31 3b 29 e8 ff 00 00 00  42 42 65 e6 92 94 bb 05   1;)..... BBe.....
0040  89 81 58 51 cb 22 6d a9  18 e4 a5 b4 2c ce 3b 2c   ..XQ."m. ....,.;,
0050  64 f7 03 91 4d 52 ce 23  54 0d 20 6e 85 6e 67 9f   d...MR.# T. n.ng.
0060  21 8c 9d 21 85 f4 95 f9  aa f7 4c 7b 5a 73 98 74   !..!.... ..L{Zs.t
0070  c5 51 f7 fb 98 d1 fb 3b  03                        .Q.....; .
```

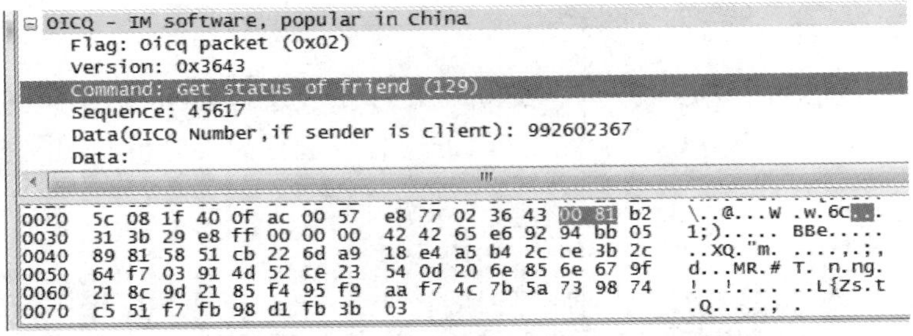

图 5-2-12　Command 命令字段

（4）Sequence：45617　//序列号是 45617，如图 5-2-13 所示。

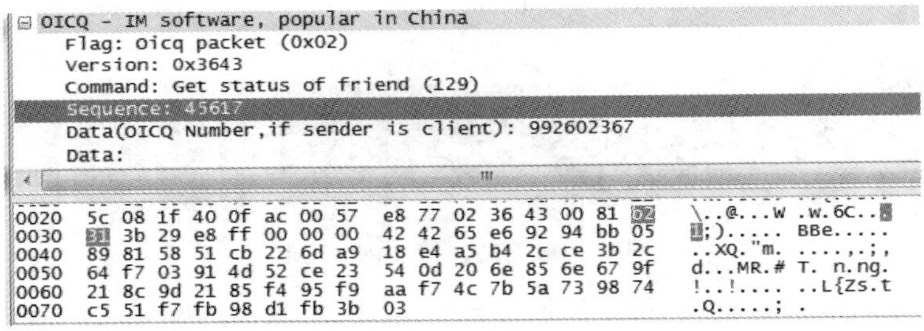

```
⊟ OICQ - IM software, popular in China
    Flag: Oicq packet (0x02)
    Version: 0x3643
    Command: Get status of friend (129)
    Sequence: 45617
    Data(OICQ Number,if sender is client): 992602367
    Data:

0020  5c 08 1f 40 0f ac 00 57  e8 77 02 36 43 00 81 b2   \..@...W .w.6C...
0030  31 3b 29 e8 ff 00 00 00  42 42 65 e6 92 94 bb 05   1;)..... BBe.....
0040  89 81 58 51 cb 22 6d a9  18 e4 a5 b4 2c ce 3b 2c   ..XQ."m. ....,.;,
0050  64 f7 03 91 4d 52 ce 23  54 0d 20 6e 85 6e 67 9f   d...MR.# T. n.ng.
0060  21 8c 9d 21 85 f4 95 f9  aa f7 4c 7b 5a 73 98 74   !..!.... ..L{Zs.t
0070  c5 51 f7 fb 98 d1 fb 3b  03                        .Q.....; .
```

图 5-2-13　sequence 序号

（5）Data（OICQ Number, if sender is client）　//数据字段是客户进程 Client 向服务进程 Server 发送账号信息，账号由 4 个字节记录，分别为数据包的第 8 至第 11 字节，由此可以记录登录账号，如图 5-2-14 所示。

```
⊟ OICQ - IM software, popular in China
    Flag: Oicq packet (0x02)
    Version: 0x3643
    Command: Get status of friend (129)
    Sequence: 45617
    Data(OICQ Number,if sender is client): 992602367
    Data:

0020  5c 08 1f 40 0f ac 00 57  e8 77 02 36 43 00 81 b2   \..@...W .w.6C...
0030  31 3b 29 e8 ff 00 00 00  42 42 65 e6 92 94 bb 05   1;)..... BBe.....
0040  89 81 58 51 cb 22 6d a9  18 e4 a5 b4 2c ce 3b 2c   ..XQ."m. ....,.;,
0050  64 f7 03 91 4d 52 ce 23  54 0d 20 6e 85 6e 67 9f   d...MR.# T. n.ng.
0060  21 8c 9d 21 85 f4 95 f9  aa f7 4c 7b 5a 73 98 74   !..!.... ..L{Zs.t
0070  c5 51 f7 fb 98 d1 fb 3b  03                        .Q.....; .
```

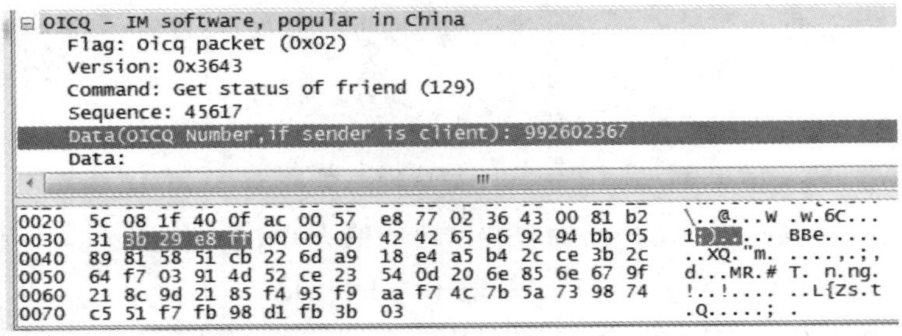

图 5-2-14　Data 数据字段

（6）Data：这个 Data 才是数据部分，其内容加密，以十六进制 03 结尾，如图 5-2-15 所示。

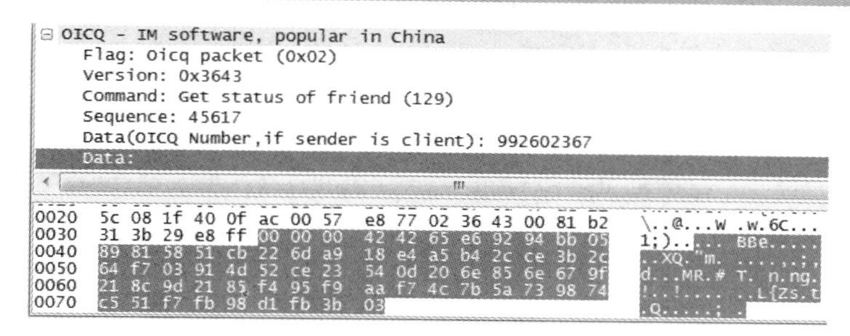

图 5-2-15 Data 部分

任务 3 传输控制协议 TCP

知识与技能：

- 了解 TCP 的主要特点
- 理解 TCP 报文段首部重要字段的含义和作用
- 掌握 TCP 协议的工作原理

一、任务背景介绍

TCP 协议与 UDP 协议最大的区别是 TCP 提供可靠传输服务。要提供可靠传输服务，就需要一定的工作机制来保证，而协议的工作原理大多体现在其报文段首部上，因此 TCP 报文段的首部较为复杂。下面我们通过 TCP 协议的特点来认识它，通过 TCP 报文首部来理解其可靠传输的工作原理。在任务实现中，通过打开网页的操作，抓取 TCP 报文段，对 TCP 协议的工作原理进行具体分析。

二、知识点介绍

1. TCP 的主要特点

TCP 协议与 UDP 协议同属传输层协议，但二者特点却迥然不同。

（1）TCP 是面向连接的运输层协议。面向连接类似于电话系统模型，即在发送任何数据之前，要求建立会话连接，然后才能开始传送数据，传送完成后需要释放连接。

（2）TCP 提供可靠交付的服务，即 TCP 连接传送的数据无差错、不丢失、不重复并且按序到达的。

（3）TCP 是面向字节流的。“面向字节流”是形容 TCP 把应用程序交下来的数据看成是一连串的无结构的字节流，即不关心数据的含义和报文段的边界。TCP 在传送数据时，根据链路拥塞情况、接收方接收能力等情况，决定发送报文段的长度。因此 TCP 不保证接收方应用程序所收到的数据块和发送方应用程序所发出的数据块具有对应大小的关系。

（4）每一条 TCP 连接只能有两个端点，每一条 TCP 连接只能是点对点的。

（5）TCP 提供全双工通信。

2. TCP 可靠传输的工作原理

TCP 协议提供可靠传输服务，即 TCP 传送的数据保证无差错、不丢失、不重复、不失序。

TCP 协议采用确认和重传机制保证可靠传输。在此我们从最简单的停止—等待协议说明确认与重传机制。

如图 5-3-1（a）所示，发送方发送一条报文 M1，然后停止发送下一条报文，等待接收方发回的 M1 确认报文，直到收到 M1 确认报文后，才发送 M2 报文，以此类推。

但是如果有一条 TCP 报文段在发送过程中丢失了，那么会是什么情况？如图 5-3-1（b）所示。发送方在发送一条报文 M1 后，等待了一段规定的时间，仍然没有收到 M1 的确认报文。那么发送方会从缓冲区中再次取出一份 M1 报文重新发送出去，直到收到 M1 确认，才发送 M2 报文。

那么同理，如果有一条 TCP 确认报文段在发送过程中丢失了，如图 5-3-1（c）所示。发送方在发送一条报文 M1 后，等待了一段规定的时间，仍然没有收到 M1 的确认报文。那么发送方会从缓冲区中再次取出一份 M1 报文重新发送出去，直到收到 M1 确认，才发送 M2 报文。

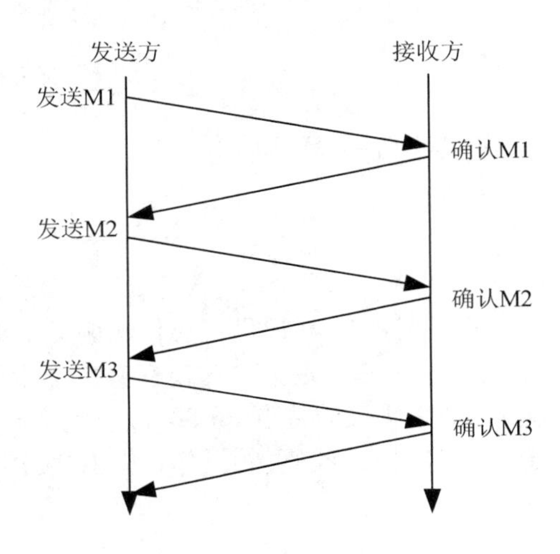

（a）TCP 的确认与重传机制（正确收发）

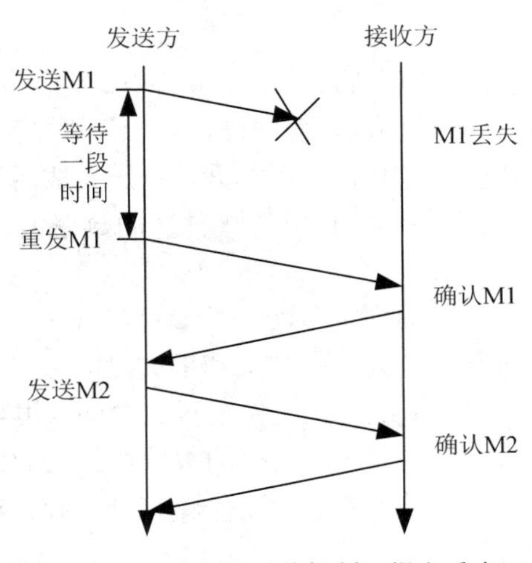

（b）TCP 的确认与重传机制（报文丢失）

图 5-3-1

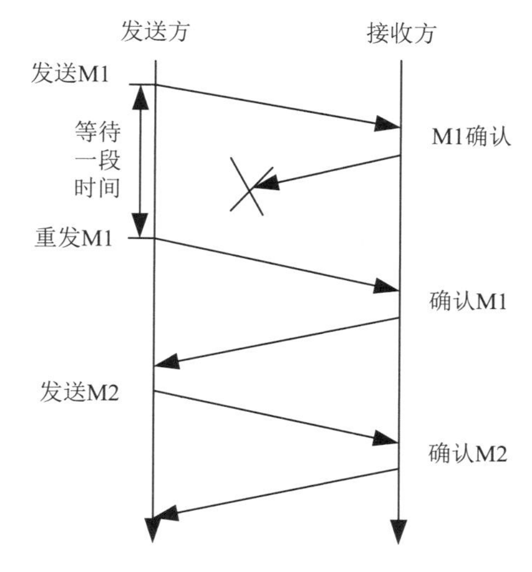

（c）TCP 的确认与重传机制（确认报文丢失）

图 5-3-1（续图）

3. TCP 报文段的首部格式

TCP 报文段由首部和数据部分组成，TCP 协议的主要工作原理也体现在 TCP 首部各字段的作用上。因此，掌握 TCP 首部各字段的作用是理解 TCP 协议工作原理的关键。

TCP 报文段的首部和 IP 数据报的首部类似，也是包含固定首部和选项（可选）。TCP 报文段的固定首部长度为 20 字节，选项字段长度是 4 字节的整数倍，即 4n（n 为自然数），如图 5-3-2 所示。

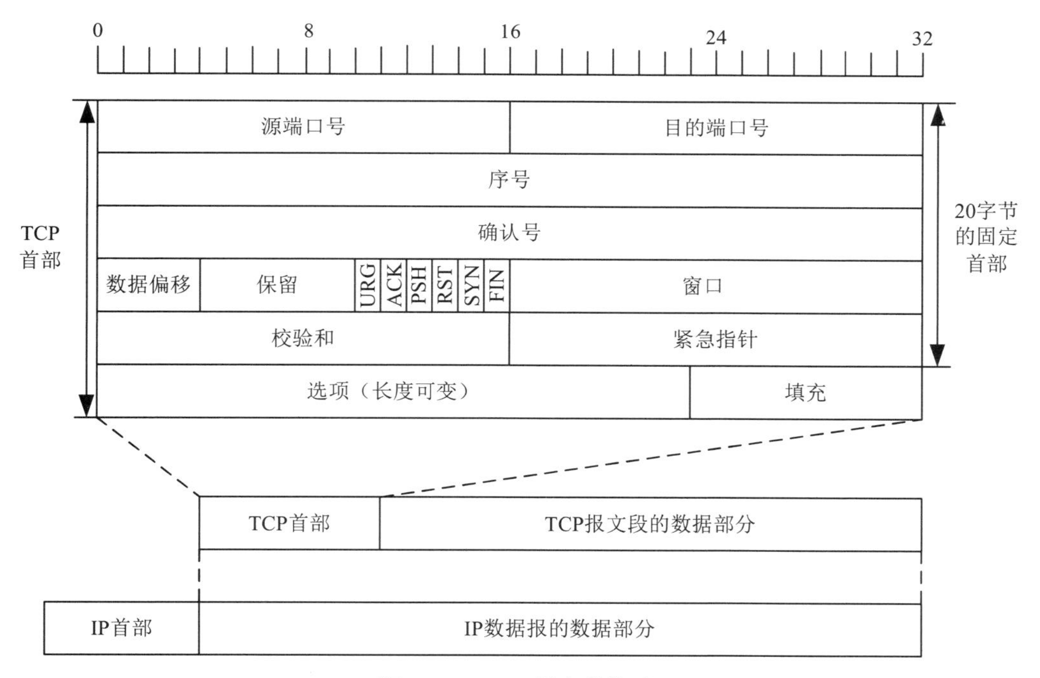

图 5-3-2 TCP 报文段格式

TCP 报文段首部各字段的含义如下：

（1）源端口和目的端口各占 2 个字节，分别写入源端口号和目的端口号，用于定位源端的应用程序和目的端的应用程序。

（2）序号占 4 字节。共 32 位，因此序号字段取值范围为 0~2^{32}-1（即 0～4284967296）。达到最大值时，返回取 0。TCP 是面向字节流的。对于一个 TCP 连接中所传送的字节流，按顺序对每个字节进行编号。在建立 TCP 连接时，即设置将要发送的整个字节流的起始序号。在一个 TCP 报文段中，首部中的序号字段值指的是本报文段所发送数据的第一个字节的序号。例如，某一报文段的序号字段值为 101，而携带的数据共有 200 字节。则表明本报文段的数据的第一个字节的序号是 101，最后一个字节的序号是 300。如果此报文段后接着发送下一报文段，那么下一报文段的数据序号是从 301 开始，即它首部的序号字段值为 301。因此，对于应用进程交下来的数据块，首部中序号字段的值是该 TCP 报文段数据部分第一个字节在整个应用进程数据块中按字节顺序的编号。

（3）确认号占 4 字节。取值范围与序号相同。确认号是期望收到对方下一个报文段的第一个数据字节的序号。例如，B 正确收到了 A 发送过来的一个报文段，其序号字段值是 301，而数据长度是 100 字节，即这个报文段的数据部分的序号为 301～400，这表明 B 正确收到了 A 发送的到序号 400 为止的数据。因此，B 期望收到 A 的下一报文段的序号是 401，于是 B 在发给 A 的确认报文段中把确认号设置为 401。

（4）数据偏移占 4 位，以 4 字节为单位。它指出 TCP 报文段的数据起始处距离 TCP 报文段的起始处有多远，因此也叫首部长度。这个字段实际上是指出 TCP 报文段的首部长度。之所以要设置数据偏移字段，是因为首部中有长度不确定的选项字段。

（5）保留占 6 位，保留为今后使用，但目前应置为 0。

接着是 6 个控制位，用来表示报文段的性质。

（6）紧急 URG。当 URG=1 时，即表示应用进程告知 TCP 有紧急数据要发送，TCP 就把紧急数据插入到当前要发送报文段数据的最前面。紧急数据由紧急指针字段来指明。当 URG=1 时，紧急指针字段才有效。

（7）确认 ACK。当两个通信的应用进程建立起 TCP 连接后，二者之间相互传送的所有报文段都必须把 ACK 置 1，直到完全释放连接。而且，仅当 ACK=1 时，确认号字段才有效。

（8）推送 PSH。当发送应用进程希望在发送一个报文段后能立即收到对方的响应时，发送方 TCP 将 PSH 置 1，并立即将报文段发送出去，接收方 TCP 收到 PSH=1 的报文段后，就尽快地交付给接收应用进程，而不再等整个缓存填满后才交付应用进程。

（9）复位 RST。RST=1 时，表明 TCP 连接中出现严重差错，必须释放连接，然后再重新建立连接。

（10）同步 SYN。可以看成一个标志位，用来在连接建立时同步序号。当 SYN=1，且 ACK=0 时，表明这是一个连接请求报文段。若对方同意建立连接，则在响应的报文段中使 SYN=1，ACK=1。因此，SYN 置为 1 就表示这是一个连接请求或连接接受报文。

（11）终止 FIN。用来请求释放连接。当 FIN=1 时，表明此报文段的发送方的数据已发送完毕，要求释放连接。

（12）窗口占 2 字节，因此窗口字段取值范围为 0～2^{16}-1 之间的整数。窗口指的是本报文段的发送方的接收窗口的大小。由于数据接收缓存空间是有限的，因此设置窗口字段。报文段中的窗口字段就是告诉对方（本报文接收方），从本报文段首部中的确认号算起，我方目前允许你方发送的数据量。

（13）校验和占 2 字节。校验和字段检验的范围包括首部和数据部分。与 UDP 类似，TCP 在计算校验和时，在 TCP 报文段的前面加上 12 字节的伪首部。该伪首部格式与 UDP 的伪首部格式一样，只是注意第 4 个字段协议号改为 6（TCP 的协议号），第 5 个字段是 TCP 报文段的长度。IP 数据的校验和只检验 IP 数据报的首部，而 UDP 和 TCP 的校验和是检验 UDP 和 TCP 报文段的首部和数据部分。

（14）紧急指针占 2 字节。紧急指针仅在 URG=1 时才有意义，它指出本报文段中的紧急数据的字节数（紧急数据结束后就是普通数据）。因此紧急指针指出了紧急数据的末尾在报文段中的位置。当所有紧急数据都处理完毕，TCP 就告诉应用程序恢复到正常操作。需要注意的是，在窗口值为零时，也可以发送紧急数据。

（15）选项长度可变，最长可达 40 字节。当不使用选项时，TCP 的首部长度是 20 字节。

三、任务实现

利用 Wireshark 抓取 TCP 数据报，并分析其报文格式。

（1）准备一台电脑，保证可以上网，并安装有 Wireshark 抓包工具，打开 Wireshark 软件，如图 5-3-3 所示。

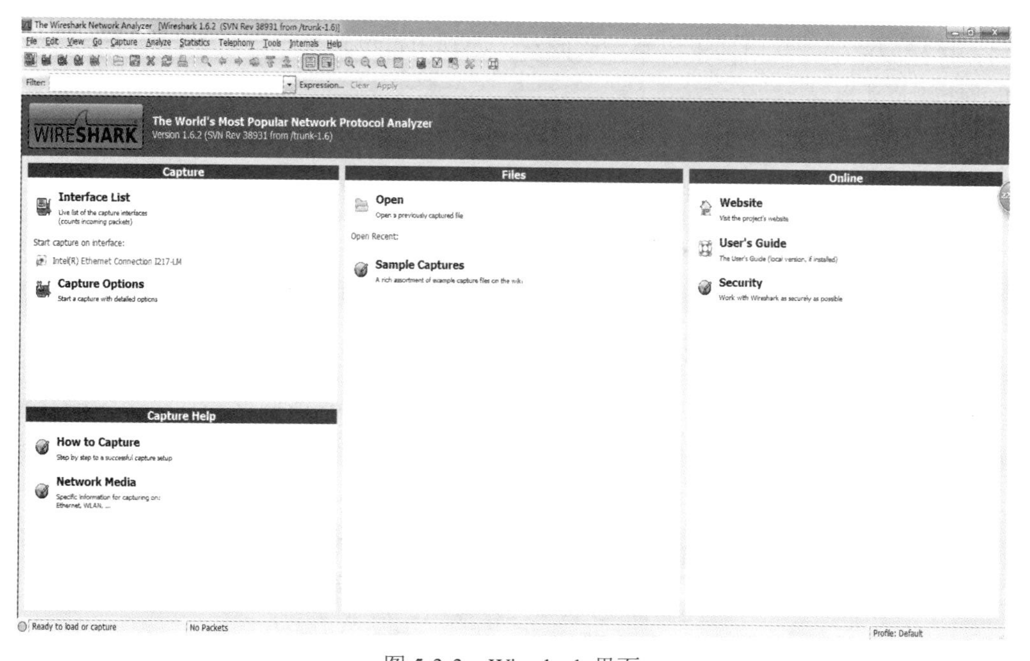

图 5-3-3　Wireshark 界面

（2）在菜单栏中选择 Capture Options，选择当前正在使用的网络接口，点击 Start 按钮开始捕获数据，如图 5-3-4 所示。

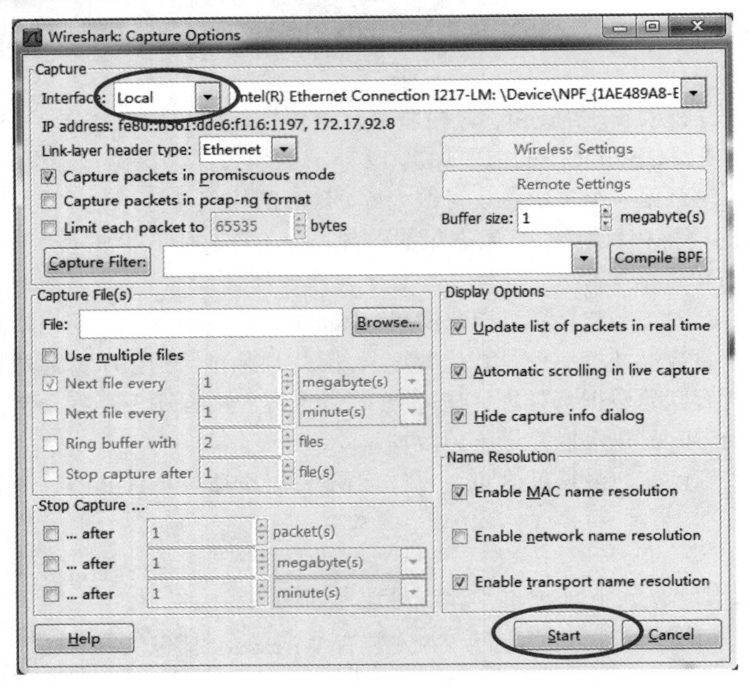

图 5-3-4　Capture Options 界面

（3）打开浏览器，利用搜索引擎搜索网页，如利用百度搜索“郑州工程技术学院”，打开其主页。

（4）点击 Wireshark 软件中的 Stop 按钮，如图 5-3-5 所示，停止抓包。

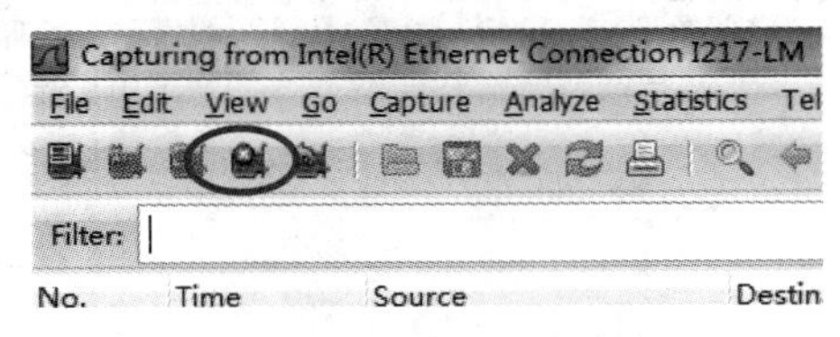

图 5-3-5　停止抓包按钮

（5）在过滤器 Filter 中输入“tcp and ip.addr = =本机的 IP 地址（本任务使用的计算机的 IP 地址为 172.17.92.8）”，回车，筛选出浏览网页过程中本机发送和接收的 TCP 协议类型的报文段，如图 5-3-6 所示。

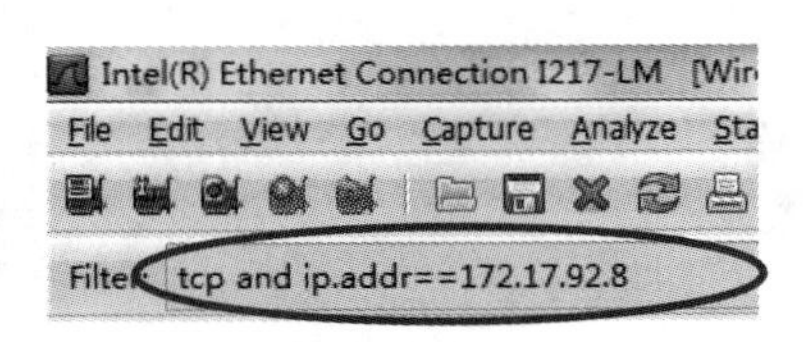

图 5-3-6　过滤器

（6）从中选取一个正确发送的报文段进行分析，此处选择第 84 条报文，如图 5-3-7 所示。

（7）双击该条报文，展开其 TCP 协议首部，如图 5-3-8 所示。分字段对 TCP 协议首部进行分析。

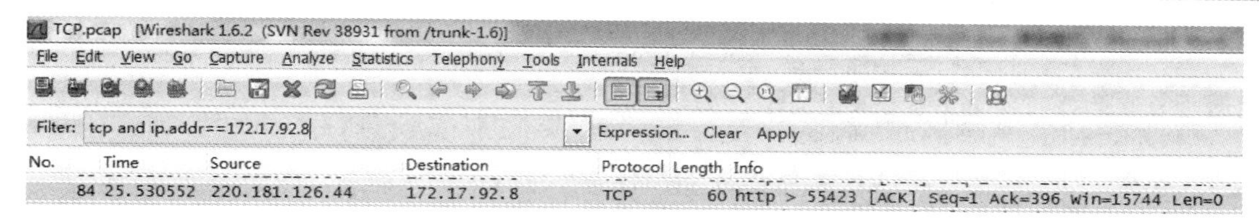

图 5-3-7　一个正确发送的报文

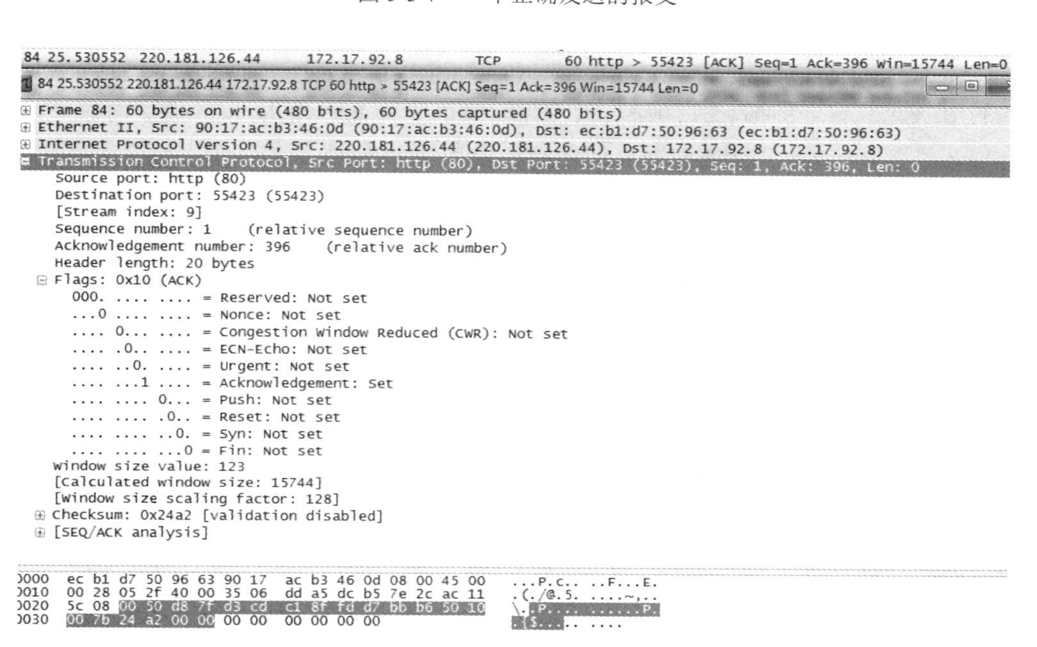

图 5-3-8　TCP 报文的详细信息

①Source Port：http（80）//源端口号为 80，是超文本传输协议 HTTP 对应的端口号，HTTP 协议用来定义客户浏览器与万维网服务器之间的通信。这也说明该报文段是由本机的浏览器应用进程发送的报文段。

②Destination port：55423 //目的端口号为 55423。

③Sequence number：1（relative sequence number）//序号字段的值为 1。TCP 协议对应用进程交下来的数据按字节进行编号，TCP 报文段是 TCP 协议根据当前接收方的接收窗口大小及通信线路上的拥塞程度在上层的数据流上进行划分，然后封装得到的。序号字段的值是该 TCP 报文段数据部分第一个字节的编号。因此，本报文段是本机的浏览器与万维网服务器建立起 TCP 连接后的第一个数据部分有内容的报文。

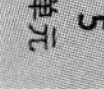

④Acknowledgement number：396//确认号字段的值为 396。确认号是本应用进程希望下次收到对方应用进程的报文段的序号。这就说明到目前为止，本应用进程所收到对方应用进程的报文段的数据部分的最大编号为 395。

⑤Header length：20 bytes//头部长度为 20 字节。即只有固定首部，没有使用选项字段。注意，该字段以 4 字节为单位，因此该字段占 4 位二进制位即 0101，对应十六进制的值为 5，如图 5-3-9 所示。我们只关注 5 的那一字段，后面的 0 是保留位字段的值。

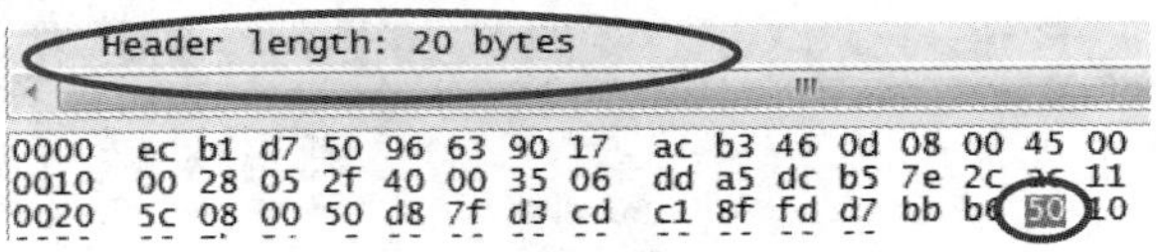

```
Header length: 20 bytes

0000  ec b1 d7 50 96 63 90 17  ac b3 46 0d 08 00 45 00
0010  00 28 05 2f 40 00 35 06  dd a5 dc b5 7e 2c ac 11
0020  5c 08 00 50 d8 7f d3 cd  c1 8f fd d7 bb b6 50 10
```

图 5-3-9　首部长度字段的值

接下来的 12 位二进制位是标志位 Flags。其中：

①Urgent 位取 0，说明该报文段非紧急报文。

②Acknowledgement 位取 1，说明确认号（Acknowledgement number）字段是有效的。在建立起 TCP 连接后，双方所传送的所有报文段的确认位 Acknowledgement 都为 1。

③Push 位取 0，该报文无需对方立即响应，因此 Push 位取 0。

④Reset 位取 0，当 TCP 连接出现严重差错，需要释放连接时，Reset 才取 1。本报文段是一个正确传送的报文，因此 Reset 位取 0。

⑤同步 SYN 取 0，表明这不是一个建立连接的报文。

⑥终止 FIN 取 0，表明这不是一个释放连接的报文。

⑦Windows size value：123 //窗口值为 123，用于告诉该报文的接收方："我方目前可以接收 123 字节的数据量，请你依此设置自己下次发送过来的数据量"。

⑧Checksum: 0x24a2 [validation disabled]　//发送方计算出来的校验和为 0x24a2（0x 前缀，表示为十六进制计数），填充到校验和字段。如果接收方收到该报文段，计算校验和为 0 说明没有出现差错，否则出错丢弃。

四、知识扩展

本任务开始介绍了 TCP 利用确认和重传机制保证可靠传输，从图 5-3-1 中，我们看到是收到前一报文的确认后，才能发送下一报文段。但在实际情况中如果采用这种方式，那么数据传输率会很低。因此，在实际情况中，为了提高传输效率，发送方采用流水传输方式，如图 5-3-10 所示，这样信道上一直有数据不间断地在传送，显然提高了信道的利用率。

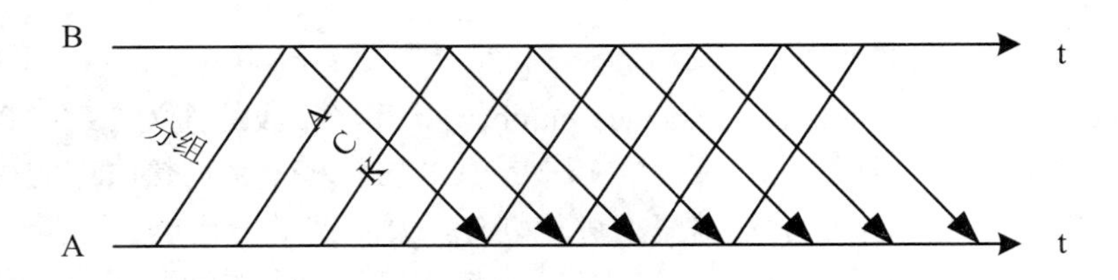

图 5-3-10　TCP 利用流水方式提高传输效率

实际中，TCP 在保证可靠传输方面存在更为复杂的机制，比如滑动窗口、流量控制和拥塞控制，当然这些也在 TCP 报文段首部的字段中有所反映。在此，我们对流量控制和拥塞控制机制进行简单介绍。

1. 滑动窗口

在 TCP 协议通信过程中，发送方维持一个滑动窗口，它允许位于窗口内的分组都可以连续发送出去，而不需要等待对方的确认。滑动窗口的单位为字节。如图 5-3-11 所示，是一个值为 4 字节的滑动窗口。

接收方一般采用累积确认的方式，即接收方不必对收到的分组逐个发送确认，而是在收到几个分组后，对按序到达的最后一个分组发送确认，以此表示：到这个分组为止的所有分组都已经正确到达。这样发送方每收到一个确认，就把发送窗口向前移到收到确认的报文的前面。如图 5-3-12 所示，发送方收到对第 4 字节的确认后，滑动窗口向前移动 4 字节。

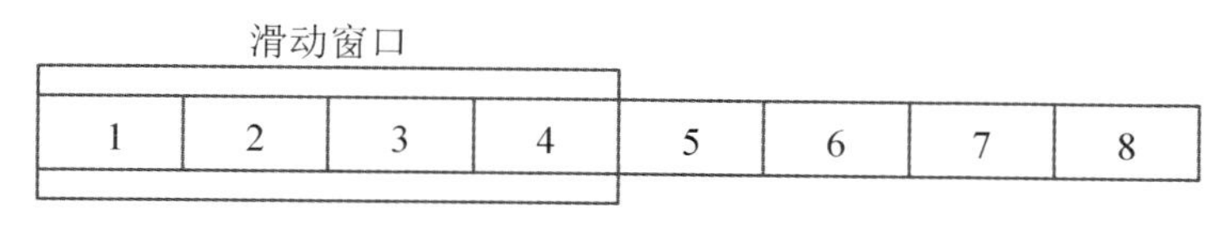

图 5-3-11　一个值为 4 字节的滑动窗口

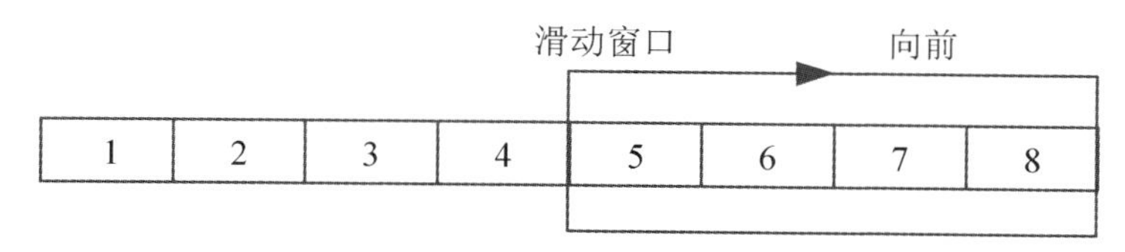

图 5-3-12　滑动窗口前移

2. 流量控制

TCP 利用滑动窗口机制实现流量控制。所谓流量控制，就是让对方的发送速率不要太快，以便我方能来得及接收。下面我们用一个抽象示例来进行说明。如图 5-3-13 所示，其中 A 为发送方，B 为接收方，设 B 的接收窗口为 300 字节，其中 win 代表窗口值，以字节为单位。

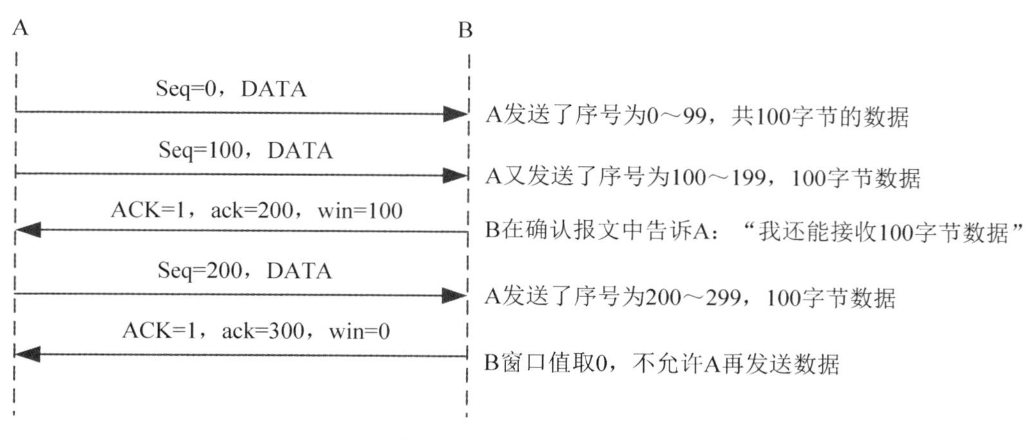

图 5-3-13　流量控制示意图

从中可以看出，B 向 A 发出了两次确认，在确认中，B 修改了窗口值，即对当前 A 向 B 的发送速度进行限制。由于 A 在发送了 300 字节数据过程中，B 来不及处理，在接收窗口填满后，B 就不允许 A 再发送数据了，这样就进行了流量控制。

A 在一段时间后（持续计时器计时），发送 0 窗口探测报文（数据部分 1 字节），在得到的确认报文中，获取新的窗口值，判定当前是否可以发送数据了。

3. 拥塞控制

从字面上理解，流量控制和拥塞控制好似没有太大差别，但实际上二者是不同的。流量控制通常是对点对点通信的控制，是一个接收端控制发送端的问题。流量控制要做的就是抑制发送端过快发送数据，以便接收端来得及接收。

拥塞控制是防止过多数据注入网络，避免导致网络中的路由器或链路过载，即保证网络能够承受现有的网络负荷。拥塞控制是一个全局性的过程，涉及网络中的所有主机、路由器，以及与降低网络传输性能有关的所有因素。

常见的拥塞控制方法有慢开始和拥塞避免，快重传与快恢复等。

任务 4　TCP 的连接建立与释放

知识与技能：

- 掌握 TCP 连接建立的过程及相关字段的取值
- 掌握 TCP 连接释放的过程及相关字段的取值

一、任务背景介绍

TCP 协议是面向连接的。TCP 协议通信前需先建立连接，通信结束后需释放连接。因此，TCP 协议通信就有三个阶段，即：连接建立、数据传送和连接释放。

二、知识点介绍

1. TCP 的连接建立

TCP 连接的建立采用客户/服务器方式。主动发起连接建立的应用进程叫做客户，而被动等待连接建立的应用进程叫做服务器。

建立 TCP 连接主要经过 3 次通信。我们假设通信双方的通信应用进程分别为 A 和 B。那么，起初 A、B 两个应用进程之间未建立 TCP 连接，即 TCP 连接处于关闭状态。

（1）首先，应用进程 A 主动发起建立 TCP 连接请求报文段，为客户端。应用进程 B 被动等待连接建立，为服务器。

（2）A 向 B 发出 TCP 连接建立请求报文段，其首部中的同步位 SYN 置为 1，即 SYN=1；并选择序号 Seq=x，表明传送数据时的第一个数据字节的序号是 x。

（3）B 收到 TCP 连接请求报文段后，如同意，则发回确认，B 在确认报文段中应使 SYN=1，使 ACK=1，其确认号 ack=x+1，B 选择的序号 Seq=y。

（4）A 收到此报文段后向 B 给出确认，其 ACK=1，确认号 ack=y+1。并且，A 通知客户应用进程，连接已经建立。

（5）B 收到 A 的确认后，也通知其服务器应用进程，TCP 连接已经建立。至此，双方可以进行数据传送。

2. TCP 的连接释放

数据传输结束后，通信的双方均可释放连接。假设 A 的 TCP 和 B 的 TCP 原本处于连接建立的状态。

（1）现在，应用进程 A 数据发送完毕，A 的 TCP 需要释放与 B 的 TCP 的连接。首先，A 的 TCP 向 B 的 TCP 发出连接释放报文段，主动关闭 TCP 连接。该报文段首部中 FIN 置 1，

ACK 为 1（ACK 在报文传送过程中都置 1），假设序号字段的值为 ack=u，它等于上一次 A 向 B 发送数据的最后一个字节的编号（序号）加 1，确认号字段的值为 v。

（2）B 的 TCP 收到 A 发来的连接释放报文段后，向 A 发回确认，则确认号 ack=u+1，序号 Seq=v，FIN 不置位（取值 0），ACK 取 1。至此，A 向 B 已不能发送数据，但 B 向 A 仍能发送数据，TCP 连接处于半关闭状态，A 等待 B 的释放连接请求。

（3）如果 B 也要断开与 A 的连接，那么与上述（1）和（2）的过程相似，B 的 TCP 向 A 发出连接释放报文段，请求释放连接。该报文段首部中 FIN 置 1，ACK 置 1，确认号字段 ack=u+1（由于在（2）中，B 希望下一次收到 A 的报文段的序号 seq=u+1，而 A 已无报文再向 B 发送，因此这里 B 的确认号仍为 ack=u+1），假设序号字段的值为 w（因为在（2）到（3）的过程中，B 可能还向 A 发送数据，因此 B 的序号会增大）。

（4）A 收到 B 的释放连接报文后，也要对其给出确认。确认报文段中把 ACK 置 1，确认号 ack=w+1，序号为 Seq=u+1。

（5）至此，双方并没有完全释放连接，需要等待一小段时间，即保证双方最后发送的报文都能到达对方。

三、任务实现

利用 Wireshark 抓取 TCP 连接建立与连接释放过程中的数据报，并分析其报文首部关键字的取值。

（1）准备一台电脑，保证可以上网，并安装有 Wireshark 抓包工具，打开 Wireshark 软件，如图 5-4-1 所示。

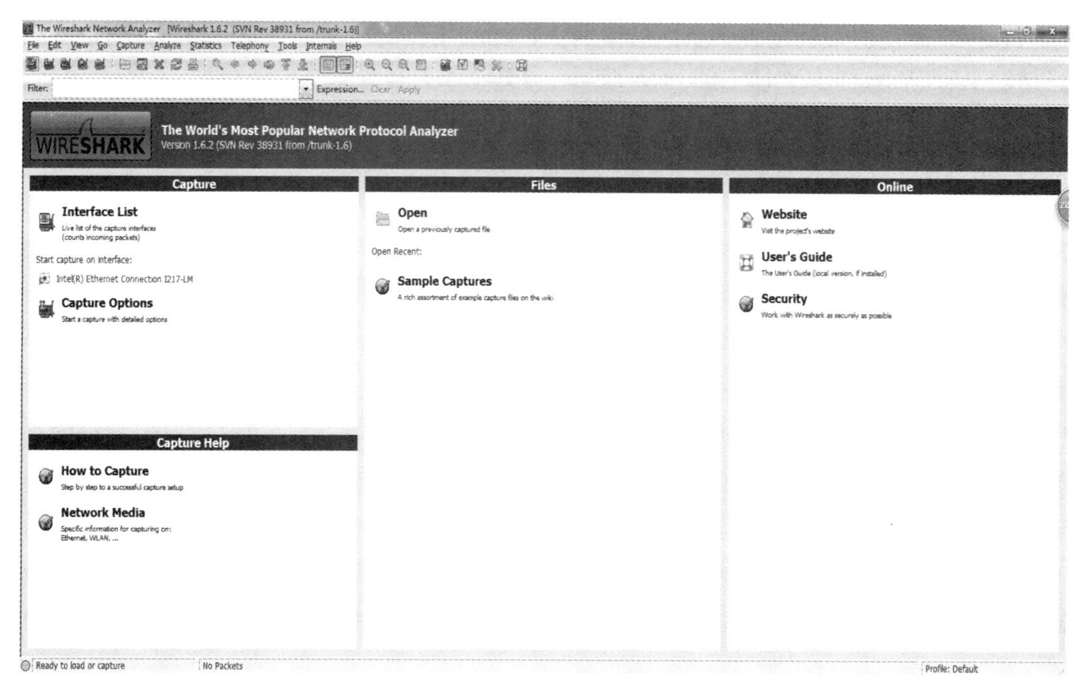

图 5-4-1　Wireshark 主界面

（2）在菜单栏中选择 Capture Options，选择当前正在使用的网络接口，单击 Start 按钮开始捕获数据，如图 5-4-2 所示。

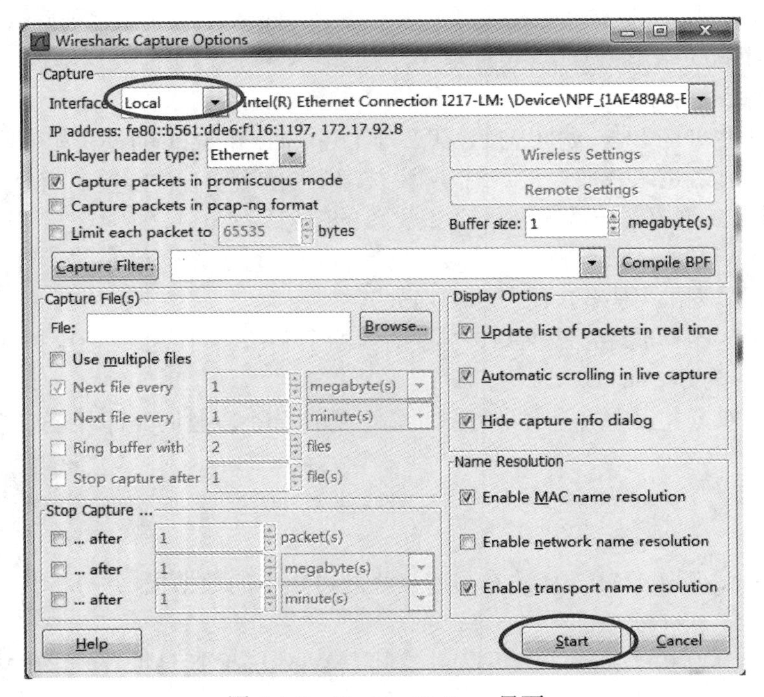

图 5-4-2　Capture Options 界面

（3）打开浏览器，利用搜索引擎搜索网页，如利用百度搜索“TCP”，打开页面。

（4）单击 Wireshark 软件中的 Stop 按钮，如图 5-4-3 所示，停止抓包。

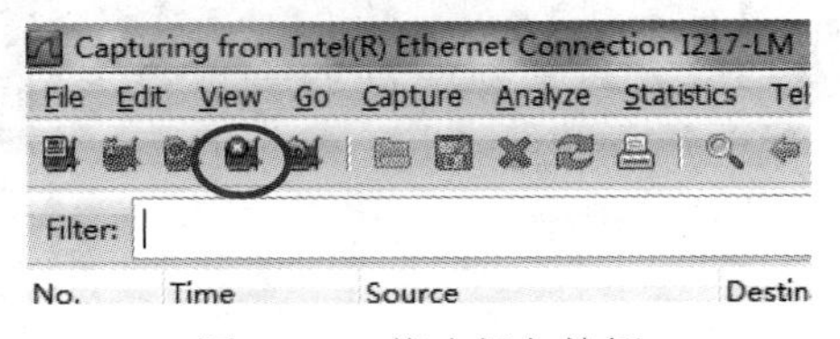

图 5-4-3　停止抓包按钮

（5）可以点击过滤器的表达式，如图 5-4-4 所示。在表达式对话框中的 Field name 一栏中找到 TCP 并点击其前面的“+”标志，如图 5-4-5 所示，展开其属性值。我们可以点击同步位“Syn”在关系表达式中选择双等号“==”，“Value”值直接置为 1，点击“OK”，如图 5-4-6 所示。这样就筛选出了所有建立 TCP 连接时，连接建立请求和连接建立确认报文段，如图 5-4-7 所示。

图 5-4-4　过滤器表达式

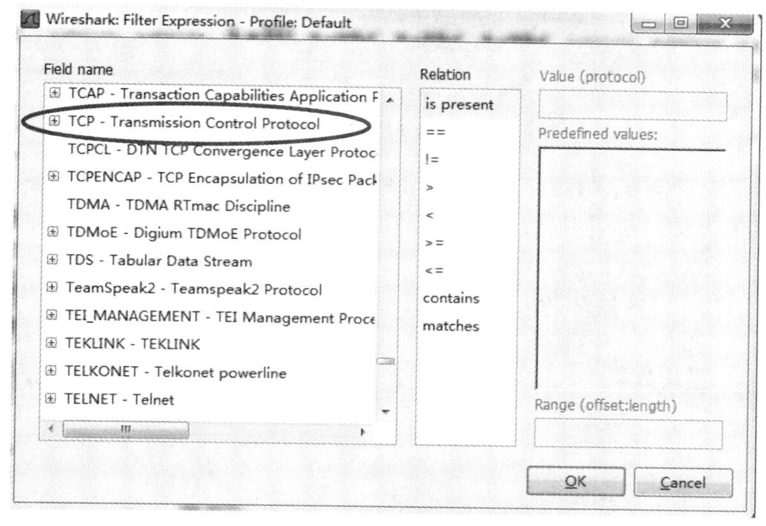

图 5-4-5　过滤器表达式中的 TCP

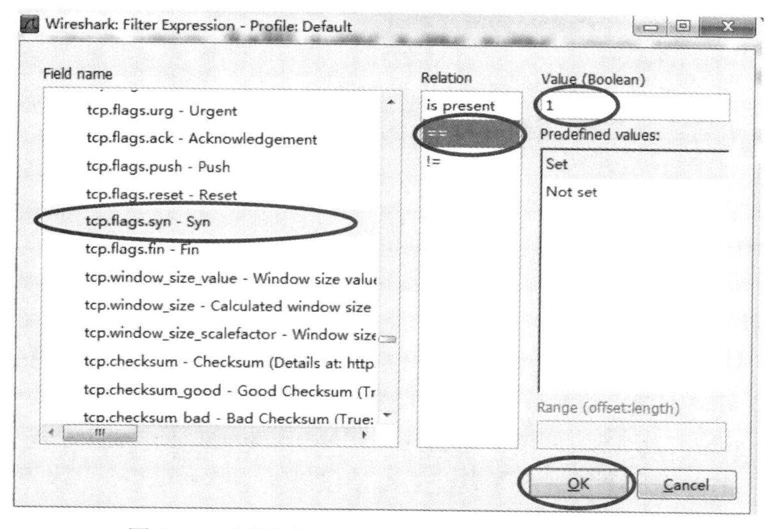

图 5-4-6　设置“tcp.flags.syn=1”作为过滤表达式

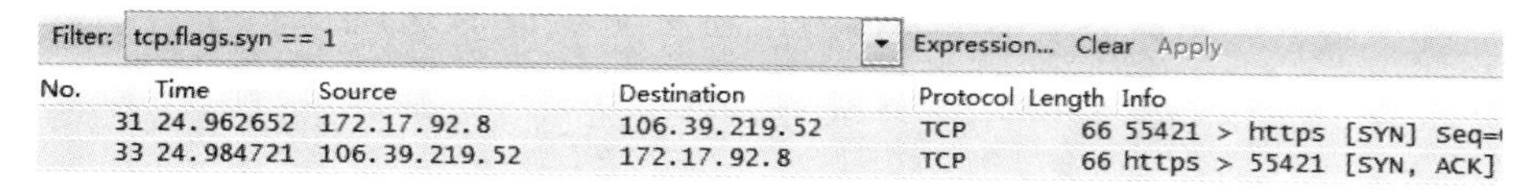

图 5-4-7　“tcp.flags.syn=1”的过滤结果

（6）在此就以本机（172.17.92.8）与对方机（106.39.219.52）之间建立 TCP 连接的过程，说明 TCP 连接建立过程中各字段的取值。“Clear”掉过滤器中的表达式，在过滤器中输入“tcp and ip.addr= =106.39.219.52”，回车，如图 5-4-8 所示。筛选出了本机（172.17.92.8）与对方机（106.39.219.52）利用 TCP 通信的所有数据报。从中可以看出排在最前面的就是建立 TCP 连接的 3 个报文段。接下来我们对这 3 个报文段依次进行分析。

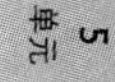

Filter: tcp and ip.addr==106.39.219.52 Expression... Clear Apply

No.	Time	Source	Destination	Protocol	Length	Info
31	24.962652	172.17.92.8	106.39.219.52	TCP	66	55421 > https [SYN] Seq=0 Win=8192 Len=0 MSS=1460 WS=4 SACK_PERM=1
33	24.984721	106.39.219.52	172.17.92.8	TCP	66	https > 55421 [SYN, ACK] Seq=0 Ack=1 Win=14600 Len=0 MSS=1380 SACK_PERM=1 WS=512
34	24.984735	172.17.92.8	106.39.219.52	TCP	54	55421 > https [ACK] Seq=1 Ack=1 Win=66240 Len=0

图 5-4-8　TCP 连接建立报文段

1）第 31 号报文：本机（172.17.92.8）向对方机（106.39.219.52）发出建立 TCP 连接请求报文段。双击该条报文，展开其 TCP 报文段首部，如图 5-4-9 所示。

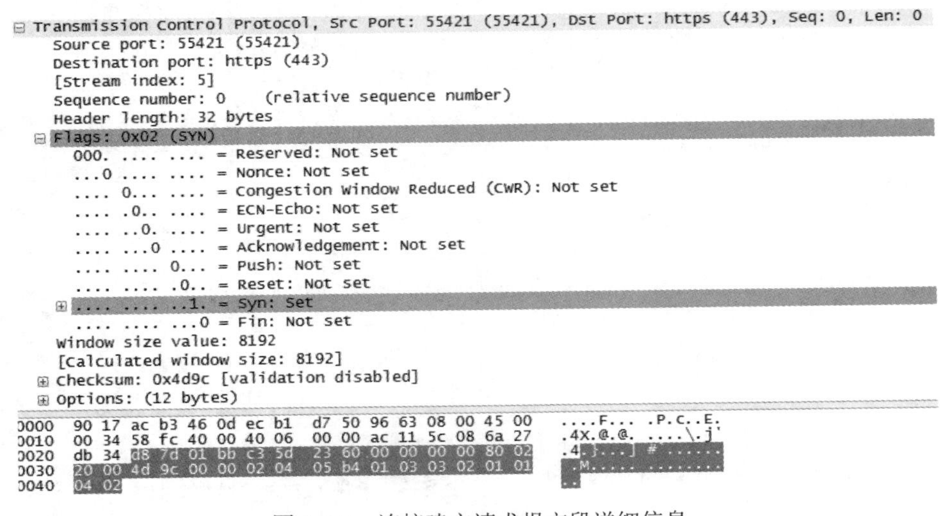

图 5-4-9　连接建立请求报文段详细信息

①Source port：55421（55421）

②Destination port：https（443）//https 是在 http 下加入 SSL 层，提供加密和安全的通信通道，它对应的端口号为 443。

③Sequence number：0 //序号为 0，由于该报文段是本次 TCP 通信中本机向对方机发送的第一个 TCP 报文段，因此本机从 0 开始对自己发送的报文段进行编号。

④Header length：32bytes //首部长度 32 字节，证明该报文段首部除了包含固定首部 20 字节外，还有 12 字节的选项字段。由于首部长度字段以 4 字节为单位，占 4 位二进制位，因此该字段的值为 1000，对应一位十六进制：8，如图 5-4-10 所示。

```
Header length: 32 bytes
90 17 ac b3 46 0d ec b1  d7 50 96 63 08 00 45 00
00 34 58 fc 40 00 40 06  00 00 ac 11 5c 08 6a 27
db 34 d8 7d 01 bb c3 5d  23 60 00 00 00 00 80 02
20 00 4d 9c 00 00 02 04  05 b4 01 03 03 02 01 01
04 02
```

图 5-4-10　首部字节字段

⑤大家是否注意到：没有显示 Acknowledgement number 确认号字段。为什么呢？因为确认位 Acknowledgement 没有置位（取值 0），所以确认号字段无效。

⑥标志位中只有同步位 SYN 置位，取值 1。

⑦Window size value：8192 //说明本机的接收缓存目前可以接收 8912 个字节的数据。

2）33 号报文段：对方机向本机发出确认建立 TCP 连接报文段。双击该条报文，展开其 TCP 报文段首部，如图 5-4-11 所示。

```
⊟ Transmission Control Protocol, Src Port: https (443), Dst Port: 55421 (55421), Seq: 0, Ack: 1, Len: 0
    Source port: https (443)
    Destination port: 55421 (55421)
    [Stream index: 5]
    Sequence number: 0    (relative sequence number)
    Acknowledgement number: 1    (relative ack number)
    Header length: 32 bytes
  ⊟ Flags: 0x12 (SYN, ACK)
      000. .... .... = Reserved: Not set
      ...0 .... .... = Nonce: Not set
      .... 0... .... = Congestion Window Reduced (CWR): Not set
      .... .0.. .... = ECN-Echo: Not set
      .... ..0. .... = Urgent: Not set
      .... ...1 .... = Acknowledgement: Set
      .... .... 0... = Push: Not set
      .... .... .0.. = Reset: Not set
    ⊞ .... .... ..1. = Syn: Set
      .... .... ...0 = Fin: Not set
    Window size value: 14600
    [Calculated window size: 14600]
  ⊞ Checksum: 0x132a [validation disabled]
  ⊞ Options: (12 bytes)
  ⊞ [SEQ/ACK analysis]

0000  ec b1 d7 50 96 63 90 17  ac b3 46 0d 08 00 45 00   ...P.c.. ..F...E.
0010  00 34 00 00 40 00 33 06  fa 4e 6a 27 db 34 ac 11   .4..@.3. .Nj'.4..
0020  5c 08 01 bb d8 7d 4e b5  c5 fa c3 5d 23 61 80 12   \....}N. ...]#a..
0030  39 08 13 2a 00 00 02 04  05 64 01 01 04 02 01 03   9..*.... .d......
0040  03 09                                              ..
```

图 5-4-11　连接建立确认报文段详细信息

在该报文段中，

①Sequence number：0//序号字段值为 0，因为这是本次 TCP 连接中，对方机向本机发送的第一条报文段，因此对方机从 0 开始对自己应用进程所发送的报文段进行编号。

②Acknowledgement number：1 //确认号字段取值 1。由于该报文段中确认位取 1，确认号字段有效。又由于 31 号报文是一条建立连接请求报文，不包含数据，规定占用 1 个字节，因此下次收到从本机发送的报文段，序号应为 1。

③标志位中 SYN 和 ACK 同时置 1。

④Window size value：14600　//窗口值为 14600，说明对方机目前允许本机向其发送 14600 字节的报文。

3）第 34 号报文：本机（172.17.92.8）向对方机（106.39.219.52）发出建立 TCP 连接确认的确认。双击该条报文，展开其 TCP 报文段首部，如图 5-4-12 所示。

```
 Transmission Control Protocol, Src Port: 55421 (55421), Dst Port: https (443), Seq: 1, Ack: 1, Len: 0
    Source port: 55421 (55421)
    Destination port: https (443)
    [Stream index: 5]
    Sequence number: 1    (relative sequence number)
    Acknowledgement number: 1    (relative ack number)
    Header length: 20 bytes
  ⊟ Flags: 0x10 (ACK)
      000. .... .... = Reserved: Not set
      ...0 .... .... = Nonce: Not set
      .... 0... .... = Congestion Window Reduced (CWR): Not set
      .... .0.. .... = ECN-Echo: Not set
      .... ..0. .... = Urgent: Not set
      .... ...1 .... = Acknowledgement: Set
      .... .... 0... = Push: Not set
      .... .... .0.. = Reset: Not set
      .... .... ..0. = Syn: Not set
      .... .... ...0 = Fin: Not set
    Window size value: 16560
    [Calculated window size: 66240]
    [Window size scaling factor: 4]
  ⊞ Checksum: 0x4d90 [validation disabled]
  ⊞ [SEQ/ACK analysis]

000  90 17 ac b3 46 0d ec b1  d7 50 96 63 08 00 45 00   ....F... .P.c..E.
010  00 28 58 fe 40 00 40 06  00 00 ac 11 5c 08 6a 27   .(X.@.@. ....\.j'
020  db 34 d8 7d 01 bb c3 5d  23 61 4e b5 c5 fb 50 10   .4.}...] #aN...P.
030  40 b0 4d 90 00 00                                  @.M...
```

图 5-4-12　连接建立确认的确认报文信息

在该报文中，

①Sequence number：1 //序号字段值为 1，因为这是本次 TCP 连接中，本机向对方机发送的第二条报文段，由于第一条报文段是请求连接建立报文，不包含数据部分，规定其只占用 1 个字节，因此本数据报的序号为 1。这里也会发现，第二条报文的确认号与第三条报文的序号是相同的。

②Acknowledgement number：1 //确认号字段取值 1。由于该报文段中确认位取 1，确认号字段有效。又由于 33 号报文是一条建立连接确认报文，不包含数据，规定占用 1 个字节，因此下次收到从对方机发送的报文段序号应为 1。

③标志位中只有 ACK 置 1。

④Window size value：16560 //窗口值为 16560，说明对方机目前允许本机向其发送 16560 字节的报文。

至此，建立 TCP 连接的三条报文分析完毕，从中主要分析三个字段——序号，确认号，确认位在不同报文中的取值及它们之间的关系。下面，我们来分析 TCP 连接释放过程中的报文段。

（7）同第（5）步，点击过滤器的表达式，如图 5-4-13 所示，在表达式对话框中的 Field name 一栏中找到 TCP 并点击其前面的“+”标志，如图 5-4-14 所示，展开其属性值。这次点击终止位“fin”，在关系表达式中选择双等号“= =”，“Value”值直接置为 1，单击“OK”，如图 5-4-15 所示。

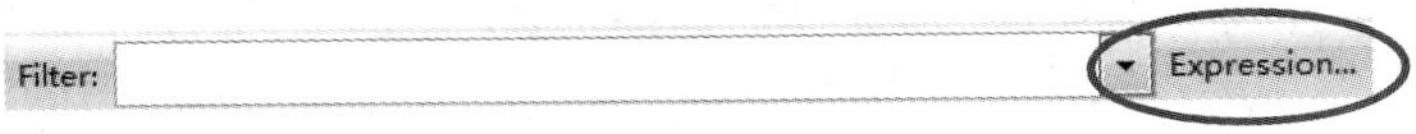

Filter: Expression...

图 5-4-13 过滤器表达式

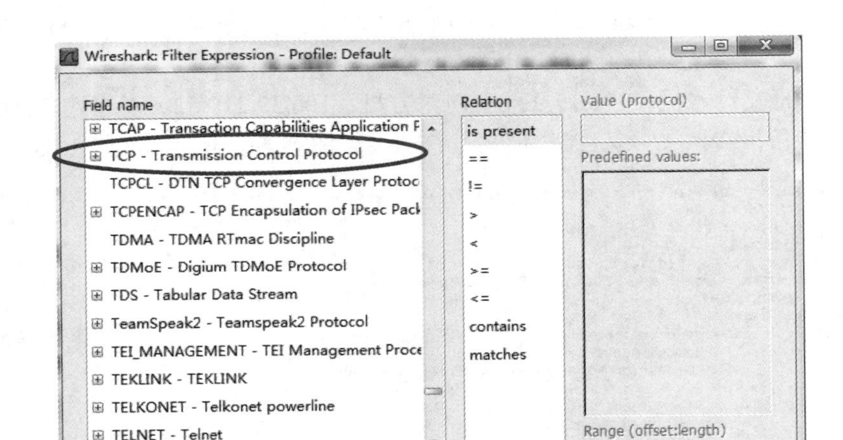

图 5-4-14 表达式的 TCP

（8）在此就以本机（172.17.92.8）与对方机（220.181.126.44）之间释放 TCP 连接的过程，说明 TCP 连接释放过程中关键字段的取值。在此设对方机（220.181.126.44）为 A，本机（172.17.92.8）为 B。“Clear”掉过滤器中的表达式，在过滤器中输入“tcp and ip.addr==

220.181.126.44”，回车，如图 5-4-16 所示。筛选出了 A 与 B 利用 TCP 通信的所有数据报。从中可以看出，二者通信的最后是释放 TCP 连接的 4 个报文段。接下来我们对这 4 个报文段依次进行分析。

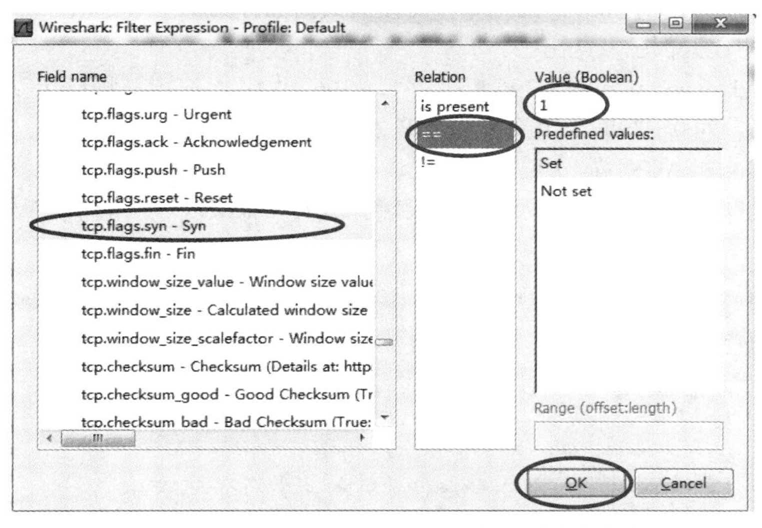

图 5-4-15　设置“tcp.flags.fin=1”作为过滤表达式

Filter: tcp and ip.addr==220.181.126.44　Expression...　Clear　Apply

No.	Time	Source	Destination	Protocol	Length	Info
69	25.491219	172.17.92.8	220.181.126.44	TCP	66	55423 > http [SYN] Seq=0 Win=8192 Len=0 MSS=1460 WS=4 SACK_PERM=1
73	25.505795	220.181.126.44	172.17.92.8	TCP	66	http > 55423 [SYN, ACK] Seq=0 Ack=1 Win=14600 Len=0 MSS=1380 SACK_PERM=1 WS=128
74	25.505822	172.17.92.8	220.181.126.44	TCP	54	55423 > http [ACK] Seq=1 Ack=1 Win=66240 Len=0
81	25.515637	172.17.92.8	220.181.126.44	HTTP	449	POST /wdinfo.php HTTP/1.1 (application/octet-stream)
84	25.530552	220.181.126.44	172.17.92.8	TCP	60	http > 55423 [ACK] Seq=1 Ack=396 Win=15744 Len=0
85	25.533050	220.181.126.44	172.17.92.8	HTTP	443	HTTP/1.1 200 OK (application/octet-stream)
86	25.533051	220.181.126.44	172.17.92.8	TCP	60	http > 55423 [FIN, ACK] Seq=390 Ack=396 Win=15744 Len=0
87	25.533074	172.17.92.8	220.181.126.44	TCP	54	55423 > http [ACK] Seq=396 Ack=391 Win=65848 Len=0
88	25.533127	172.17.92.8	220.181.126.44	TCP	54	55423 > http [FIN, ACK] Seq=396 Ack=391 Win=65848 Len=0
103	25.547640	220.181.126.44	172.17.92.8	TCP	60	http > 55423 [ACK] Seq=391 Ack=397 Win=15744 Len=0

图 5-4-16　“tcp and ip.addr==220.181.126.44”的筛选结果

1）第 86 号报文：A 向 B 发出释放 TCP 连接请求报文段。双击该条报文，展开其 TCP 报文段首部，如图 5-4-17 所示。

```
⊟ Transmission Control Protocol, Src Port: http (80), Dst Port: 55423 (55423), Seq: 390, Ack: 396, Len: 0
    Source port: http (80)
    Destination port: 55423 (55423)
    [Stream index: 9]
    Sequence number: 390    (relative sequence number)
    Acknowledgement number: 396    (relative ack number)
    Header length: 20 bytes
  ⊟ Flags: 0x11 (FIN, ACK)
      000. .... .... = Reserved: Not set
      ...0 .... .... = Nonce: Not set
      .... 0... .... = Congestion Window Reduced (CWR): Not set
      .... .0.. .... = ECN-Echo: Not set
      .... ..0. .... = Urgent: Not set
      .... ...1 .... = Acknowledgement: Set
      .... .... 0... = Push: Not set
      .... .... .0.. = Reset: Not set
      .... .... ..0. = Syn: Not set
    ⊞ .... .... ...1 = Fin: Set
    Window size value: 123
    [Calculated window size: 15744]
    [Window size scaling factor: 128]
  ⊞ Checksum: 0x231c [validation disabled]
```

图 5-4-17　A 向 B 的 TCP 连接释放请求报文详细信息

①Source port：http（80）//源端口是服务端口 http，端口号是 80。

②Destination port：55423 //目的端口是客户器端口，是动态的，取值介于 49152～655535。

③Sequence number：390 //序号为 390，说明服务器端 A 已向客户端 B 发送了 390 个字节的数据（数据编号从 0 到 389）。因为本报文段的数据部分第一字节是从 390 开始编号的，所以说明 0～389 的数据都已发送出去。

④Acknowledgement number：396 //确认号是 396，说明 A 应用进程已接收到 B 发来的 396 字节的数据（编号为 0～395），下次将接收 B 发来的序号为 396 字节的数据。

⑤标志位 FIN 和 ACK 置 1 //说明本报文段是请求释放 TCP 连接的报文段。

2）第 87 号报文段：B 向 A 发出 TCP 连接释放确认报文段。双击该条报文，展开其 TCP 报文段首部，如图 5-4-18 所示。

```
⊟ Transmission Control Protocol, Src Port: 55423 (55423), Dst Port: http (80), Seq: 396, Ack: 391, Len: 0
    Source port: 55423 (55423)
    Destination port: http (80)
    [Stream index: 9]
    Sequence number: 396    (relative sequence number)
    Acknowledgement number: 391    (relative ack number)
    Header length: 20 bytes
  ⊟ Flags: 0x10 (ACK)
      000. .... .... = Reserved: Not set
      ...0 .... .... = Nonce: Not set
      .... 0... .... = Congestion Window Reduced (CWR): Not set
      .... .0.. .... = ECN-Echo: Not set
      .... ..0. .... = Urgent: Not set
      .... ...1 .... = Acknowledgement: Set
      .... .... 0... = Push: Not set
      .... .... .0.. = Reset: Not set
      .... .... ..0. = Syn: Not set
      .... .... ...0 = Fin: Not set
    Window size value: 16462
    [Calculated window size: 65848]
    [Window size scaling factor: 4]
  ⊞ Checksum: 0x6316 [validation disabled]
  ⊞ [SEQ/ACK analysis]
```

图 5-4-18　B 向 A 的 TCP 连接释放确认报文详细信息

①Sequence number：396 //序号字段值为 396，说明本报文段数据部分第一个字节的编号为 396，与 87 号报文段中的确认号相同。

②Acknowledgement number：391 //确认号字段取值 391。本报文段的确认位 ACK 置 1，因此确认位有效，取值 391。由于第 86 号报文中 A 的序号为 390，数据部分长度 len 为 0，规定连接释放请求报文段占用一个字节（这里是编号 390），因此此次 B 向 A 回送的连接释放确认报文中确认号为 391，即希望下次收到 A 发来的 TCP 报文段中序号为 391。

③标志位中只有 ACK 置 1。//该报文段是 A 向 B 发送连接释放请求报文段后，B 向 A 发送的连接。

至此，只是断开了 A 向 B 的 TCP 连接，即 A 的应用进程不能向 B 的应用进程发送数据，但 B 的应用进程仍然可以向 A 发送数据。

3）第 88 号报文：B 向 A 发出 TCP 连接释放请求报文。双击该条报文，展开其 TCP 报文段首部，如图 5-4-19 所示。

①Sequence number：396 //序号字段值为 396，由于 B 向 A 发送连接释放确认报文后，A 没有向 B 再发送报文段，而 B 向 A 发送的 87 号报文段数据部分长度 len 为 0，无数据，也没有规定要占用 1 个字节，因此，此次 B 向 A 发送的第 88 号报文段的序号仍为 396。

```
⊟ Transmission Control Protocol, Src Port: 55423 (55423), Dst Port: http (80), Seq: 396, Ack: 391, Len: 0
    Source port: 55423 (55423)
    Destination port: http (80)
    [Stream index: 9]
    Sequence number: 396    (relative sequence number)
    Acknowledgement number: 391    (relative ack number)
    Header length: 20 bytes
  ⊟ Flags: 0x11 (FIN, ACK)
      000. .... .... = Reserved: Not set
      ...0 .... .... = Nonce: Not set
      .... 0... .... = Congestion Window Reduced (CWR): Not set
      .... .0.. .... = ECN-Echo: Not set
      .... ..0. .... = Urgent: Not set
      .... ...1 .... = Acknowledgement: Set
      .... .... 0... = Push: Not set
      .... .... .0.. = Reset: Not set
      .... .... ..0. = Syn: Not set
    ⊞ .... .... ...1 = Fin: Set
    Window size value: 16462
    [Calculated window size: 65848]
    [Window size scaling factor: 4]
  ⊞ Checksum: 0x6316 [validation disabled]
```

图 5-4-19　B 向 A 的 TCP 连接释放请求报文详细信息

②Acknowledgement number：1 //确认号字段取值 391。由于 B 向 A 发送连接释放确认报文后，A 就不再向 B 发送包含应用进程数据的报文，因此 B 此次向 A 发送的连接释放请求报文的确认号仍为 391。

③标志位中 FIN 和 ACK 置 1。//该报文段是 B 向 A 发送的连接释放请求报文段，因此 FIN 和 ACK 都置 1。

4）第 103 号报文段：A 向 B 发送的 TCP 连接释放确认报文段。双击该条报文，展开其 TCP 报文段首部，如图 5-4-20 所示。

```
⊟ Transmission Control Protocol, Src Port: http (80), Dst Port: 55423 (55423), Seq: 391, Ack: 397, Len: 0
    Source port: http (80)
    Destination port: 55423 (55423)
    [Stream index: 9]
    Sequence number: 391    (relative sequence number)
    Acknowledgement number: 397    (relative ack number)
    Header length: 20 bytes
  ⊟ Flags: 0x10 (ACK)
      000. .... .... = Reserved: Not set
      ...0 .... .... = Nonce: Not set
      .... 0... .... = Congestion Window Reduced (CWR): Not set
      .... .0.. .... = ECN-Echo: Not set
      .... ..0. .... = Urgent: Not set
      .... ...1 .... = Acknowledgement: Set
      .... .... 0... = Push: Not set
      .... .... .0.. = Reset: Not set
      .... .... ..0. = Syn: Not set
      .... .... ...0 = Fin: Not set
    Window size value: 123
    [Calculated window size: 15744]
    [Window size scaling factor: 128]
  ⊞ Checksum: 0x231b [validation disabled]
  ⊞ [SEQ/ACK analysis]
```

图 5-4-20　A 向 B 的 TCP 连接释放确认报文详细信息

各字段的详细解释如下：

①Sequence number：391 //序号字段值为 391，与 B 向 A 发送的第 88 号报文中的确认号相同。

②Acknowledgement number：397 //确认号字段取值 397。本报文段的确认位 ACK 置 1，因此确认位有效。由于第 88 号报文中 B 的序号为 396，数据部分长度 len 为 0，规定连接释放请求报文段占用一个字节（这里是编号 396），因此此次 A 向 B 回送的连接释放确认报文中确认号为 397，即希望下次收到 B 发来的 TCP 报文段中序号为 397。

③标志位中只有 ACK 置 1。//该报文段是 B 向 A 发送连接释放请求报文段后，A 向 B 发

送的连接释放确认报文。

至此，B 也向 A 断开了 TCP 连接，即双方均不能再向对方发送数据。如果二者需要再次发送数据，需要重新建立连接，二者所发送的报文段的序号仍都从 0 开始编号。

四、知识扩展

在筛选连接建立及连接释放过程中的报文时，我们也可以通过左下角的红色按钮，如图 5-4-21 所示，打开专家信息库。点击“Chats”标签，从中也可以查看已分类的 TCP 报文。比如有：

（1）Connection establish request（SYN）：server port https//连接建立请求报文，服务端口是 https，说明是要和 HTTP 服务器进程建立 TCP 连接。

（2）Connection establish acknowledge（SYN+ACK）：server port https//连接建立确认报文，服务端口是 https，说明是要和 HTTP 应用进程确认建立 TCP。

（3）Connection finish（FIN）：连接释放报文段。点击“+”按钮，展开报文列表，双击报文段，即可对应到抓包列表中的该报文，查看其详细信息。如点击 FIN 报文，双击 86 号报文，则连接到 86 号连接释放请求报文，如图 5-4-22 所示。

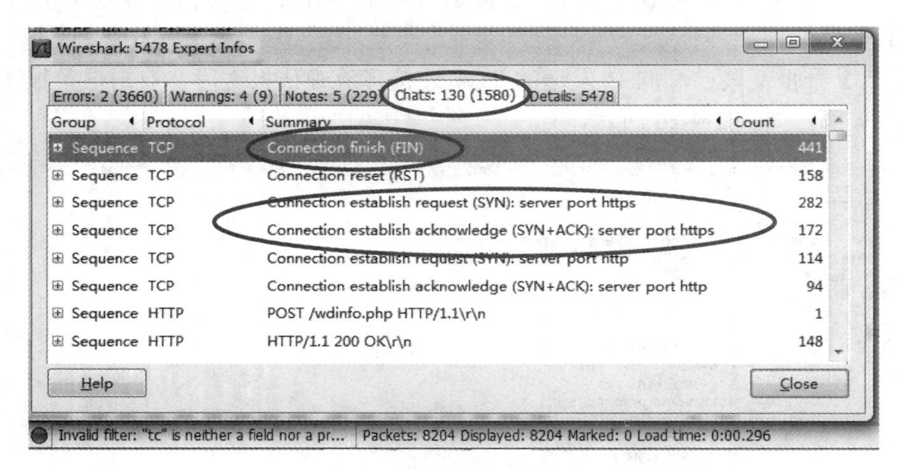

图 5-4-21　专家信息库界面

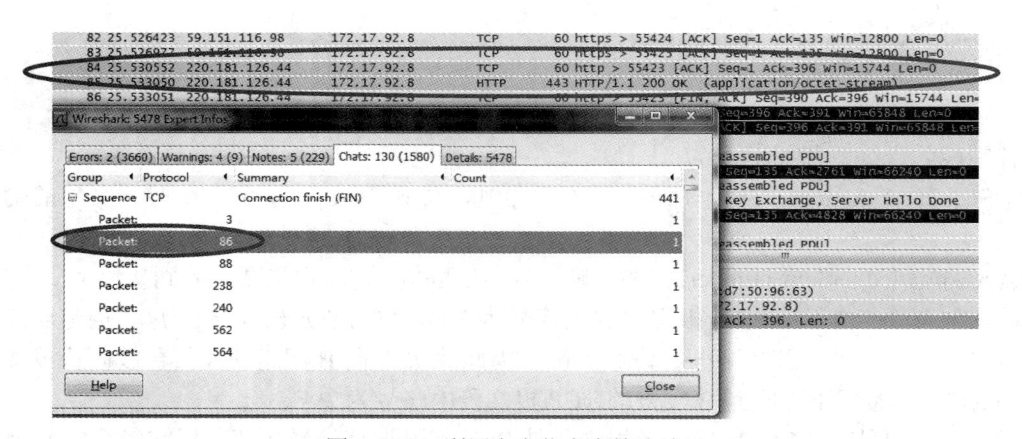

图 5-4-22　利用专家信息库筛选结果

本单元小结

本单元主要介绍了传输层的 UDP 协议和 TCP 协议，重点是 UDP 协议的特点和 TCP 协议的特点，从中可以发现二者的特点是对立的，因此分别适用于不同的应用进程；其次是，TCP 报文段首部各字段的作用，这里体现了 TCP 协议的基本工作原理；最后是 TCP 协议连接建立与连接释放过程的分析。

习题 5

一、选择题

1. 网络通信两端真正的终点是（　　）。
   A．主机　B．网卡　C．TCP　D．应用进程
2. 传输层与应用层进行交互的地址称为（　　）。
   A．MAC 地址　B．IP 地址　C．端口　D．逻辑地址
3. 下列哪一个不是 UDP 协议的特点？（　　）。
   A．UDP 协议是面向数据流的可靠传输协议
   B．UDP 协议是无连接的、尽最大努力交付的
   C．UDP 协议是面向报文的
   D．UDP 首部开销小
4. 下列 TCP 协议提供的通信服务的传输方式是（　　）。
   A．单工　B．半双工
   C．全双工　D．一对多
5. 每一条 TCP 连接支持（　　）的通信。
   A．一对一　B．一对多
   C．多对一　D．多对多
6. 下列关于 TCP 首部各字段的含义及作用说法错误的是（　　）。
   A．序号字段 Seq 的值是 TCP 报文段数据部分第一个字节的编号
   B．确认号 Acknowledgement number 字段只有在确认位置 1 时，才有效
   C．窗口字段的值 Windows size value 是告诉接收方，本机目前的数据接收能力
   D．确认位在连接释放过程中取值 0
7. 在 TCP 连接建立请求报文中，同步位 SYN 和确认位 ACK 分别取值（　　）。
   A．0,0　B．0,0　C．1,0　D．1,1
8. 在 TCP 连接释放请求报文中，终止 FIN 和确认位 ACK 分别取值（　　）。
   A．0,0　B．0,0　C．1,0　D．1,1

二、填空题

主机 A 向主机 B 连续发送了两个 TCP 报文段，其序号分别是 80 和 130，那么，

1．第一个报文段携带了________字节的数据，主机 B 收到第一个报文段后发回的确认中的确认号应当是________；

2．如果 B 收到第二个报文段后发回的确认中的确认号是 160，那么 A 发送的第二个报文段中的数据有________字节；

3．如果 A 发送的第一个报文段丢失了，但第二个报文段到达了 B。B 在第二个报文段到达后向 A 发出确认，这个确认号应该是________。

6

高层协议

本单元介绍高层协议，主要包括文件传输协议、万维网协议、电子邮件协议的工作原理和流程，同时，还将学习如何应用这三个协议服务于我们的生活，更深入地理解协议的工作过程。

内容摘要：

- 文件传输协议
- 万维网协议
- 电子邮件协议

学习目标：

- 理解文件传输协议、万维网协议、电子邮件协议的工作原理
- 掌握文件传输协议、万维网协议、电子邮件协议的工作流程
- 熟练使用 FTP、HTTP、SMTP、POP3 协议进行具体的应用

任务 1　文件传输协议

知识与技能：

- 熟悉文件传输协议的系统结构
- 理解文件传输协议的工作原理

一、任务背景介绍

在计算机发展的早期，实现网络中各个计算机间的文件传输和共享，是一件特别复杂的工作。互联网中有个人 PC 机、服务器、工作站、大型机等机器，在这些不同的机器上又运行着各种不同的操作系统，比如 Linux、Windows、UNIX、Mac OS 等，所以要实现不同机器间文件的传输和共享，必须屏蔽不同的硬件和软件，需要有统一的文件传输协议才可以实现屏蔽功能，这就是所谓的FTP。FTP协议可以屏蔽不同的操作系统，使得遵守 FTP 协议的应用程序，

在上层看起来就是同一个系统，从而可以实现不同网络机器间的文件传输。

FTP 是 File Transfer Protocol（文件传输协议）的缩写，它是专门用来在网络中实现文件传输和共享的协议。文件传输协议主要作用是实现客户端和服务器端之间的文件传输功能，客户端和服务器端可以是同一局域网中的机器，也可以不是局域网中的机器，只要它们网络连通，就可以实现客户端远程连接服务器，查看服务器中的文件，拷贝服务器端中的文件，或者上传客户端文件到服务器中。

二、知识点介绍

1. FTP 网络结构

计算机发展到现在，网络已经渗透到社会生活中的方方面面。计算机网络的一项基本功能就是将一台计算机中的文件复制到另一台远程计算机中，从而实现网络共享文件的功能。由于计算机中存储数据的文件格式不同、访问控制的方式不同、操作系统使用存取文件的命令不同、计算机中文件目录和命名的差异会导致在两台主机间传输文件特别复杂，所以实现两台主机之间的传输文件功能不是一件简单的事情，需要规定一种默认的协议，所有的计算机都遵守共同的协议，才可以实现网络中不同计算机中文件的相互传输和共享功能。FTP 文件传输协议就是根据这种需要而产生的协议。FTP 网络结构采用客户/服务器模式，如图 6-1-1 所示。

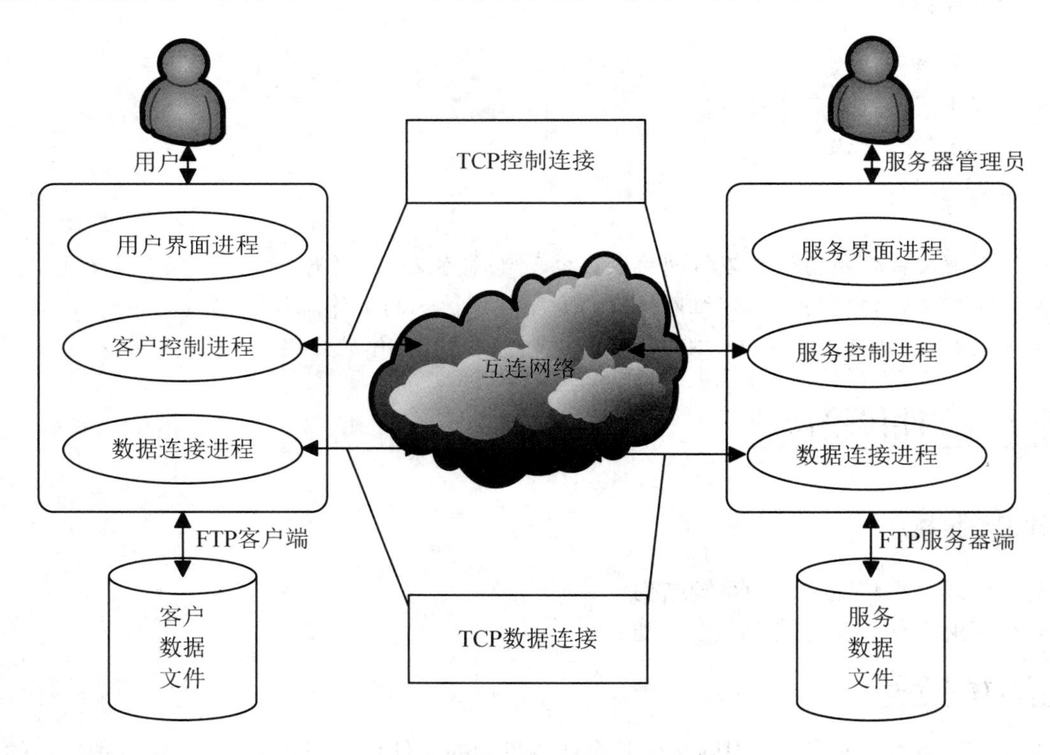

图 6-1-1　FTP 网络结构

FTP 文件传输协议采用客户/服务器模式，它的主要功能是屏蔽底层不同操作系统的差异，利用 TCP 可靠传输功能，实现网络中不同机器间的文件传输。如图 6-1-1 所示，FTP 网络结构有两部分组成：客户端和服务器端。FTP 客户端包括用户界面进程、客户控制进程和数据连接进程；FTP 服务器端包括服务界面进程、服务控制进程和数据连接进程；FTP 客户端和 FTP 服务器端通过 TCP 控制连接和 TCP 数据连接实现客户端数据文件和服务器端数据文件的传输。下面给出具体阐述。

2. FTP 服务器

FTP 服务器运行后，它一直处于运行状态，等待客户端的请求。服务器端包括三个进程：服务界面进程、服务控制进程和数据连接进程，其中服务界面进程是主进程，用来接受用户的请求，另外两个进程是主进程生成的子进程，用来处理客户的单个请求。

FTP 的工作原理如图 6-1-1 所示。FTP 服务器端包括一个运行的主进程和两个子进程。当客户端请求服务器端进行文件传输时，两端需要同时建立两个并行的 TCP 连接，分别是数据连接和控制连接。控制连接负责接受处理客户端的请求，并通过控制连接发送给服务器端的控制进程，不用于文件传输，它在整个文件传输期间一直保持打开状态；数据连接负责客户端和服务器端文件的传输，当服务器端接收到客户端的传输请求后，就会创建服务端的数据连接进程和数据连接，进而完成和客户端相关进程数据的连接功能。数据传输完成后，服务器端关闭和客户端的数据连接和进程，结束运行。

FTP 服务器端主进程的工作流程一共有五步。首先，服务器启动后，自动打开 21 号端口，等待客户端进程的连接；其次，服务器端处于等待状态，等待客户端发送进程的连接请求信息；然后，若接收到客户端请求，则服务器端主进程生成两个子进程，即服务控制进程和数据连接进程，处理客户端的请求信息；再次，两个子进程处理完客户端请求的信息后，结束运行；最后，服务器端回到等待客户端请求状态，继续等待下一个客户端进程的请求，服务器端的主进程和子进程的运行是并行的。

3. FTP 客户端

FTP 客户端运行后，它的用户界面进程、客户控制进程和数据连接进程就会启动起来，向服务器端发送请求建立连接的请求。其中用户界面进程是主进程，用来向服务器端提出请求，另外两个进程是主进程生成的子进程，用来处理和服务器端建立的控制连接请求和数据连接请求。

FTP 客户端建立的两个并行的 TCP 连接，包括数据连接与控制连接，和 FTP 服务器端建立的数据连接与控制连接通信原理类似，在此，不再详述。

FTP 客户端主进程的工作流程一共有五步。首先，客户端启动后，主进程用户界面进程生成两个子进程客户控制进程和数据连接进程，同时向服务器端发出建立控制连接和数据连接的请求；其次，客户端自动寻找连接服务器端的端口号 21，并同时告知服务器端自己的数据连接端口号，便于建立数据传输连接；然后，服务器端进程使用自己传输数据的端口 20 与客户端进程告知的端口号建立数据传输连接；再次，客户端两个子进程处理完和服务器端的数据传输后，终止运行；最后，客户端回到刚启动状态，继续下一个向服务器端的请求，客户端的主进程和子进程是并行运行的。

FTP 客户端和服务器端使用两个端口建立控制连接和数据连接，使两个连接独立运行，数据有序传输，不易出错，使用起来方便快捷。

三、任务实现

1. 使用 Wireshark 捕获 FTP 数据包

本任务我们讲述如何使用 Wireshark 软件捕获 FTP 数据包，需要准备一台可以连入互联网的 PC，且该 PC 上已安装 Wireshark 软件。

（1）打开 Wireshark 软件，在菜单栏中选择 Capture Options，打开 Wireshark 捕获选项窗口。根据实际情况设置捕获接口、捕获过滤器及捕获文件名等选项。单击 Start 按钮开始捕获数据，如图 6-1-2 所示。

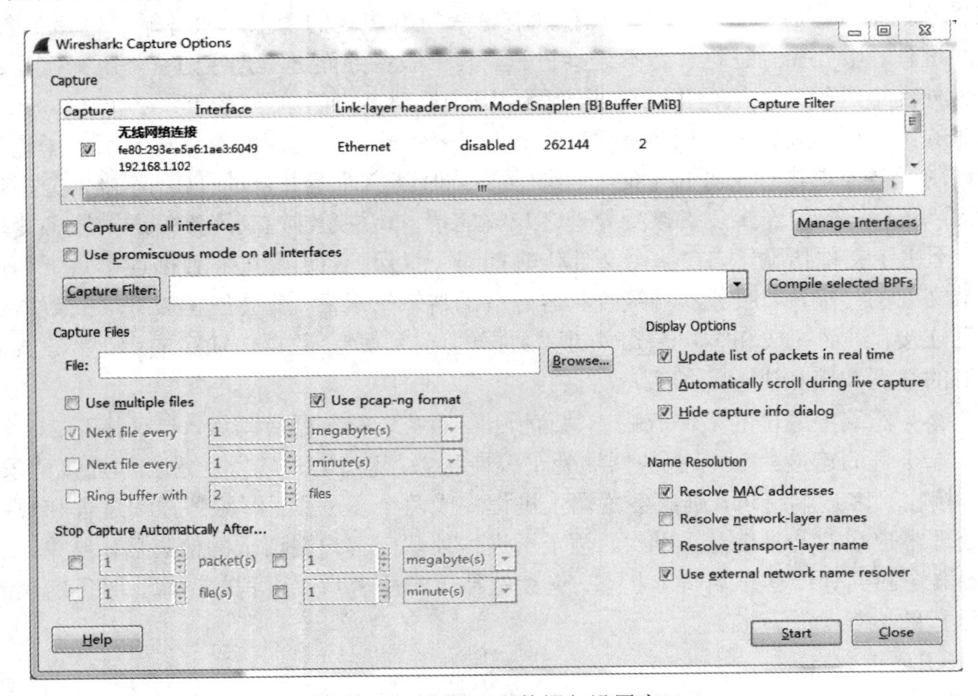

图 6-1-2　捕获 FTP 数据包设置窗口

（2）打开浏览器，输入如下网址：ftp://ftp.rfc-editor.org 后回车，执行该命令后会登录 FTP 的界面，如图 6-1-3 所示。返回到 Wireshark 界面，停止数据捕获。

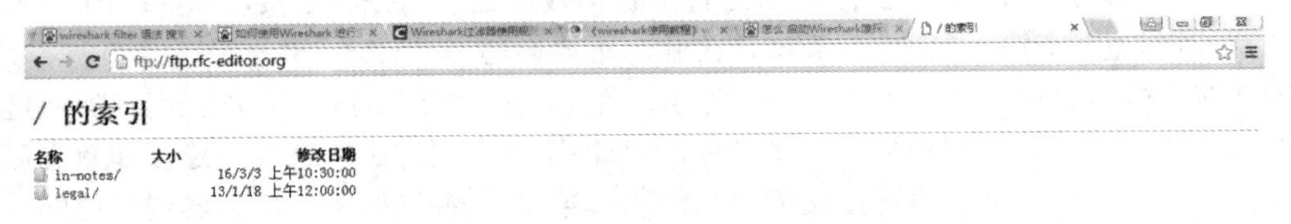

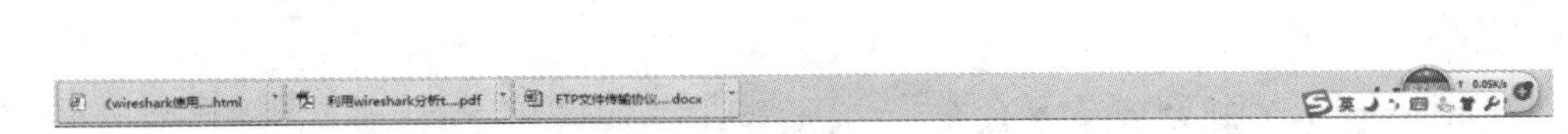

图 6-1-3　FTP 登录页面

从返回结果看，成功登录了 FTP 服务器，并查看到了服务器上的文件信息。

（3）在 Wireshark 过滤器中输入 ftp，然后单击 Apply，过滤显示 FTP 协议。在该界面的 Protocal 列中可以看出显示的都是 FTP 协议的数据包。这些数据包分别是 FTP 的查询（Query）和响应（Response）数据包。根据 Info 列中 ID 号，可以判断第 63 帧是查询数据包，第 67 帧是对第 63 帧查询的响应数据包，如图 6-1-4 所示。

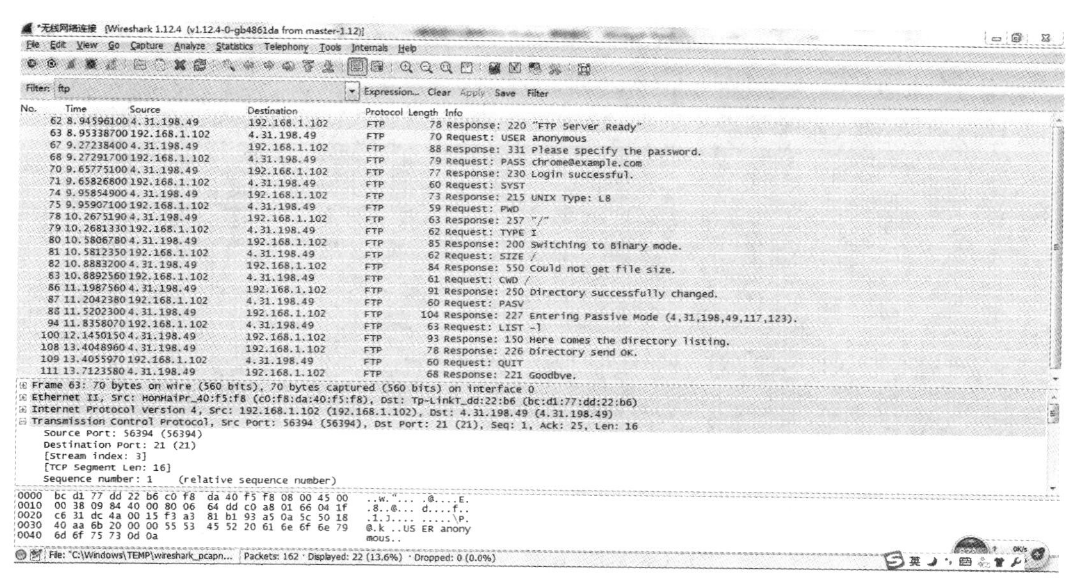

图 6-1-4　显示过滤 FTP 数据包窗口

（4）选择 File|Save 的菜单，打开文件保存窗口，保存刚捕获的数据文件，如图 6-1-5 所示。

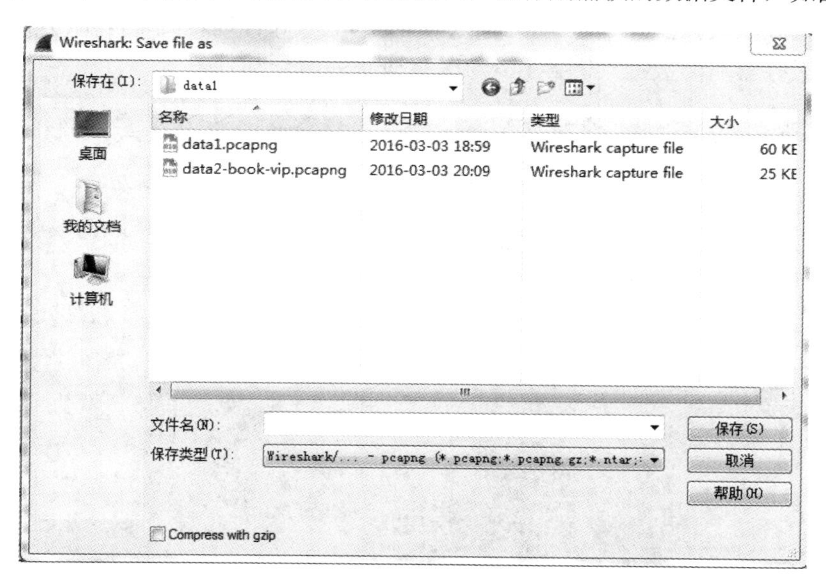

图 6-1-5　保存捕获的数据文件

2. 使用 Wireshark 查看 FTP 的控制通道

（1）首先客户端启动后，会向 FTP 服务器发出控制连接的请求。客户端会提供一个本地端口，并告知服务器端，而后服务器端以端口 21 作为控制通道的 TCP 连接，如图 6-1-6 所示。

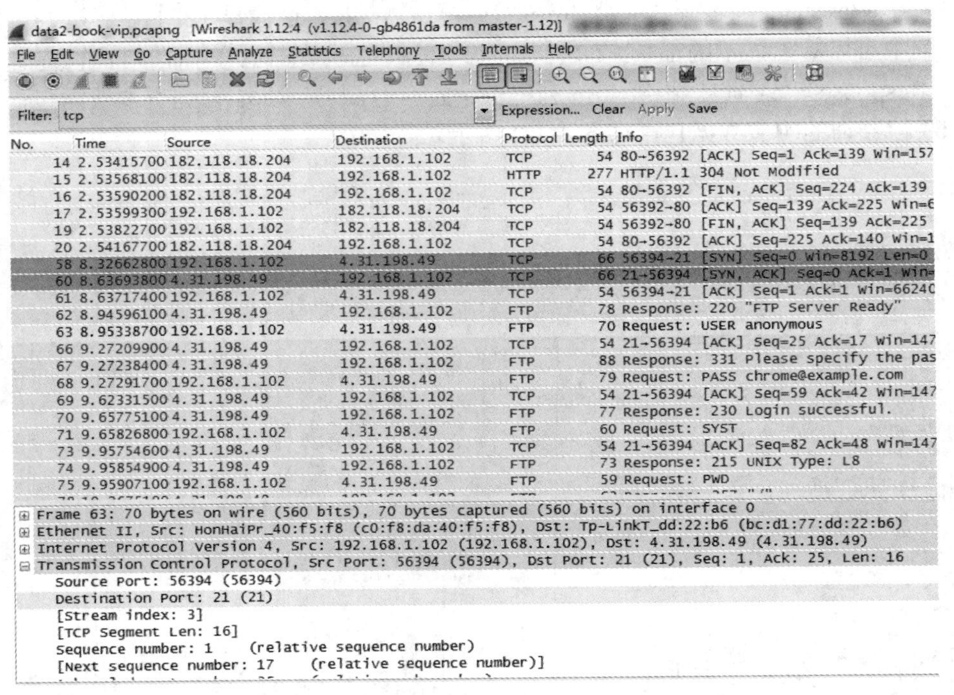

图 6-1-6　保存捕获的服务器端端口

（2）控制连接建立成功后，FTP 服务器端从该通道发送信息给客户端，表示服务器端已经做好了准备工作，正在等待请求。

（3）FTP 客户端通过 FTP 命令“USER”，发送电子邮件地址到 FTP 服务器端进行验证，然后才能获取服务器端的数据。图 6-1-7 为保存捕获的电子邮件。

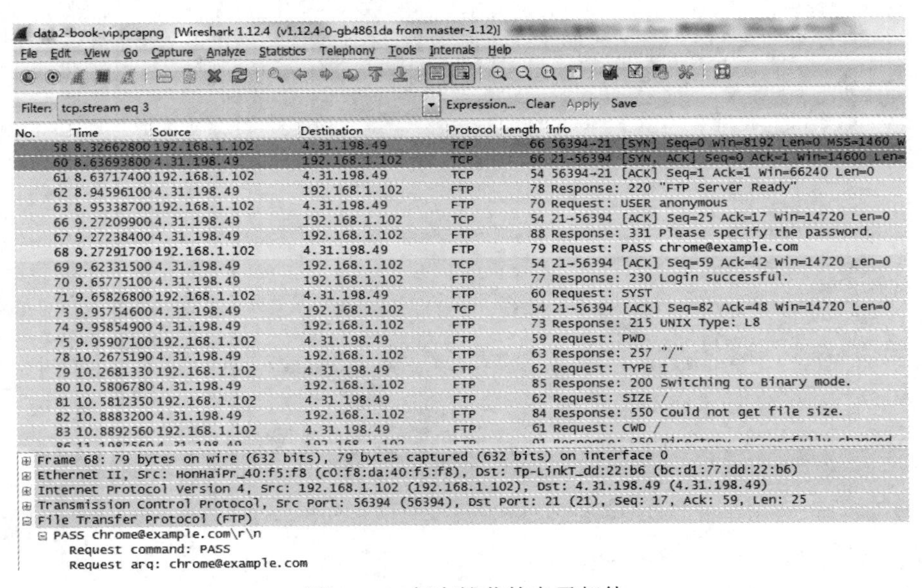

图 6-1-7　保存捕获的电子邮件

（4）查看控制连接通道中的所有内容。其方法是选择 Analyze 菜单下的 Follow TCP Stream，然后会打开如图 6-1-8 所示窗口。

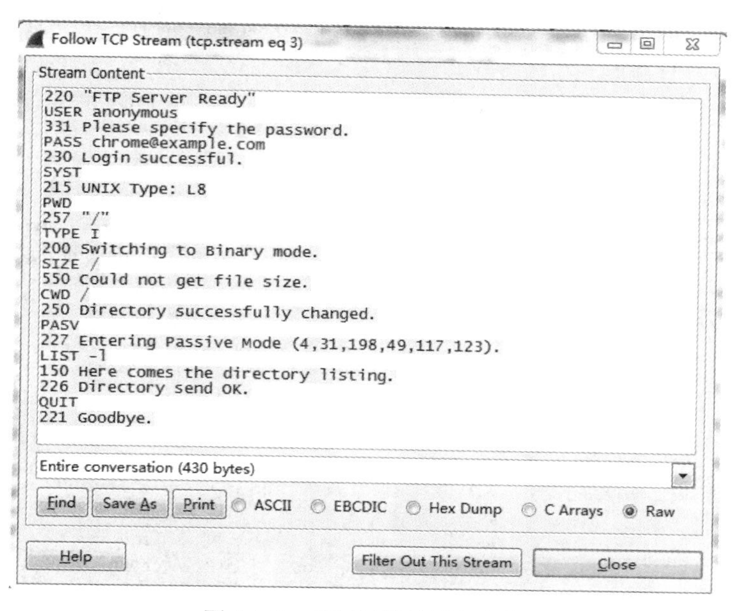

图 6-1-8　控制通道的所有内容

（5）FTP 客户端和服务器端完成用户名和密码的验证工作后，客户端就会发送“PWD”命令来显示当前的工作目录。图 6-1-8 中显示的服务器端的当前工作目录为根目录“/”，同时客户端也会发出“SYST”命令请求 FTP 服务器的信息。

（6）接下来，“PASV”命令告知服务器准备第一个到来的数据连接；“227 Entering Passing Mode”是服务器的响应，它表示 FTP 服务器端自动打开一个套接字接受客户端的数据连接。

3．使用 Wireshark 查看 FTP 的数据通道

数据连接通道主要作用是列出当前的工作目录。首先，FTP 客户端通过控制通道发送命令“LIST”给服务器端，请求列出当前客户端的工作目录；其次，服务器端接收到该命令后，打开数据通道把当前目录内容发送给客户端；最后，服务器端发送完当前的目录列表内容后，立即关闭数据连接通道。以下给出具体示例说明。

（1）在本任务中，首先，选择进入 Legal 目录，这个动作可解释为 CWD Legal 命令在控制连接通道中传送。当进入目录 Legal 后，目录内容会在第二个数据连接通道中显示出来，其过程和根目录类似。

（2）其次，FTP 服务器端接收到 CWD Legal 命令后，会打开数据通道把当前 Legal 的目录内容发送给客户端。FTP 支持多种文件数据的表示格式，例如 E 表示 EBCDIC、I 表示图像、A 表示 ASCII。在 Legal 的目录内容发送给客户端前，还会发送一个“TYPE I”命令，表示用图像格式显示当前目录内容。

（3）最后，ftp://ftp.rfc-editor.org/legal/rfc1825.txt文件的内容会在第三个数据连接通道中用类似传输目录列表的方法传输。传输数据完毕后，关闭数据连接通道。

总而言之，在本任务中，FTP 客户端和服务器端一共建立了四个 TCP 连接：一个控制连接、两个目录的数据连接和一个数据文件的数据连接。通过使用 Statisics 菜单下的工具来分析和观察每个具体的连接信息，方法是选择 Statisics->Conversation List->TCP(IPv4 IPv6)。图 6-1-9 显示了数据通道的所有内容。

TCP Conversations: 无线网络连接

TCP Conversations: 24

Address A	Port A	Address B	Port B	Packets	Bytes	Packets A→B	Bytes A→B	Packets A←B	Bytes A←B	Rel Start	Duration	bps A→B	bps A←B
192.168.1.102	56741	203.208.46.146	443	3	194	3	194	0	0	12.679754000	8.9995	172.45	N
192.168.1.102	56742	203.208.46.146	443	3	194	3	194	0	0	12.680586000	8.9997	172.45	N
192.168.1.102	56743	203.208.46.146	443	3	194	3	194	0	0	12.718388000	9.0019	172.41	N
192.168.1.102	56744	192.168.1.1	1900	11	2 503	6	1 749	5	754	12.778334000	0.0122	1145101.89	493657.
192.168.1.102	56745	192.168.1.1	1900	11	2 262	6	1 265	5	997	12.793625000	0.0212	476908.58	375871.
192.168.1.102	56746	192.168.1.1	1900	11	1 760	6	936	5	824	12.827930000	0.0098	762137.40	670941.
192.168.1.102	56747	203.208.46.146	443	3	194	3	194	0	0	14.705786000	8.9946	172.55	N
192.168.1.102	56748	203.208.46.146	443	3	194	3	194	0	0	14.980558000	9.0039	172.37	N
192.168.1.102	56750	4.31.198.49	21	32	2 181	16	972	16	1 209	17.712108000	4.7383	1641.08	2041.
192.168.1.102	56751	4.31.198.49	30028	8	585	4	228	4	357	20.896090000	0.9388	1942.80	3042.
192.168.1.102	56752	4.31.198.49	21	39	2 610	18	1 107	21	1 503	23.707211000	77.9903	113.55	154.
192.168.1.102	56753	4.31.198.49	30003	706	591 771	318	19 248	388	572 523	26.805753000	74.2804	2073.01	61660.
192.168.1.102	56755	182.118.18.201	80	10	925	5	420	5	505	36.647443000	0.0283	118790.88	142831.
192.168.1.102	56198	125.39.70.165	20014	6	576	4	382	2	194	46.008951000	60.3702	50.62	25.
192.168.1.102	56760	192.168.1.1	1900	11	1 995	6	1 235	5	760	76.447281000	0.0073	1346599.43	828676.
192.168.1.102	56765	112.87.43.247	80	12	1 896	7	1 416	5	480	96.697896000	1.8237	6211.60	2105.
192.168.1.102	56767	122.193.41.110	8080	8	720	4	464	4	256	105.745110000	0.2029	18290.94	10091.
192.168.1.102	56768	192.168.1.1	1900	9	859	5	487	4	372	111.664370000	0.0069	564474.07	431179.
192.168.1.102	56769	192.168.1.1	1900	9	859	5	487	4	372	113.220535000	0.0096	407403.53	311199.
192.168.1.102	56771	192.168.1.1	1900	11	2 503	6	1 749	5	754	122.653017000	0.0052	2666158.54	1149390.
192.168.1.102	56772	192.168.1.1	1900	11	2 262	6	1 265	5	997	122.660514000	0.0160	632223.40	498282.
192.168.1.102	56773	192.168.1.1	1900	11	1 760	6	936	5	824	122.690421000	0.0049	1542009.88	1357495.

Help　Copy　Follow Stream　Graph A→B　Graph A←B　Close

图 6-1-9　数据通道的所有内容

四、知识扩展

最后，以一个具体的 FTP 应用程序为例，展示 FTP 的具体功能和使用方法。

在网上下载到一个 FTPserver，这个应用程序不用安装，直接点击运行即可。本应用程序是北京师范大学珠海分校信息技术学院计算机科学与技术系开发的，它只适用于同一局域网内的计算机间的文件传输。

首先，启动 FTPserver 的服务器端。启动界面如图 6-1-10 所示。

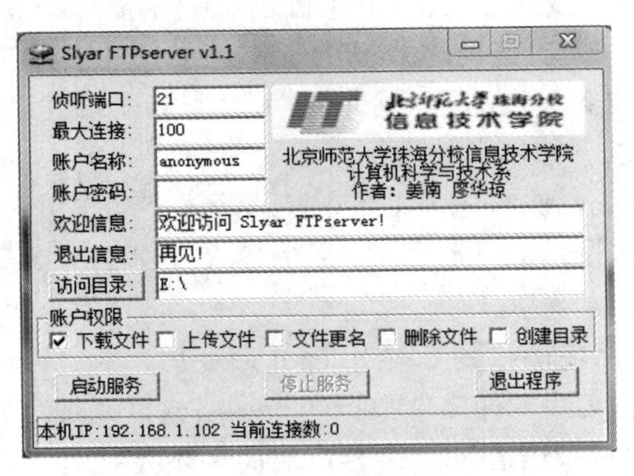

图 6-1-10　FTPserver 的服务器设置界面

进入设置界面后，需要设置服务器端的相关参数：侦听端口、最大连接数、账户名称、账户密码、欢迎信息、退出信息、访问目录和账户权限等。在本任务中，FTPserver 的服务器端的侦听端口设置为 21、最大连接数设置为 100、账户名称设置为 anonymous、账户密码为空、访问目录设置为 E 盘根目录。账户权限包括下载文件、上传文件、文件更名、删除文件、创建目录等，如果要设置对应的权限，只需打上对号即可。FTP 服务器端参数设置完后，用户可以根据自身需要，启动服务、停止服务和退出程序。设置完相关参数后，启动服务，界面如图 6-1-11 所示。

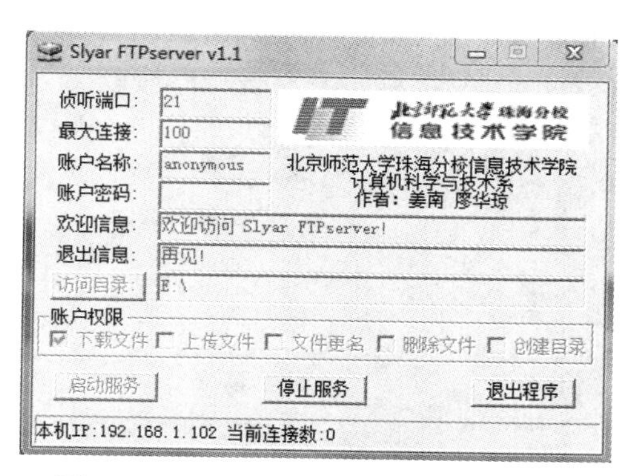

图 6-1-11　FTPserver 的服务器启动界面

其次，启动 FTPClient 的客户端。FTPClient 的客户端程序默认是作者的计算机。FTP 客户端程序界面如图 6-1-12 所示。

图 6-1-12　FTP 客户端程序界面

进入 FTP 客户端程序界面后，需要输入：ftp://192.168.1.102 才可以访问 FTP 服务器端的文件。FTP 客户端程序启动界面如图 6-1-13 所示。

最后，在 FTP 客户端，根据对账户设置的下载文件、上传文件、文件更名、删除文件、创建目录的权限，用户可以做出下载文件、上传文件、文件更名、删除文件、创建目录等操作。比如用户没有设置删除文件权限，那么他就不能删除服务器端的文件，若要执意删除，则会出现如图 6-1-14 所示的 FTP 服务器上文件删除错误界面；若用户设置了创建目录的权限，则不提示如图 6-1-15 所示的 FTP 服务器上新建文件夹错误，而是出现如图 6-1-16 所示的 FTP 服务器上新建文件夹成功界面。下载文件、上传文件、文件更名权限设置与功能使用和删除文件、创建目录的权限设置与功能使用类似，在此不再详述。

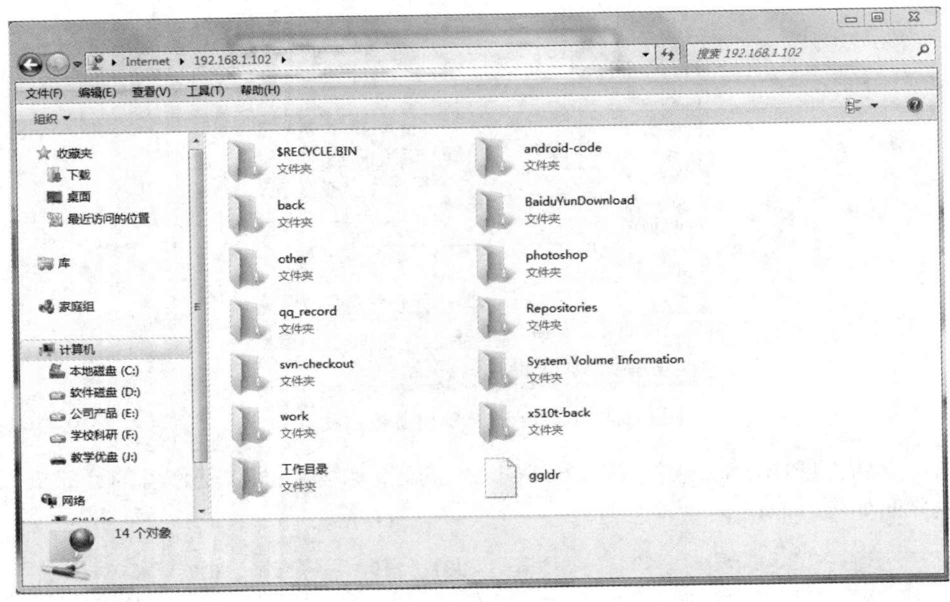

图 6-1-13　FTP 客户端程序启动界面

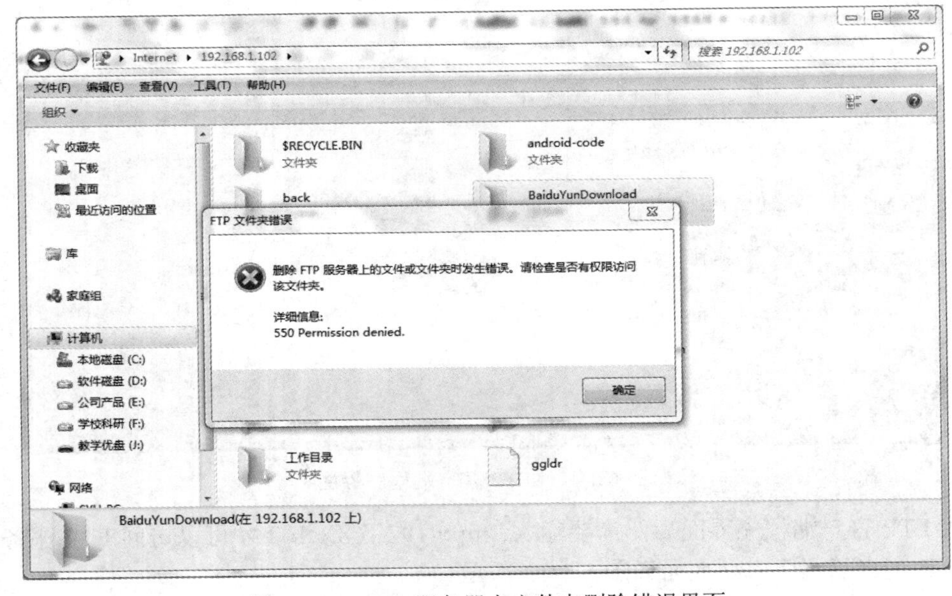

图 6-1-14　FTP 服务器上文件夹删除错误界面

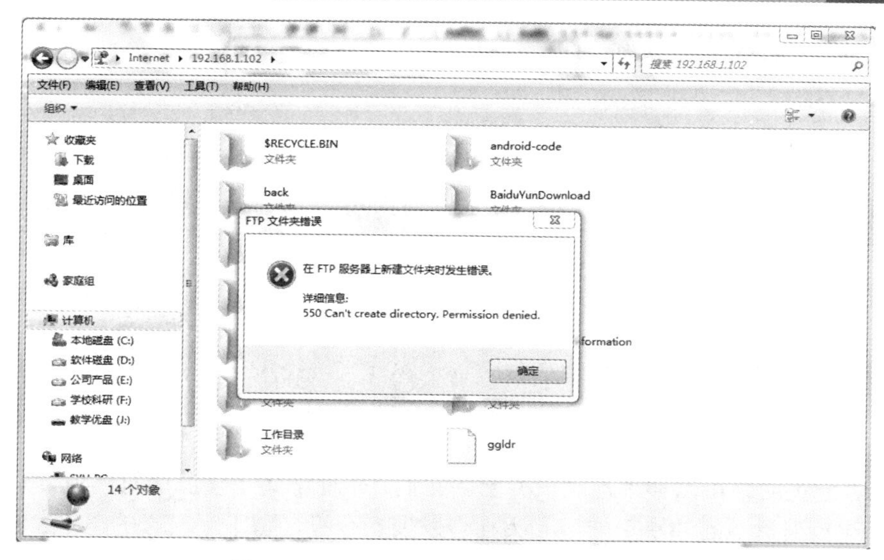

图 6-1-15　FTP 服务器上新建文件夹错误

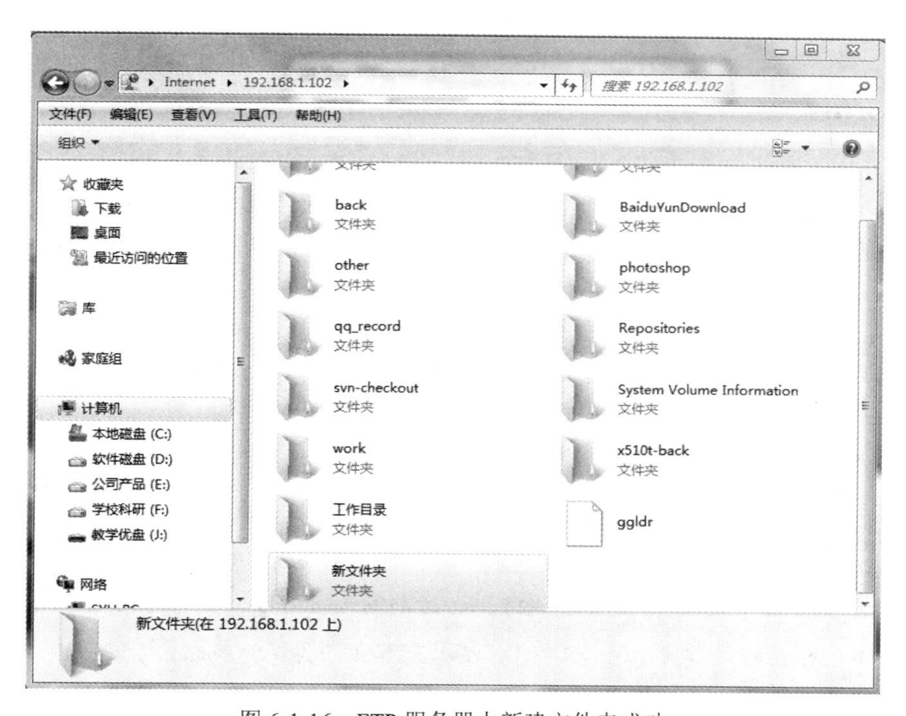

图 6-1-16　FTP 服务器上新建文件夹成功

任务 2　万维网协议

知识与技能：

- 掌握万维网的基本格式

- 使用 Wireshark 软件捕获分析 HTTP 数据包

一、任务背景介绍

万维网是信息网络的庞大集合。人类可以利用 Firefox、Microsoft IE、Netscape Navigator 等浏览器访问网络的资源，比如在客户端机器上显示文本、图片并播放出声音和视频。客户在从网络上获取自己需要的资源的同时，也可以利用自己的网络对外发布超链接等资源，供其他网络人员查看。总之，万维网汇集了全球的所有资源，它就是一个海量、巨大的图书馆，只要连上网络，就可以相互访问彼此的信息资源，而无需跑到图书馆或阅览室去查看相关的书籍。

万维网是人类历史上最广泛和最深远的传播媒介。具体可以从以下几个方面说明。第一，万维网缩小了人类沟通的距离。相距很远的人通过网络可以发展成亲密的朋友，使得彼此的思想境界得到提升，眼界得到开阔。第二，万维网缩短了人类沟通的时间。不同时代的人，不同年代的产物，通过网络可以详细地认识并了解它们，从而缩短了彼此的时间成本。第三，万维网实现了全球数据资源的共享功能。人类社会发展到今天，留下了宝贵的艺术、摄影、文学、政治、商业等数据资源，通过网络人类可以实现数据的共享。第四，万维网采用数字存储方式。数字存储方式可以实时地查询网络上的任意地方的信息资源，避免了人们去图书馆或手动复制信息的问题。

二、知识点介绍

1. 超文本传输协议 HTTP

HTTP 是 Hypertext Transfer Protocol 的缩写，即超文本传输协议。HTTP 协议是应用层协议之一，它的主要功能是在万维网系统中进行分布式、协作式超媒体信息的传输。

顾名思义，HTTP 提供了超文本信息访问的功能，也是 WWW 服务器与 WWW 浏览器间的应用层通信协议，比如 WWW 使用 HTTP 协议传输各种超文本页面和数据。本协议不仅是用在分布式协作超文本信息系统的、面向对象的、通用的协议，而且通过命令的扩展，还用于域名服务、分布式系统等类似的任务中。

HTTP 协议是一种请求和响应类型的协议，客户端向服务器端提出连接请求，服务器端接受请求后响应客户端，最后服务器端把处理后的信息传输给客户端。在客户端和服务器端之间进行通信的过程中，HTTP 常用来连接到 FTP、SMTP、NNTP、Gopher 等网络协议，并支持通过超链接连接到对应协议提供的信息资源，从而大大简化了服务器端的功能。

HTTP 协议是 TCP/IP 协议之上的协议，它不但要保证文本文档信息传输的正确无误，而且还要求文本文档传输的是哪一部分，如何显示文本文档等。一般而言，HTTP 协议的会话过程包括五个步骤。首先，WWW 客户端向 WWW 服务器端发出建立连接请求；其次，WWW 服务器端收到连接请求后，给出建立连接请求的响应信息；然后，WWW 客户端收到响应信息后，把自己的请求信息发送给 WWW 服务器端，等待它的回应；再次，WWW 服务器端按照 WWW 客户端的要求，经过自身逻辑的判断，把应答的结果信息返回给客户端；最后，WWW 客户端收到响应信息后，关闭连接。

2. 统一资源定位符 URL

统一资源定位符英文为 Uniform Resource Locator，简称 URL。它的主要功能是从互联网上获得资源的位置，是互联网上标准资源的地址符号。如今互联网上的每个文件都有自己唯一的 URL，它明确地标示了文件的具体位置和浏览器如何处理它的信息。

一般基本 URL 包含模式（或称协议）、服务器名称（或 IP 地址）、路径和文件名几部分内容，如“协议://授权/路径?查询”。完整的、带有授权部分的统一资源标志符语法如下：协议://用户名:密码@子域名.域名.顶级域名:端口号/目录/文件名.文件后缀?参数=值#标志。下面分两部分具体介绍。

第一部分是模式/协议（Scheme）。这一部分主要功能是明确浏览器使用何种模式或协议打开对应的文件。比如，最常用的协议模式是超文本传输协议 HTTP，利用它可以方便地访问网络上的任意资源。当然也可以使用其他协议比如 HTTPS（用安全套接字层传送的超文本传输协议）、FTP 文件传输协议、MAILTO 电子邮件地址、TELNET 协议等。

第二部分是文件所在的服务器的具体地址，包括 IP 地址、文件的详细路径和名称、询问部分。服务器的 IP 地址前面还可以包括用户名和密码，后面还可以包括具体的端口号。文件的路径部分中还包括以斜线（/）分隔的具体的目录名。询问部分主要用来表示访问数据库时所要的参数。若 URL 中以斜杠“/”结尾，而没有给出具体的文件名，则表示 URL 引用路径中最后一个目录为默认文件 index.html 或 default.htm。

URL 分为绝对 URL 和相对 URL 两种。绝对 URL 表示文件的详细的完整路径名，包括第一部分的模式/协议和第二部分的文件所在的服务器的具体地址信息。相对 URL 以当前 URL 文件夹位置为参考点，描述目标文件夹的位置。一般而言，同一服务器上的文件宜采用相对 URL，便于用户输入，而且在保证文件相对位置不变时转移页面也方便快捷，链接依然有效。

3. 超文本标记语言 HTML

超文本标记语言的英文为 HyperText Markup Language，简称 HTML。HTML 是一种标准和规范，通过标记符来标记网页中的各个组成部分，并告知浏览器如何按正确的格式显示网页中各个部分。事实上，网页本来是一种文本文件，网页中的标记符告知浏览器文字如何显示、图片如何展示、画面如何排版等操作。浏览器中的解释器会按照网页文件中的标记符，顺序执行解释并显示其标记的内容，若因书写错误导致无法解释或解释错误时，浏览器并不会停止解释，也不会给出出错提示，而是继续解释下一个标记符，直至解释完所有标记符为止。此时，用户只能自己判断显示效果并分析出错位置。另外，对于不同的浏览器，由于解释器的不同，会导致同一个标记符显示效果的不同。

HTML 超文本标记语言功能强大，并支持各种格式文件的输入，具有简易性、平台无关性、可扩展性、通用性等特点。简易性是指 HTML 采用灵活方便的超集方式；平台无关性是指 HTML 标记语言可以在 Windows、MAC、Linux 等各种平台上使用；可扩展性是指 HTML 采用了加强功能，增加标识符，为系统的扩展带来保证；通用性是指无论用户使用何种类型的电脑和何种类型的浏览器，都可以正确地显示网页的内容，HTML 是网络通用全配置语言。

在 Windows 操作系统平台中，可以使用任何文本文件编辑器来编写超文本标记语言文件，然后修改文件的后缀名为.html 即可生成 HTML 文件。超文本标记语言具有一个完整的整体结构，包括头部和主体两大部分。它的所有标记都是成对出现的，即每个标记符都由开头标识符和结束标识符组成。例如标记符<html>表明是使用超文本标记语言来描述文件的，它是文件的开始；而标记符</html>则表示此文件的结尾。

开头部分用<head>和</head>两个标记符分别表示头部信息的开始和结尾。HTML 头部中的相关标记主要用来标记页面的序言、题目和说明信息等内容，加强网页显示的效果。头部中有很多标记符，比如常用的<title>定义了文档的标题、<meta>定义了 HTML 文档中的元数据、<script>定义了客户端的脚本文件、<style>定义了 HTML 文档的样式文件、<base>定义了页面链接标签的默认链接地址、<link>定义了一个文档和外部资源之间的关系。

主体部分用<body>和</body>两个标记符分别表示主体信息的开始和结尾。网页中显示的具体的内容都包含在这两个正文实体标记符<body>和</body>之间。

下面给出一个具体的 html 的范例代码：

```
<!DOCTYPE html>
<html>
<head>
<meta charset="utf-8">
<title>Demo</title>
</head>
<body>
<div>div</div>
<script type="text/javascript">
</script>
</body>
</html>
```

三、任务实现

1. 使用 Wireshark 捕获 HTTP 数据包

本任务我们讲述如何使用 Wireshark 软件捕获 HTTP 数据包，需要准备一台可以连入互联网的 PC，且该 PC 上已安装 Wireshark 软件。

（1）打开 Wireshark 软件，在菜单栏中选择 Capture Options，打开 Wireshark 捕获选项窗口。根据实际情况设置捕获接口、捕获过滤器及捕获文件名等选项。单击 Start 按钮开始捕获数据，如图 6-2-1 所示。

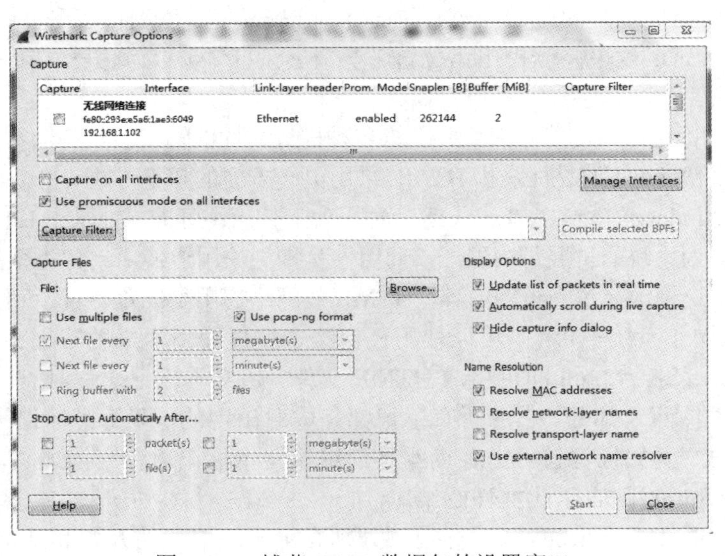

图 6-2-1　捕获 HTTP 数据包的设置窗口

（2）打开浏览器，输入如下网址：http://www.baidu.com 后回车，执行该命令后会进入百度网的主页，如图 6-2-2 百度主页所示。返回到 Wireshark 界面，停止数据捕获。

图 6-2-2　百度主页

从返回结果看，成功登录百度服务器，并进入到了百度主页的界面上。

（3）在 Wireshark 过滤器中输入 http，然后点击 Apply，过滤显示 http 协议。在该界面的 Protocal 列中可以看出显示的都是 http 协议的数据包。这些数据包分别是 http 的查询（Query）和响应（Response）数据包。根据 Info 列中 ID 号，可以判断第 116 帧是查询数据包，第 126 帧是对第 116 帧查询的响应数据包。如图 6-2-3 所示。

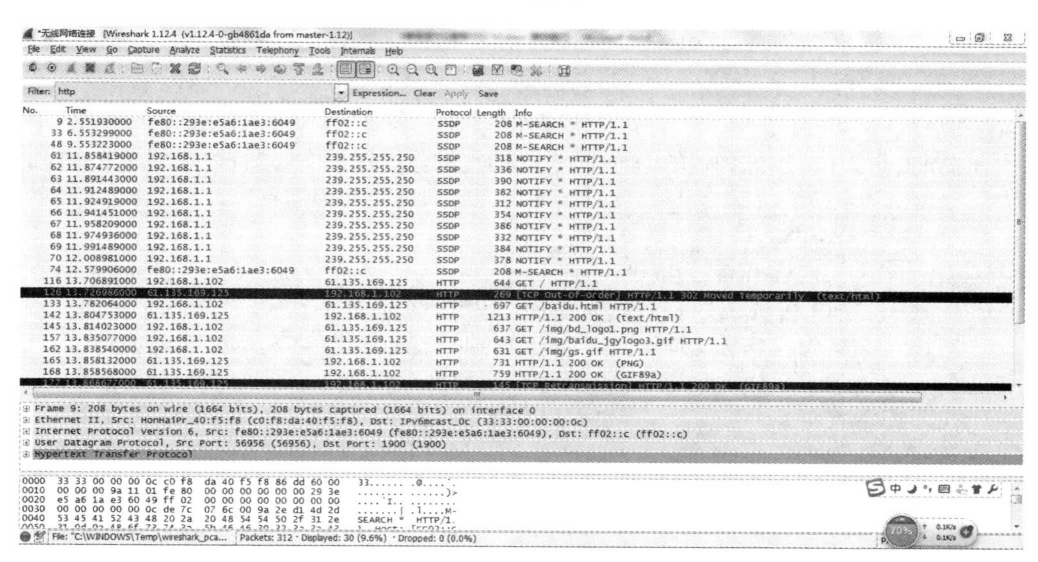

图 6-2-3　显示过滤 http 数据包窗口

（4）选择 File|save as 菜单，打开文件另存窗口，保存刚捕获的数据文件，如图 6-2-4 所示。

2. 使用 Wireshark 分析 HTTP 报文

使用 HTTP 协议打开百度登录界面的过程有五个步骤。首先，用户在浏览器中输入 www.baidu.com网址后，域名服务器 DNS 解析www.baidu.com 的 IP 地址为 61.135.169.125 和本机的 IP 地址为 192.168.1.102；其次，浏览器和百度服务器建立 TCP 连接，本机 IP 地址为 192.168.1.102，端口为 51262，百度服务器的 IP 地址为 61.135.169.125，端口为 80；然后，浏览器会发出命令：GET / HTTP/1.1\r\n 向服务器请求取文件；第四，百度服务器响应浏览器的请求，给出 HTML 响应文件；最后，浏览器接收服务器发送的 HTML 文件，并在浏览器中显示出来。这样，一个完整的百度主页就可以打开了。

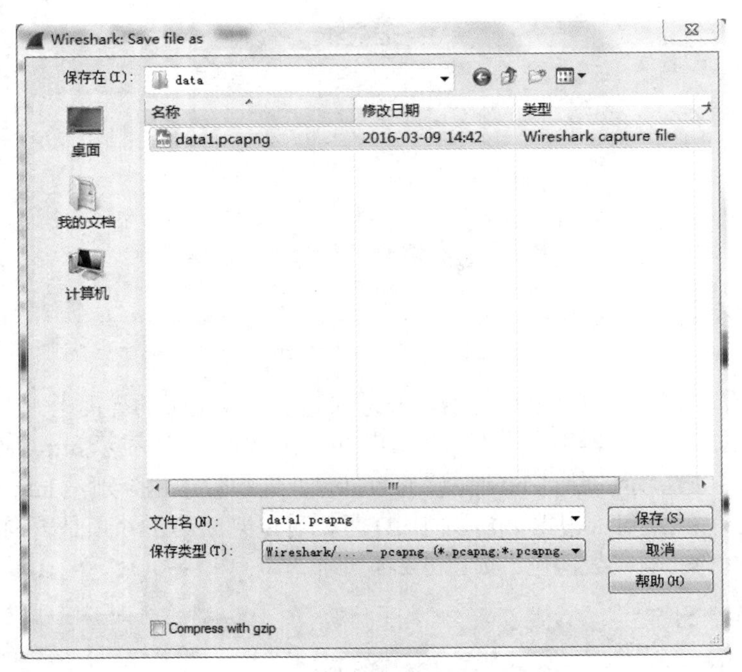

图 6-2-4　保存捕获的数据文件

下面根据时间顺序给出抓到包的编号 1 到 10 的包的分析过程，如图 6-2-5 到图 6-2-14 所示。

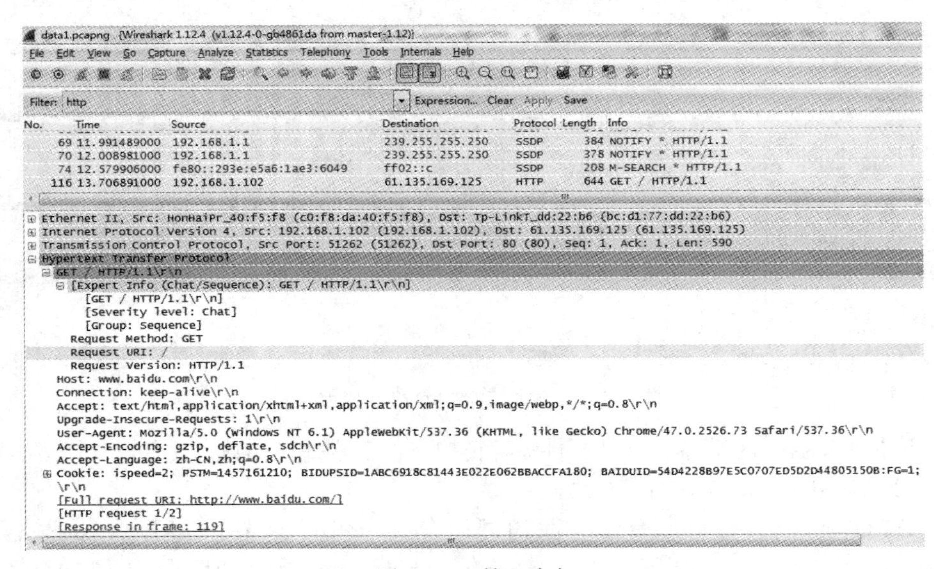

图 6-2-5　第 1 个包

分析：本机 IP 地址为 192.168.1.102，百度服务器 IP 地址为 61.135.169.125，请求服务时，先和服务器建立 TCP 连接，并向服务器发出 HTTP 请求报文，请求它发送文本文件。

重要代码分析：

```
GET / HTTP/1.1                //请求目标
Host: www.baidu.com           //目标所在的主机
Connection: keep-alive        //激活连接
Accept: text/html,application/xhtml+xml,application/xml;q=0.9,image/webp,*/*;q=0.8
Upgrade-Insecure-Requests: 1
User-Agent: Mozilla/5.0 (Windows NT 6.1) AppleWebKit/537.36 (KHTML, like Gecko) Chrome/47.0.2526.73 Safari/537.36   //用户代理，浏览器的类型是 chrome 浏览器，括号内是相关解释
Accept-Encoding: gzip, deflate, sdch        //可接受编码，文件格式
Accept-Language: zh-CN,zh;q=0.8             //语言中文
Cookie:PSTM=1457161210;ispeed_lsm=8; BD_HOME=0;.....//允许站点跟踪用户
```

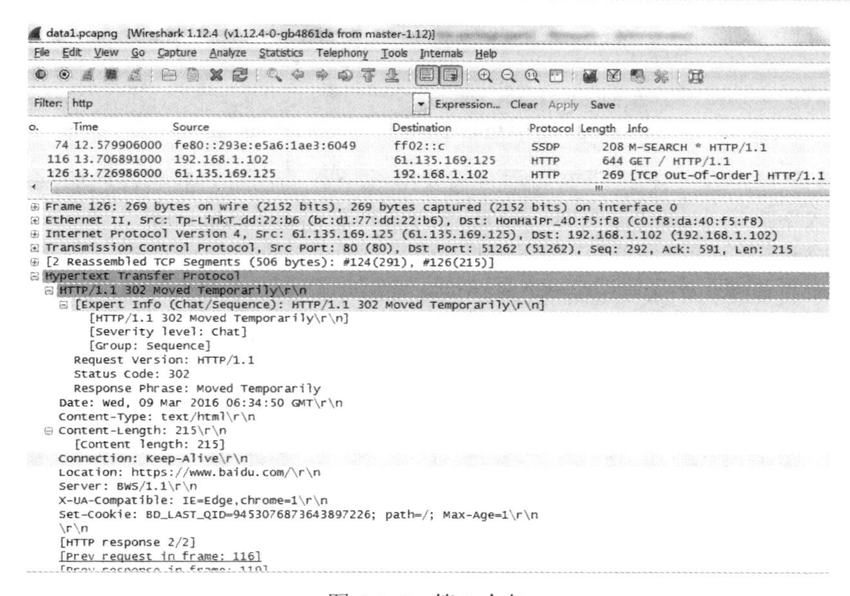

图 6-2-6　第 2 个包

分析：由状态栏的 302 代码可知，百度服务器（IP 地址为 61.135.169.125）成功接收到本地的请求报文，向 IP 地址为 192.168.1.102 的本机发送响应报文，同时将文件发送给浏览器。据报文内容可知更多关于文档的信息。

重要代码分析：

```
HTTP/1.1 302 Moved Temporarily          //状态行，成功
Date: Wed, 09 Mar 2016 06:34:50 GMT     //响应信息创建的时间
Content-Type: text/html                 //内容类型：文本
Content-Length: 215                     //内容长度：215
Connection: Keep-Alive                  //连接状态
Location: https://www.baidu.com/        //连接地址
Server: BWS/1.1                         //服务器
Set-Cookie: BD_LAST_QID=9453076873643897226; path=/; Max-Age=1    //设置 cookie
```

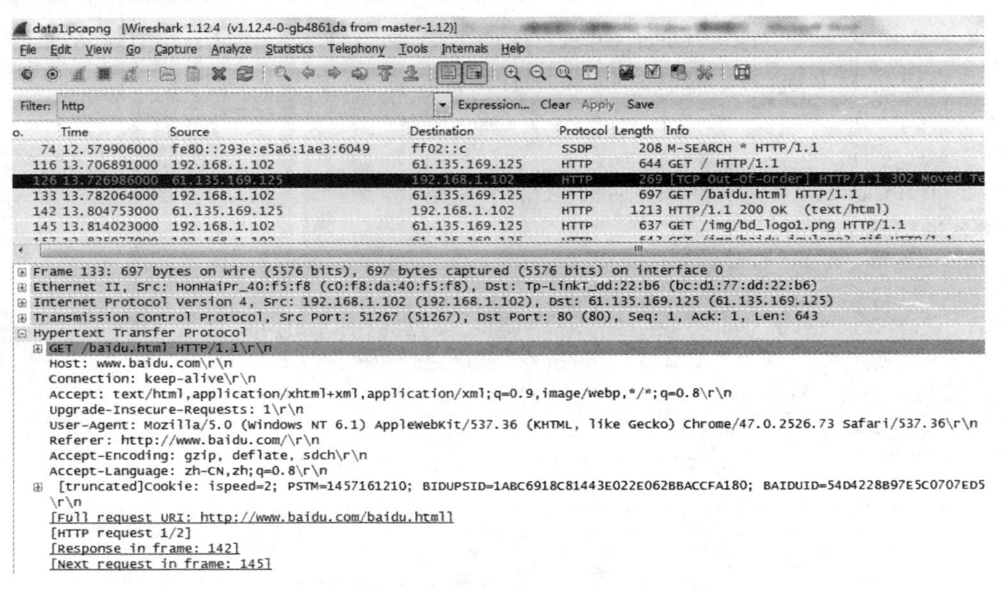

图 6-2-7　第 3 个包

分析：第 3 个包中在文本文档中显示有需要继续下载的内容，本地客户端发送请求报文给百度服务器请求下载对应的文件内容，从请求的内容看出是 baidu.html 主页。

重要代码分析：

```
GET /baidu.html HTTP/1.1              //请求目标是 baidu.html 主页
Host: www.baidu.com                   //目标所在的主机
Connection: keep-alive                //激活连接
Upgrade-Insecure-Requests: 1
User-Agent: Mozilla/5.0 (Windows NT 6.1) Chrome/47.0.2526.73 Safari/537.36    //用户代理，浏览器的类型是 chrome 浏览器，括号内是相关解释
Accept-Encoding: gzip, deflate, sdch    //可接受编码，文件格式
Accept-Language: zh-CN,zh;q=0.8         //语言中文
Cookie:                                 //允许站点跟踪用户
```

分析：状态行显示 200 表示百度服务器成功接收到客户浏览器发送的请求，百度服务器做出响应，向客户浏览器发送所请求的文件内容 baidu.html 主页。

重要代码分析：

```
HTTP/1.1 200 OK                              //状态行，成功
Date: Wed, 09 Mar 2016 06:34:50 GMT          //响应信息创建的时间
Server: Apache     //服务器 Apache
Last-Modified: Wed, 22 Apr 2015 07:37:47 GMT    //上一次修改时间
Accept-Ranges: bytes                            //单位
Cache-Control: max-age=86400                    //缓存大小
Expires: Thu, 10 Mar 2016 06:34:50 GMT          //设置内容过期时间
Content-Encoding: gzip                          //编码方式
Content-Length: 5479                            //内容长度
Connection: Keep-Alive                          //激活连接
Content-Type: text/html                         //内容类型
```

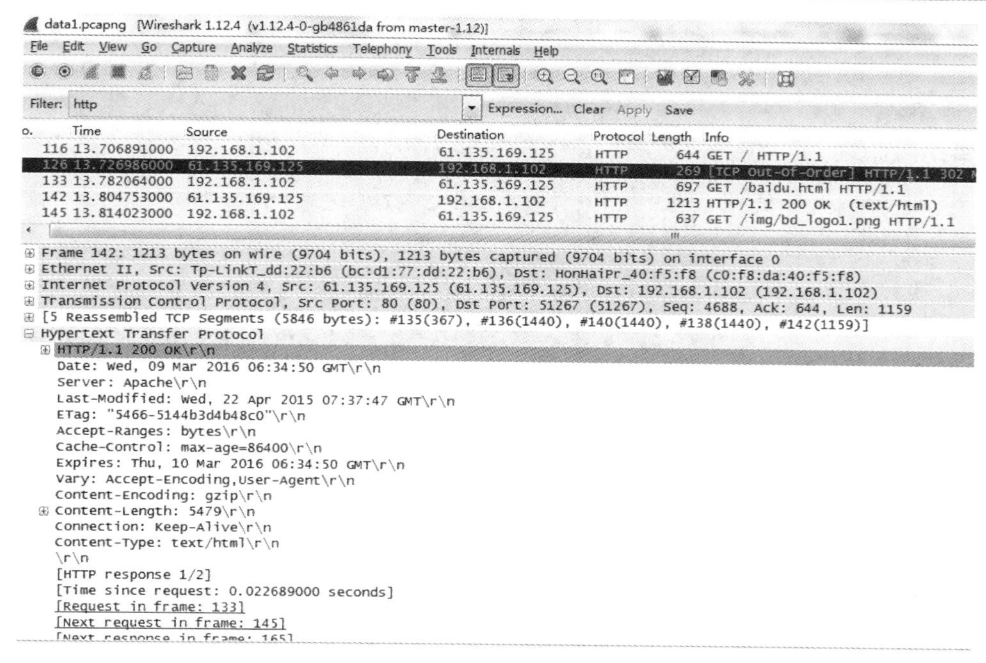

图 6-2-8　第 4 个包

下面一并分析第 5、第 6、第 7 个数据包，它们都是客户端浏览器向百度服务器端请求图片的请求数据包，如图 6-2-9、图 6-2-10 和图 6-2-11 所示。

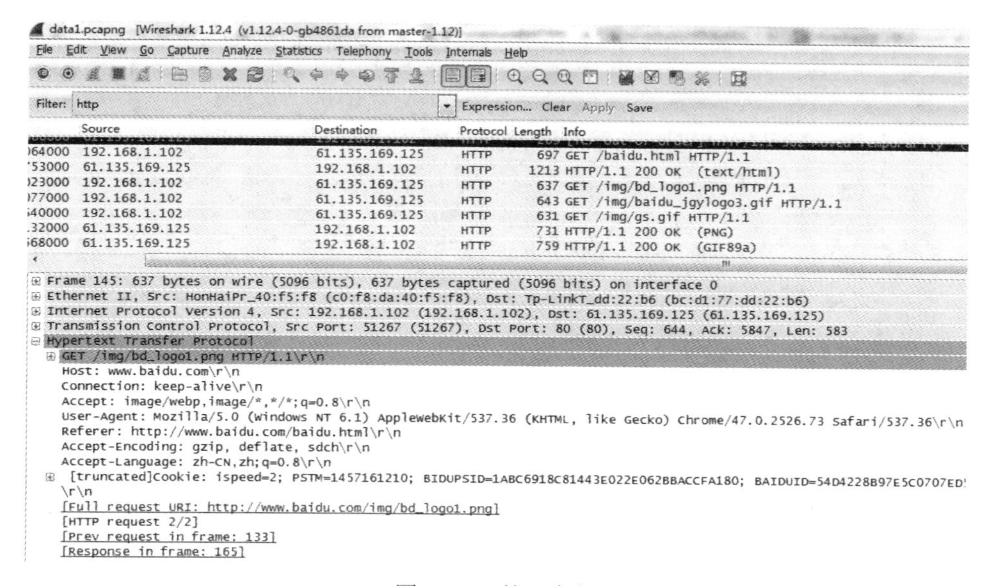

图 6-2-9　第 5 个包

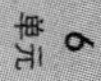

分析：客户端浏览器连续向百度服务器发送了三个请求报文，是因为在接收第 2 个数据包后，网页中包括了标记图片的资源，浏览器分析出这三个需要从服务器上下载的图片后，需要向服务器提出申请要求并行下载它们。

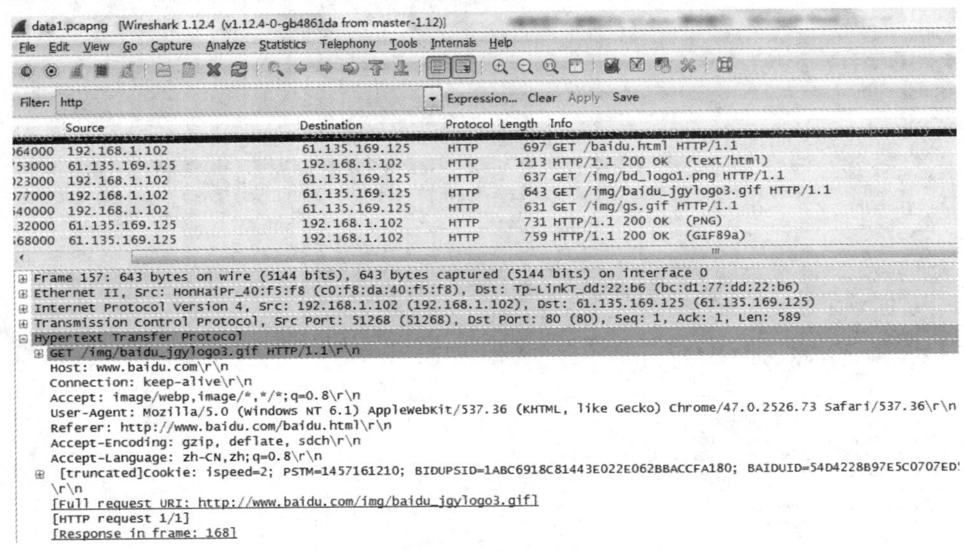

图 6-2-10 第 6 个包

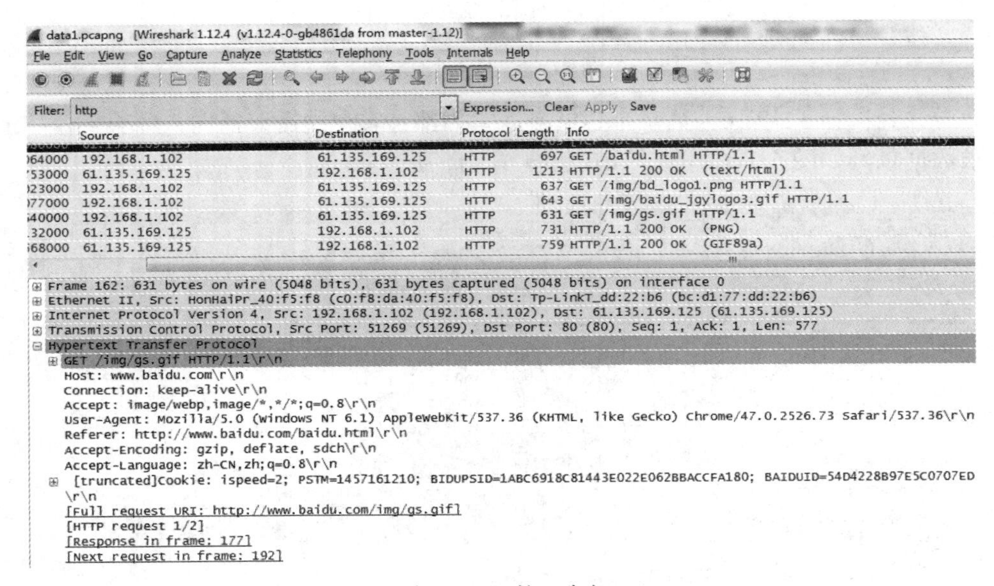

图 6-2-11 第 7 个包

重要代码分析：

上述三个 GET 请求报文，都有如下相同的代码参数，其含义如下：

```
GET /img/gs.gif HTTP/1.1                    //动作及内容
Host: www.baidu.com                         //服务器主机
Connection: keep-alive                      //激活连接
Accept: image/webp,image/*,*/*;q=0.8        //请求图片
User-Agent: Mozilla/5.0 (Windows NT 6.1) AppleWebKit/537.36 (KHTML, like Gecko) Chrome/47.0.2526.73
Safari/537.36                               //用户代理
Referer: http://www.baidu.com/baidu.html    //引用页面
Accept-Encoding: gzip, deflate, sdch        //编码方式
```

Accept-Language: zh-CN,zh;q=0.8　　　　　　//使用语言
Cookie: ispeed=2; PSTM=1457161210;　　　　//允许站点跟踪用户

下面一并分析第 8、第 9、第 10 个数据包，它们都是百度服务器端响应客户端浏览器请求图片的响应数据包，如图 6-2-12、图 6-2-13 和图 6-2-14 表示。

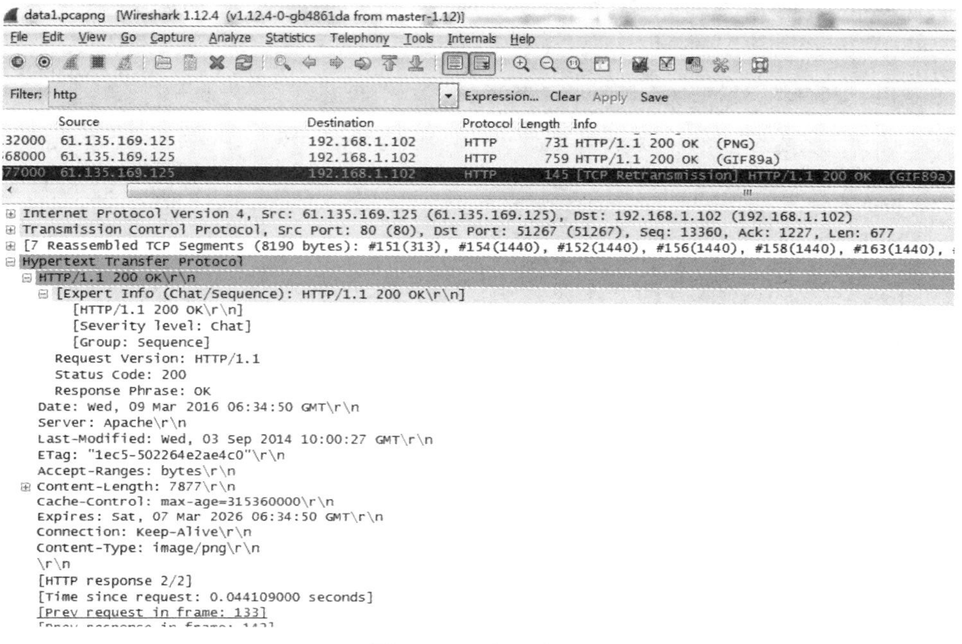

图 6-2-12　第 8 个包

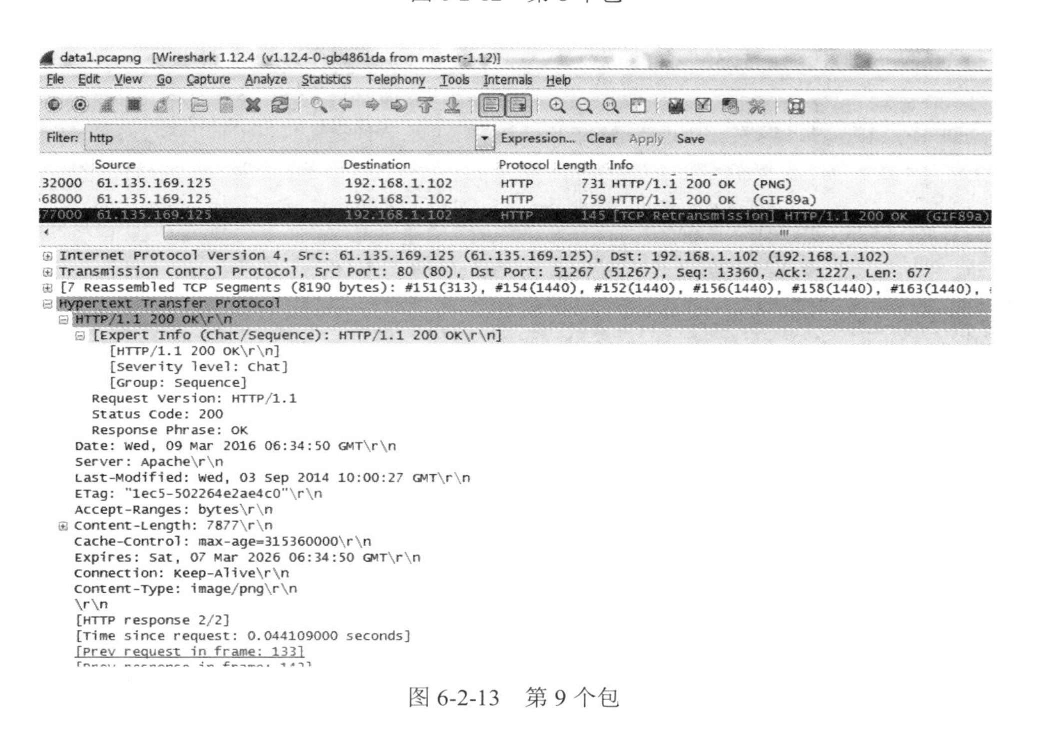

图 6-2-13　第 9 个包

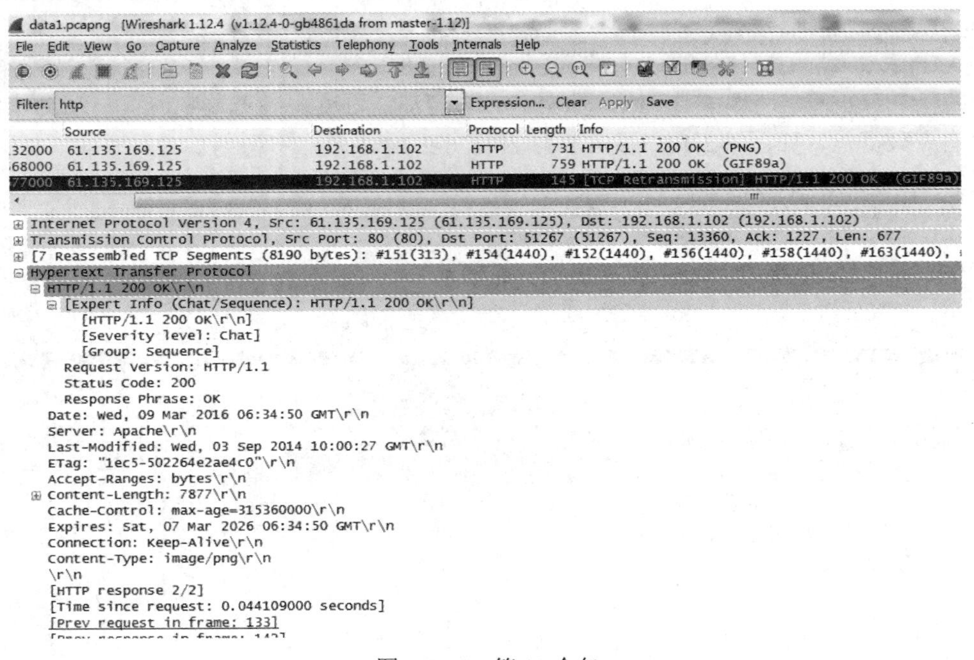

图 6-2-14　第 10 个包

分析：从状态行代码 200 可以看出响应是正确的，表明百度服务器成功地接收到客户端的请求报文，同时把响应文件传输给客户端浏览器。

重要代码分析：

上述三个 RESPONSE 响应报文，都有如下相同的代码参数，其含义如下：

```
HTTP/1.1 200 OK                                  //动作及内容
Date: Wed, 09 Mar 2016 06:34:50 GMT              //响应信息创建的时间
Server: Apache                                   //服务器 Apache
Last-Modified: Wed, 03 Sep 2014 10:00:27 GMT     //上一次修改时间
Accept-Ranges: bytes                             //单位
Content-Length: 7877                             //内容长度
Cache-Control: max-age=315360000                 //缓存大小
Expires: Sat, 07 Mar 2026 06:34:50 GMT           //设置内容过期时间
Connection: Keep-Alive                           //激活连接
Content-Type: image/png                          //内容类型
```

最终，使用 HTTP 协议向百度服务器请求百度主页的万维网文档，百度服务器也使用 HTTP 协议把文档传送给浏览器，浏览器下载完所有内容后并在页面上显示出来，从而完整地打开了百度的主页。

四、知识扩展

最后，为了拓展知识，介绍下浏览器的具体背景、结构、功能。

1. 背景知识

浏览器是指可以显示网页服务器或者文件系统的 HTML 文件（标准通用标记语言的一个应用）内容，并让用户与这些文件交互的一种软件。浏览器不仅可以显示万维网中的文字和图

像信息，而且可以显示文字、图像的超链接信息，这些信息都是HTML格式的文件。

网页中的多个文档都是从服务器中获取到的。很多浏览器不仅支持HTML格式的文件，还支持GIF、JPEG、PNG等各种格式的图像，而且可以支持安装各种插件播放各种动画。部分浏览器还支持HTTPS、Gopher、FTP各种格式的协议和URL类型的链接信息。URL协议和HTTP协议允许网页中嵌入流媒体、视频、动画、图像、声音等多媒体信息。

目前国内支持的浏览器品种特别多，包括QQ浏览器、Firefox、百度浏览器、搜狗浏览器、猎豹浏览器、Google Chrome、360浏览器、UC浏览器、Safari、傲游浏览器、世界之窗浏览器等。浏览器是移动终端中常用的客户端程序。

2. 浏览器结构和功能

浏览器是由若干个解释程序、控制程序、客户程序等大型软件组成，它们共同协作完成浏览器的显示和通信功能。图6-2-15给出了浏览器的结构。

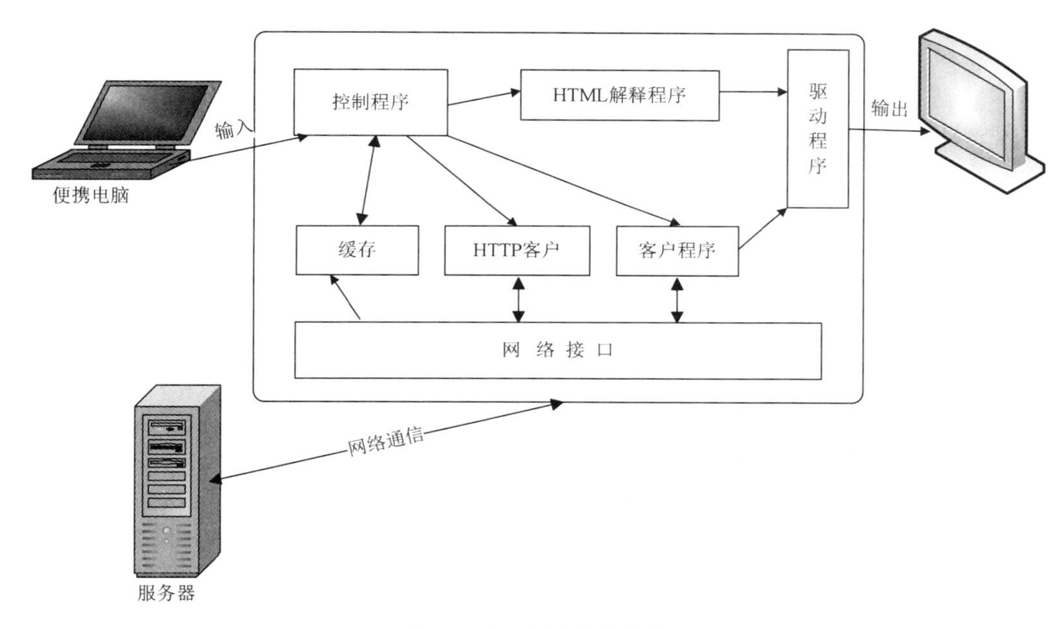

图6-2-15　浏览器的结构

浏览器的结构十分复杂，它包括内部软件结构和外部辅助设备，内部软件包括控制程序、解释程序、客户程序、驱动程序和网络接口五个部分，外部辅助设备包括键盘鼠标、显示器和服务器。

控制程序是浏览器的核心组件，负责管理解释程序和客户程序，比如解释键盘的输入操作和鼠标的点击操作，同时调用相关的组件执行用户的动作。解释程序主要是指HTML解释程序，也包括可选的其他解释程序，HTML解释程序是必不可少的，它的主要功能是解释外部输入的程序是否符合HTML的语法结构，将HTML语言规格转换成适合用户硬件显示的命令。客户程序主要包括FTP客户程序、电子邮件客户程序和HTTP客户程序等，客户程序扩展了浏览器的功能，使浏览器不仅具有浏览功能，而且具有获取文件传输服务功能、发送和接收邮件功能等，这使得浏览器的设计很完善，即使用户看不到很多细节、也不知道它执行了何种客户程序，也能够完成对应的功能。驱动程序主要是指显示器的驱动程序，它对浏览器提供驱动接口，可以直接及时地显示浏览器的内容到显示器中。网络接口主要是指浏览器需要和服务器进行通信，获取服务器中的资源信息，这就需要网络接口通信，一般有 TCP 和 UDP 网络通信接口。

浏览器中一般都有一个缓存。缓存的功能主要是缓解信息量过大造成处理不及时的问题，提高处理的效率和速度，这是浏览器缓存的优点。浏览器通过网络接口会读取服务器上的大量资源信息，然后把信息的副本存储在本地磁盘的缓存中。若用户使用鼠标点击某个选项时，浏览器会先检查缓存，如果缓存中存储了该项信息，则浏览器会直接从缓存中得到它而不必从网络中获取。从网络上获取一个较大的文件所需的时间会远远超过从缓存中直接读取的时间，如此情况下，可以明显提高浏览器的运行速度，尤其对于网络连接较为缓慢的用户而言，这种缓存特别明显。浏览器缓存也有缺点，第一，缓存需要占用大量的磁盘空间；第二，浏览器缓存中保存了大量的文件信息，需要消耗浏览器的时间将这些缓存信息存储在本地磁盘中，这样会降低浏览器的效率。为了改善浏览器的性能，浏览器支持用户自动调整缓存策略，比如，支持用户设置缓存的时间限制，时间到期后从缓存中删除对应的文件。

任务 3　电子邮件协议

知识与技能：

- 掌握电子邮件的基本格式
- 使用 Wireshark 软件捕获分析 SMTP、POP3 数据包

一、任务背景介绍

现代社会，电子邮件成为办公通信的重要方式。电子邮件是指利用电子手段提供信息交换的现代通信方式，它能够让不同时空的人们方便快捷地传递信息，达到轻松交流的目的。

现代的电子邮件与传统的信件通信方式相比，有着较大的优势，具体有六个方面：首先，电子邮件传递速度快，在数分钟内可以转发到地球上任何地方；其次，传递信息多样化，电子邮件不仅可以传递文字，而且可以传递图片、音乐、动画、视频等多媒体信息；第三，传递方便高效，只要连接上互联网，便可以随时随地收发电子邮件，并且费用极少；第四，电子邮件是一种异步通信方式，可以实现非实时通信，信件发送者可随时随地发送邮件，不需要接收者同时在场；第五，电子邮件提供二十四小时服务，只要邮件服务器一直连接到互联网上；最后，电子邮件通信安全性高，用户只有正确输入用户名和密码才可以登录邮箱，进行发送和接收邮件等相关操作。

二、知识点介绍

1. 电子邮件系统

电子邮件系统包括 MOTIS 电子邮件系统和 TCP/IP 电子邮件系统。MOTIS 电子邮件系统分为两个部分：用户代理 UA 和信息传输代理 MTA。UA 主要负责为用户提供良好的操作界面，同时负责生成消息和处理接收的消息，一般位于客户端的计算机中；MTA 相当于电子邮局，主要负责消息的传输，一般位于邮件服务器中。MOTIS 电子邮件传输是存储转发型，MTA

相当于网关的角色，邮件必须经各 MTA 传输，直至到达用户所在的 MTA 为止。MOTIS 电子邮件系统如图 6-3-1 所示。

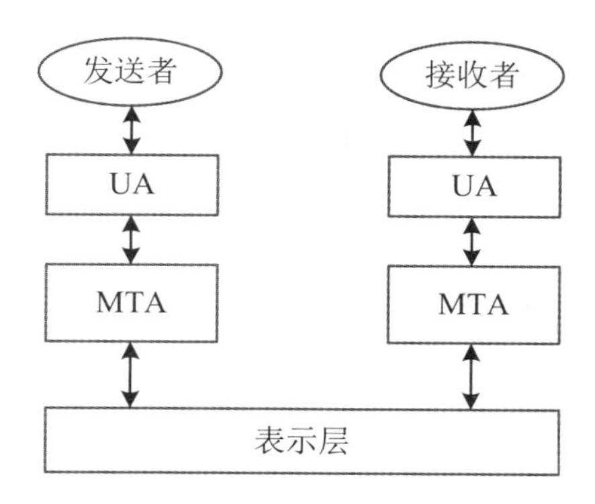

图 6-3-1 MOTIS 电子邮件系统

TCP/IP 电子邮件系统和 MOTIS 系统类似，它在概念上也分为用户代理 UA 和信息传输代理 MTA 两个部分，只是邮件传输部分没有独立出来成为一个独立控件，原因是 TCP/IP 的设计思想是采用端到端的思想，所以 TCP/IP 电子邮件传输也采用端到端的传输方式。在 TCP/IP 电子邮件系统中采用假脱机缓冲技术解决延迟传递问题，将用户的收发邮件和实际的邮件传输区别开来。CP/IP 电子邮件系统如图 6-3-2 所示。

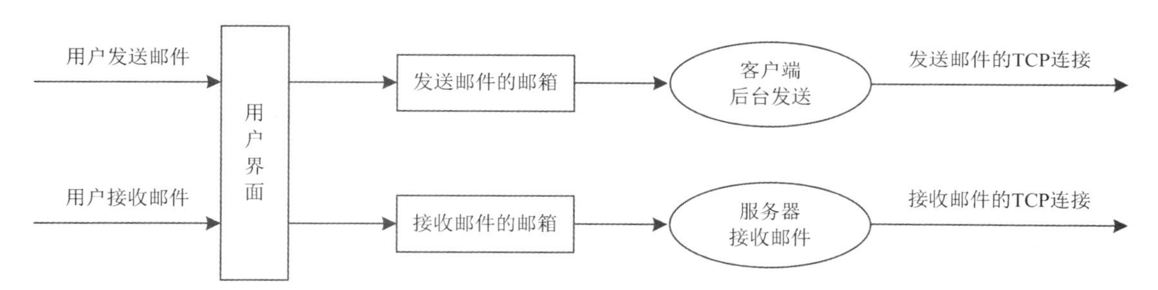

图 6-3-2 TCP/IP 电子邮件系统

2. 简单邮件传输协议 SMTP

简单邮件传输协议 SMTP 是最常用的邮件传输协议。SMTP 协议的主要作用是可以将电子邮件从发送方的计算机准确无误地传送到接收方的电子邮箱中。它的重要特点是邮件可以通过不同网络上的主机接力传送邮件。SMTP 是基于文本相对简单的邮件传输协议，所有通过 SMTP 发送的邮件都是普通文本，它不能直接传输声音、图像等非文本信息，但是可以使用 MIME 标准将非文本的二进制文件信息编码后再通过 SMTP 传输出去。

SMTP 采用客户/服务器模式的工作方式，SMTP 客户端是负责发送邮件的 SMTP 进程，SMTP 服务器是负责接收邮件的 SMTP 进程，这两个进程建立 TCP 连接后，电子邮件便可通过该标准准确无误地传输。

SMTP 规定了 14 条从客户端到服务器端的请求命令和 21 条从服务器端到客户端的响应信息。每条命令由 4 个字母组成，每条响应信息由 3 位数字代码组成。

SMTP 的请求命令较少，常用的有 8 条命令，见表 6-3-1。

表 6-3-1 SMTP 的请求命令

命令	描述
HELO	用于启动邮件传输过程
MAIL FROM	用于标识发信人，为收信人回复时可用的电子邮件地址
RCPT TO	用于标识单个收信人，在 MAIL 命令后面可有多个 RCPT 命令
DATA	用于将邮件报文发送给服务器
QUIT	用于终止客户端与服务器之间的连接
RSET	用于中止当前的邮件事务并使两端复位
VRFY	用于验证指定的用户/邮箱是否存在，即验证接收方地址是否正确
NOOP	空操作命令

SMTP 客户端的每个请求命令都会对应一条服务器响应信息，从服务器返回给客户端，表 6-3-2 给出 SMTP 的响应信息。

表 6-3-2 SMTP 的响应信息

代码	描述	代码	描述
211	系统状态或系统帮助响应	500	命令不可识别或语法错
214	帮助信息	501	参数语法错
220	服务准备就绪	502	命令不支持
221	关闭连接	503	命令顺序错
250	请求操作就绪	504	命令参数不支持
251	非本地用户，转发到 forward-path	550	操作未执行：邮箱不可用
354	开始邮件输入	551	非本地用户，请尝试 forward-path
421	服务不可用	552	操作中止：存储空间不足
450	操作未执行：邮箱忙	553	操作未执行：邮箱名不正确
451	操作中止：本地错误	554	传输失败
452	操作未执行：存储空间不足		

SMTP 是一种请求响应协议，客户端发送请求命令，服务器返回响应，二者通过这种方式进行交互，从而完成建立连接、传输数据和终止连接等邮件传输的三个阶段。下面给出具体的三个阶段的具体过程。

（1）客户端主动连接到服务器的 25 端口，建立 TCP 连接。服务器会发送一个应答码为 220 的问候报文，表示已经准备就绪。

（2）客户端向服务器发送 HELO 命令以标识发送方身份，若服务器接受请求，则返回一个代码为 250 的应答，表示可以开始报文传输。

（3）客户端发送 MAIL 命令以标识邮件发送方身份，通过 FROM 参数指定发送方的邮件地址。若服务器准备接收，则返回 250 的 OK 应答。

（4）客户端发送 RCPT 命令标识邮件的接收方，通过 TO 参数指定接收方的电子邮件地址，若有多个接收人，可发送多个 RCPT 命令。如果服务器能够识别接收人，则会返回代码为 250 的 OK 应答，否则返回代码为 550 的失败应答。

（5）客户端与服务器之间的协商结束，客户端发送 DATA 命令指示将要发送邮件数据，服务器返回应答码为 354 的响应进行确认，表示可以开始邮件输入。

（6）客户端将邮件内容按行发送，邮件末尾由客户端指定，是只有一个小数点（邮件数据结束指示器）的一行，服务器检测到邮件数据结束指示器后，返回代码为 250 的 OK 应答。

（7）客户端发送 QUIT 命令终止连接。

由于 SMTP 不需要身份验证，人们连接到邮件服务器就能随便给一个知道的邮箱地址发送邮件，造成垃圾邮件泛滥。后来就有了 ESMTP（Extended SMTP）。它和 SMTP 服务的区别是使用 ESMTP 发信时，需要经过身份验证才能发送邮件。即在 HELO 命令后多加一条 auth login 登录命令，登录成功后才能使用后续的发送邮件命令。

3、邮局协议 POP3

邮局协议 POP 是最常用的电子邮件接收协议。POP 的作用是在客户端与 POP 协议的邮件服务器建立连接后，会将服务器中的电子邮件准确无误地下载到客户端中。POP 协议是一种离线协议，不能对邮件进行实时在线更新操作，需下载到本地计算机后才可以对其进行相关处理操作，目前 POP 协议已发展到第三代，简称为 POP3。

POP3 与 SMTP 类似，都是请求响应协议，其命令与响应也采用 NVT ASCII 格式的文本表示。POP3 响应由状态码和其后的附加信息组成，状态码有两种，分别是“+OK”（正确）和“-ERR”（失败）。表 6-3-3 给出 POP3 的请求命令。

表 6-3-3 POP3 的请求命令

命令	描述
USER username	指定用户名
PASS password	指定密码
STAT	询问邮箱状态（如邮件总数和总字节数等）
LIST[Msg#]	列出邮件索引（邮件数量和每个邮件大小）
RETR[Msg#]	取回指定的邮件
DELE[Msg#]	删除指定的邮件
NOOP	空操作
RSET	重置所有标记为删除的邮件，用于撤销 DELE 命令
QUIT	提交修改并断开连接

邮局协议 POP3 的客户端与服务器连接时具有三种处理状态，分别是身份验证状态、事务处理状态、更新状态。它的工作原理如图 6-3-3 所示。

当客户端连接到服务器端的端口 110，同时建立 TCP 连接后，就会进入身份验证状态，这时需要使用 USER 和 PASS 命令将用户名和密码提供给服务器；身份验证通过之后，转入事务处理状态，此时客户端发送 POP3 相关命令进行相应操作，服务器接收到命令后会做出响应；相关操作完成后，客户端会发送 QUIT 命令，进入更新状态，服务器确认用户操作同时更新邮件存储区，并关闭客户端与服务器的连接。下面给出 POP3 客户端和服务器会话。

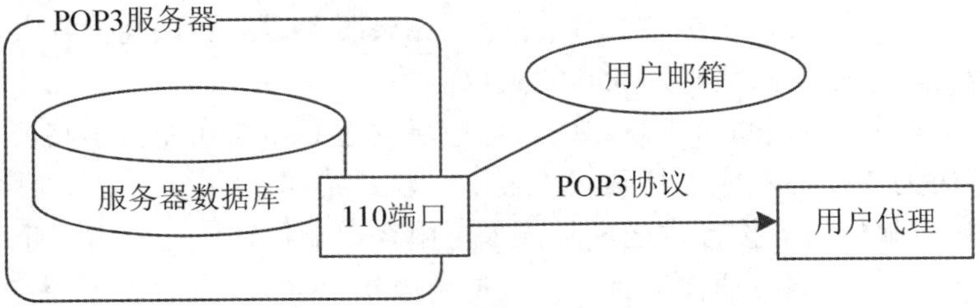

图 6-3-3　POP3 邮局协议工作原理

POP3 客户端和服务器会话示例：

S：<在 TCP 端口 110 等待连接>

C：<打开 TCP 连接> - telnet <服务器域名> 110

S：+OK oar pop3 server ready

C：USER your_userid

S：+OK your_userid is welcome here

C：PASS your_password

S：+OK your_userid’s maildrop has 4 messages　(320 octets)

S：.

C：STAT

S：+OK <邮件数量> <总大小>

C：RETR 4

S：+OK 200 octets

S：报文 4 的内容

S：.

C：DELE 4

S：+OK message 4 deleted

…………

三、任务实现

1．使用 Wireshark 捕获 POP3 数据包

（1）准备工作

1）申请一个 163 邮箱；

2）安装 Foxmail，将接收服务器设置为 POP3 服务器和发送服务器设置为 SMTP 服务器；

3）在 Foxmail 上添加 163 邮箱账户，如图 6-3-4 所示。

（2）打开 Wireshark 软件，选择正在联网的网卡，开始抓包，如图 6-3-5 所示。

（3）打开 Foxmail，选择收取邮件的邮箱，点击左上角收取，邮箱开始连接服务器，如图 6-3-6 所示。

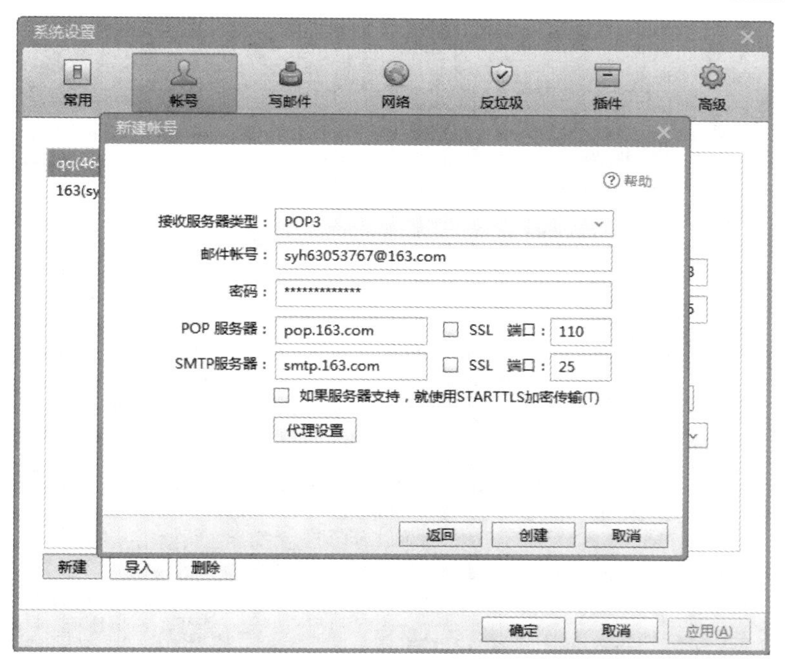

图 6-3-4　POP3 服务器设置

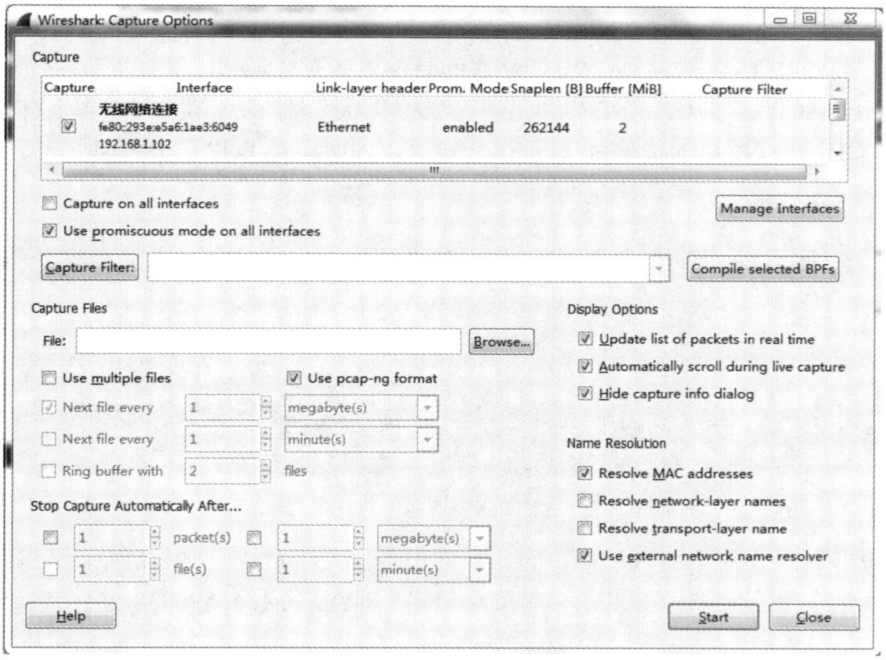

图 6-3-5　选择联网网卡

（4）关闭 Foxmail，停止 Wireshark 抓包，过滤 POP 包，账号和密码都被捕获到了，如图 6-3-7 所示。

图 6-3-6　选择收取邮件的邮箱

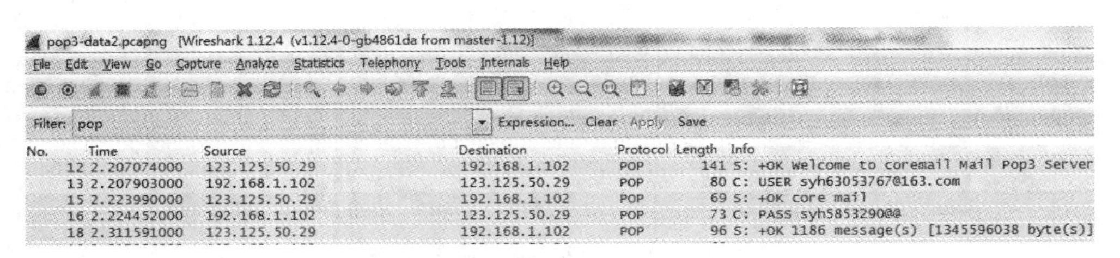

No.	Time	Source	Destination	Protocol	Length	Info
12	2.207074000	123.125.50.29	192.168.1.102	POP	141	S: +OK Welcome to coremail Mail Pop3 Server
13	2.207903000	192.168.1.102	123.125.50.29	POP	80	C: USER syh63053767@163.com
15	2.223990000	123.125.50.29	192.168.1.102	POP	69	S: +OK core mail
16	2.224452000	192.168.1.102	123.125.50.29	POP	73	C: PASS syh5853290@@
18	2.311591000	123.125.50.29	192.168.1.102	POP	96	S: +OK 1186 message(s) [1345596038 byte(s)]

图 6-3-7　捕获邮箱账号和密码

2. 使用 Wireshark 分析 POP3 数据包

客户端向 POP3 服务器发送 ASCII 码格式的命令，服务器响应由单独的命令行或多个命令行组成，响应以 ASCII 文本+OK 或-ERR 指出相应的操作状态是成功还是失败。其具体分析过程：

（1）POP3 协议默认的传输协议是 TCP 协议，因此连接 POP3 服务器时先要经过三次握手，如图 6-3-8 所示。

No.	Time	Source	Destination	Protocol	Length	Info
9	2.173788000	192.168.1.102	123.125.50.29	TCP	66	52099→110 [SYN] Seq=0 Win=8192 Len=0 MSS=1460 WS=4 SACK_PERM=1
10	2.190056000	123.125.50.29	192.168.1.102	TCP	66	110→52099 [SYN, ACK] Seq=0 Ack=1 Win=14600 Len=0 MSS=1440 SACK_PERM=1 WS=128
11	2.190251000	192.168.1.102	123.125.50.29	TCP	54	52099→110 [ACK] Seq=1 Ack=1 Win=66240 Len=0

图 6-3-8　连接 POP3 服务器三次握手

（2）客户端需要提供账号和密码，等待 POP3 服务器确认，如图 6-3-9 所示。

No.	Time	Source	Destination	Protocol	Length	Info
12	2.207074000	123.125.50.29	192.168.1.102	POP	141	S: +OK Welcome to coremail Mail Pop3 Server (163coms[726cd87d7
13	2.207903000	192.168.1.102	123.125.50.29	POP	80	C: USER syh63053767@163.com
14	2.223681000	123.125.50.29	192.168.1.102	TCP	54	110→52099 [ACK] Seq=88 Ack=27 Win=14720 Len=0
15	2.223990000	123.125.50.29	192.168.1.102	POP	69	S: +OK core mail
16	2.224452000	192.168.1.102	123.125.50.29	POP	73	C: PASS syh5853290@@

图 6-3-9　连接 POP3 服务器提供账号和密码

（3）认证成功后进入处理阶段。客户端向服务器发送命令码 STAT，服务器向主机发回邮箱的统计资料，包括邮件总数和总字节数（1186 个邮件，共 1345596038 个字节），如图 6-3-10 所示。

No.	Time	Source	Destination	Protocol	Length	Info
19	2.312396000	192.168.1.102	123.125.50.29	POP	60	C: STAT
20	2.328193000	123.125.50.29	192.168.1.102	TCP	54	110→52099 [ACK] Seq=145 Ack=52 Win=14720 Len=0
21	2.328700000	123.125.50.29	192.168.1.102	POP	75	S: +OK 1186 1345596038
22	2.329269000	192.168.1.102	123.125.50.29	POP	60	C: LIST
23	2.346077000	123.125.50.29	192.168.1.102	POP	1494	S: +OK 1186 1345596038

图 6-3-10　服务器向主机发回邮箱的统计资料

（4）客户端向服务器发送命令码 UIDL，服务器返回每个邮件的唯一标识符，如图 6-3-11 所示。

```
42 2.352732000  192.168.1.102   123.125.50.29   POP   60 C: UIDL
43 2.363175000  123.125.50.29   192.168.1.102   IMF   1494 [TCP Out-Of-Order] , 1 79901   , 132 3700   , 133 8122978   , 134
45 2.366087000  123.125.50.29   192.168.1.102   IMF   1494 [TCP Spurious Retransmission] , 5   , 259 1982   , 260 1212   , 2
47 2.366422000  123.125.50.29   192.168.1.102   IMF   1494 [TCP Spurious Retransmission] , 05   , 393 31684   , 394 5037
49 2.367749000  123.125.50.29   192.168.1.102   IMF   1494 [TCP Spurious Retransmission] , 530 25270   , 531 6352   , 532 4
51 2.384562000  123.125.50.29   192.168.1.102   IMF   1494 [TCP Previous segment not captured] , PW0sawmnZfgADsN   , 159 1t
53 2.384948000  123.125.50.29   192.168.1.102   IMF   1494 [TCP Previous segment not captured] , 1DQIIJU0vHh-CbQAAmu   , 2
55 2.385132000  123.125.50.29   192.168.1.102   IMF   1494 [TCP Out-Of-Order] , Aso   , 210 1tbiyAA5W0saXn2rmwABsp   , 211
57 2.401545000  123.125.50.29   192.168.1.102   POP   1494 [TCP Fast Retransmission] S: +OK 1186 1345596038
Transmission Control Protocol, Src Port: 110 (110), Dst Port: 52099 (52099), Seq: 17489, Ack: 64, Len: 1440
Post Office Protocol
Internet Message Format
  Message-Text
    PW0sawmnZfgADsN
    159 1tbiDR+Ww0ojR7lyZQAAsf
    160 1tbiDQCaW0ojR9M9SQAASF
    161 1tbiPR+mW0foqgEE7QAAsy
    162 1tbiPRypW0foqg9eSwABsN
```

图 6-3-11　邮件唯一标识符

（5）客户端向服务器发送命令码 LIST，服务器返回邮件数量和每个邮件的大小，如图 6-3-12 所示。

```
22 2.329269000  192.168.1.102   123.125.50.29   POP   60 C: LIST
23 2.346077000  123.125.50.29   192.168.1.102   POP   1494 S: +OK 1186 1345596038
24 2.346456000  123.125.50.29   192.168.1.102   IMF   1494 [TCP Previous segment no
26 2.346748000  123.125.50.29   192.168.1.102   IMF   1494   . 801 27253   . 802 229
Frame 23: 1494 bytes on wire (11952 bits), 1494 bytes captured (11952 bits) on interface 0
Ethernet II, Src: Tp-LinkT_dd:22:b6 (bc:d1:77:dd:22:b6), Dst: HonHaiPr_40:f5:f8 (c0:f8:da:40:f5:f8)
Internet Protocol Version 4, Src: 123.125.50.29 (123.125.50.29), Dst: 192.168.1.102 (192.168.1.102)
Transmission Control Protocol, Src Port: 110 (110), Dst Port: 52099 (52099), Seq: 166, Ack: 58, Len: 1440
Post Office Protocol
  +OK 1186 1345596038\r\n
    Response indicator: +OK
    Response description: 1186 1345596038
  1 2259\r\n
  2 39408\r\n
  3 7290\r\n
  4 447156\r\n
  5 33292\r\n
  6 905205\r\n
  7 2260\r\n
```

图 6-3-12　邮件数量和每个邮件的大小

（6）客户端向服务器发送命令码 QUIT，终止会话，如图 6-3-13 所示。

```
4497 40.050835000  192.168.1.102   123.125.50.29   POP   60 C: QUIT
4498 40.071125000  123.125.50.29   192.168.1.102   POP   69 S: +OK core mail
```

图 6-3-13　客户端向服务器发送退出命令码

从上述实验分析结果可知，邮箱账号和密码登录过程为：首先，邮件发送到服务器后，客户端会调用客户端程序连接服务器，进行账户和密码验证；其次，身份验证通过后向服务器发送命令码，获得所有未读邮件并发送到客户端中，从而完成登录过程和新邮件的读取工作。从抓包过程来看，客户端采用明码向服务器发送用户名和密码，服务器等待客户端的认证连接，客户端发出连接请求，将命令组成的 user/pass 信息数据以明文发送给服务器。

3. 使用 Wireshark 捕获 SMTP 报文

（1）准备工作

软件和客户端的安装配置同 POP3 的类似。

（2）打开 Foxmail 客户端，点击“写邮件”按钮。填写收件人账号和主题，输入邮件内容，如图 6-3-14 所示。

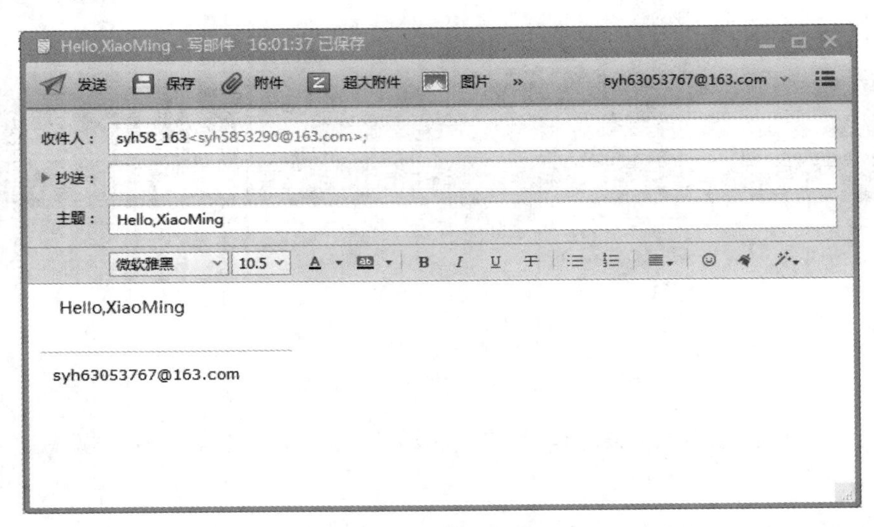

图 6-3-14 写邮件

（3）打开 Wireshark 软件，选择正在联网的网卡，开始抓包，如图 6-3-15 所示。

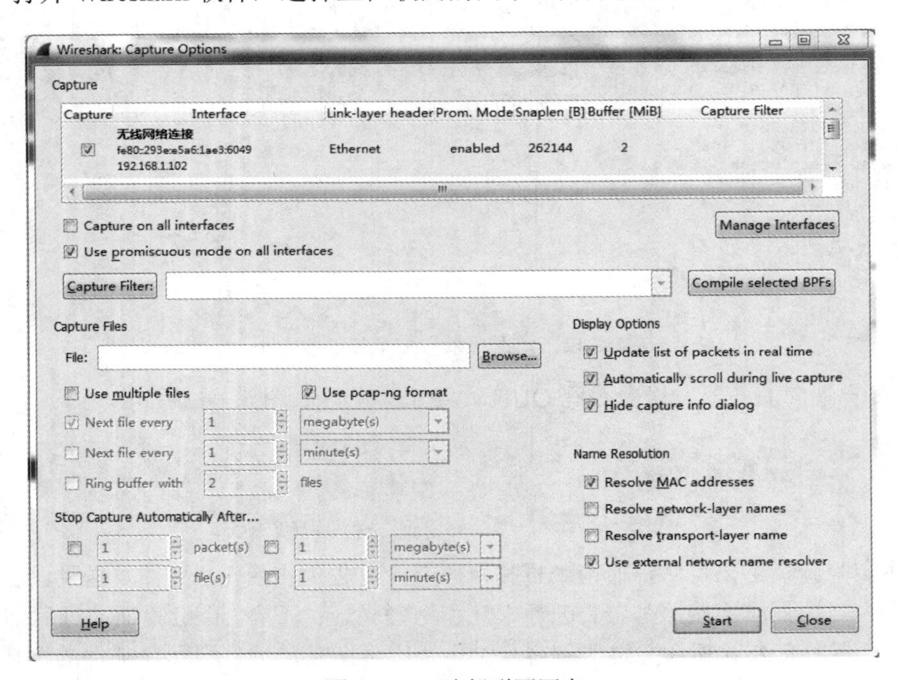

图 6-3-15 选择联网网卡

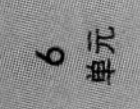

（4）在 Foxmail 客户端写邮件窗口，点击左上角的“发送”按钮，发送已经编写好的邮件，发送成功后，关闭界面。

（5）停止 Wireshark 抓包，过滤 SMTP 包，邮件传输 SMTP 包捕获到了，如图 6-3-16 所示。

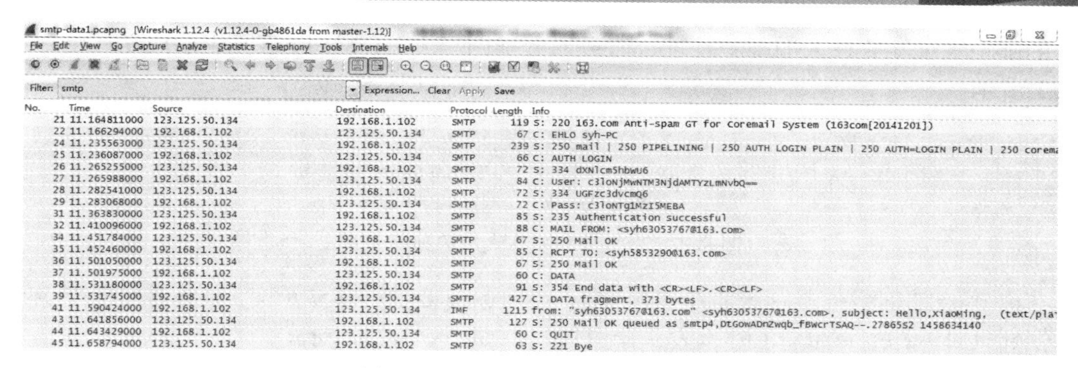

```
smtp-data1.pcapng [Wireshark 1.12.4 (v1.12.4-0-gb4861da from master-1.12)]
File Edit View Go Capture Analyze Statistics Telephony Tools Internals Help
Filter: smtp    Expression... Clear Apply Save
No. Time         Source          Destination     Protocol Length Info
 21 11.164811000 123.125.50.134  192.168.1.102   SMTP      119 S: 220 163.com Anti-spam GT for Coremail System (163com[20141201])
 22 11.166294000 192.168.1.102   123.125.50.134  SMTP       67 C: EHLO syh-PC
 24 11.235563000 123.125.50.134  192.168.1.102   SMTP      239 S: 250 mail | 250 PIPELINING | 250 AUTH LOGIN PLAIN | 250 AUTH=LOGIN PLAIN | 250 corema
 25 11.236087000 192.168.1.102   123.125.50.134  SMTP       66 C: AUTH LOGIN
 26 11.265255000 123.125.50.134  192.168.1.102   SMTP       72 S: 334 dXNlcm5hbWU6
 27 11.265988000 192.168.1.102   123.125.50.134  SMTP       84 C: User: c3loNjMwNTM3NjdAMTYzLmNvbQ==
 28 11.282541000 123.125.50.134  192.168.1.102   SMTP       72 S: 334 UGFzc3dvcmQ6
 29 11.283068000 192.168.1.102   123.125.50.134  SMTP       72 C: Pass: c3loNTg1MzI5MEBA
 31 11.363830000 123.125.50.134  192.168.1.102   SMTP       85 S: 235 Authentication successful
 32 11.410096000 192.168.1.102   123.125.50.134  SMTP       88 C: MAIL FROM: <syh63053767@163.com>
 34 11.451784000 123.125.50.134  192.168.1.102   SMTP       67 S: 250 Mail OK
 35 11.452460000 192.168.1.102   123.125.50.134  SMTP       85 C: RCPT TO: <syh5853290@163.com>
 36 11.501050000 123.125.50.134  192.168.1.102   SMTP       67 S: 250 Mail OK
 37 11.501975000 192.168.1.102   123.125.50.134  SMTP       60 C: DATA
 38 11.531180000 123.125.50.134  192.168.1.102   SMTP       91 S: 354 End data with <CR><LF>.<CR><LF>
 39 11.531745000 192.168.1.102   123.125.50.134  SMTP      427 C: DATA fragment, 373 bytes
 41 11.590424000 192.168.1.102   123.125.50.134  IMF      1215 from: "syh63053767@163.com" <syh63053767@163.com>, subject: Hello,XiaoMing,  (text/pla
 43 11.641856000 123.125.50.134  192.168.1.102   SMTP      127 S: 250 Mail OK queued as smtp4,DtGowADnZwqb_fBWcrTSAQ--.278655S2 1458634140
 44 11.643429000 192.168.1.102   123.125.50.134  SMTP       60 C: QUIT
 45 11.658794000 123.125.50.134  192.168.1.102   SMTP       63 S: 221 Bye
```

图 6-3-16 捕获邮件传输 SMTP 包

4. 使用 Wireshark 分析 SMTP 报文

SMTP 协议的发送和接收是通过会话方式完成，即是通过发送端的 SMTP 命令和接收端反馈的应答来完成的。首先，通信链路建立完成后，SMTP 发送端发送 MAIL 命令给邮件发送者，SMTP 接收端成功接收邮件则给出 OK 的应答，否则给出 ERR 的应答；然后 SMTP 发送端继续发送 RCPT 命令确认邮件是否收到，SMTP 接收端成功接收到则给出 OK 的应答，否则给出 ERR 的应答；双方如此反复多次会话，直到邮件处理结束为止，具体过程如下：

（1）SMTP 协议默认的传输协议是 TCP 协议，因此客户端与服务器建立连接时先要进行三次握手，如图 6-3-17 所示。

```
 8 10.104290000 192.168.1.102   123.125.50.134  TCP   66 53230→25 [SYN] Seq=0 Win=8192 Len=0 MSS=1460 WS=4 SACK_PERM=1
 9 10.118686000 123.125.50.134  192.168.1.102   TCP   66 25→53230 [SYN, ACK] Seq=0 Ack=1 Win=14600 Len=0 MSS=1440 SACK_PERM=1 WS=128
10 10.118874000 192.168.1.102   123.125.50.134  TCP   54 53230→25 [ACK] Seq=1 Ack=1 Win=66240 Len=0
```

图 6-3-17 连接 SMTP 服务器三次握手

（2）客户端向服务器发送命令“HELO”，加上本机主机名（syh-PC），服务器响应并回复 250 表示服务器可用，如图 6-3-18 所示。

```
22 11.166294000 192.168.1.102   123.125.50.134  SMTP   67 C: EHLO syh-PC
23 11.235270000 123.125.50.134  192.168.1.102   TCP    54 25→53230 [ACK] Seq=66 Ack=14 Win=14720 Len=0
24 11.235563000 123.125.50.134  192.168.1.102   SMTP  239 S: 250 mail | 250 PIPELINING | 250 AUTH LOGIN PLAIN | 250 AUTH=LOGIN PLAIN | 250 core
```

图 6-3-18 请求连接 SMTP 服务器会话

（3）客户端向服务器发送用户登录命令“AUTH LOGIN”，服务器回复 334 表示接受，如图 6-3-19 所示。

```
25 11.236087000 192.168.1.102   123.125.50.134  SMTP   66 C: AUTH LOGIN
26 11.265255000 123.125.50.134  192.168.1.102   SMTP   72 S: 334 dXNlcm5hbWU6
```

图 6-3-19 请求登录 SMTP 服务器会话

（4）客户端分别向服务器发送编码后的用户名和密码，服务器分别回复 334、235 表示接受，如图 6-3-20 所示。

```
27 11.265988000 192.168.1.102   123.125.50.134  SMTP   84 C: User: c3loNjMwNTM3NjdAMTYzLmNvbQ==
28 11.282541000 123.125.50.134  192.168.1.102   SMTP   72 S: 334 UGFzc3dvcmQ6
29 11.283068000 192.168.1.102   123.125.50.134  SMTP   72 C: Pass: c3loNTg1MzI5MEBA
30 11.345955000 123.125.50.134  192.168.1.102   TCP    54 25→53230 [ACK] Seq=287 Ack=74 Win=14720 Len=0
31 11.363830000 123.125.50.134  192.168.1.102   SMTP   85 S: 235 Authentication successful
```

图 6-3-20 用户名和密码会话

（5）客户端分别向服务器发送“MAIL FROM”和“RCPT TO”命令，后面分别加上发件人的邮箱地址和收件人的邮箱地址，服务器分别回应“250 Mail OK”表示成功接受，如图6-3-21所示。

```
32 11.410096000  192.168.1.102     123.125.50.134   SMTP   88 C: MAIL FROM: <syh63053767@163.com>
33 11.437029000  123.125.50.134    192.168.1.102    TCP    54 25→53230 [ACK] Seq=318 Ack=108 Win=14720 Len=0
34 11.451784000  123.125.50.134    192.168.1.102    SMTP   67 S: 250 Mail OK
35 11.452460000  192.168.1.102     123.125.50.134   SMTP   85 C: RCPT TO: <syh5853290@163.com>
36 11.501050000  123.125.50.134    192.168.1.102    SMTP   67 S: 250 Mail OK
```

图 6-3-21　发件和收件人邮箱地址会话

（6）客户端向服务器发送命令“DATA”，将向服务器发送邮件正文，服务器回应“354 End data with <CR><LF>.<CR><LF>”表示同意接收，如图6-3-22所示。

```
37 11.501975000  192.168.1.102     123.125.50.134   SMTP   60 C: DATA
38 11.531180000  123.125.50.134    192.168.1.102    SMTP   91 S: 354 End data with <CR><LF>.<CR><LF>
39 11.531745000  192.168.1.102     123.125.50.134   SMTP  427 C: DATA fragment, 373 bytes
40 11.590268000  123.125.50.134    192.168.1.102    TCP    54 25→53230 [ACK] Seq=381 Ack=518 Win=15744 Len=0
```

图 6-3-22　发送邮件正文会话

（7）客户端将邮件拆分为1个大小为373bytes的包发送给服务器，服务器回应250表示成功接收，如图6-3-23所示。

```
39 11.531745000  192.168.1.102     123.125.50.134   SMTP   427 C: DATA fragment, 373 bytes
40 11.590268000  123.125.50.134    192.168.1.102    TCP     54 25→53230 [ACK] Seq=381 Ack=518 Win=15744 Len=0
41 11.590424000  192.168.1.102     123.125.50.134   IMF   1215 from: "syh63053767@163.com" <syh63053767@163.com>, subject: Hello,XiaoMing,
42 11.608944000  123.125.50.134    192.168.1.102    TCP     54 25→53230 [ACK] Seq=381 Ack=1679 Win=18048 Len=0
43 11.641856000  123.125.50.134    192.168.1.102    SMTP   127 S: 250 Mail OK queued as smtp4,DtGowADnZwqb_fBWcrTSAQ--.27865S2 1458634140
```

图 6-3-23　邮件成功接收会话

（8）邮件成功发送到服务器，客户端发送命令“QUIT”，释放连接，服务器回应221表示同意，如图6-3-24所示。

```
44 11.643429000  192.168.1.102     123.125.50.134   SMTP   60 C: QUIT
45 11.658794000  123.125.50.134    192.168.1.102    SMTP   63 S: 221 Bye
46 11.662486000  123.125.50.134    192.168.1.102    TCP    54 25→53230 [FIN, ACK] Seq=463 Ack=1685 Win=18048 Len=0
47 11.662596000  192.168.1.102     123.125.50.134   TCP    54 53230→25 [ACK] Seq=1685 Ack=464 Win=65776 Len=0
49 13.065621000  192.168.1.102     123.125.50.134   TCP    54 53230→25 [RST, ACK] Seq=1685 Ack=464 Win=0 Len=0
```

图 6-3-24　释放连接会话

（9）邮件信息分析包括邮件的发送日期、发件人名称和地址、收件人的名称和地址、邮件主题、客户端的信息、正文内容等，如图6-3-25所示。

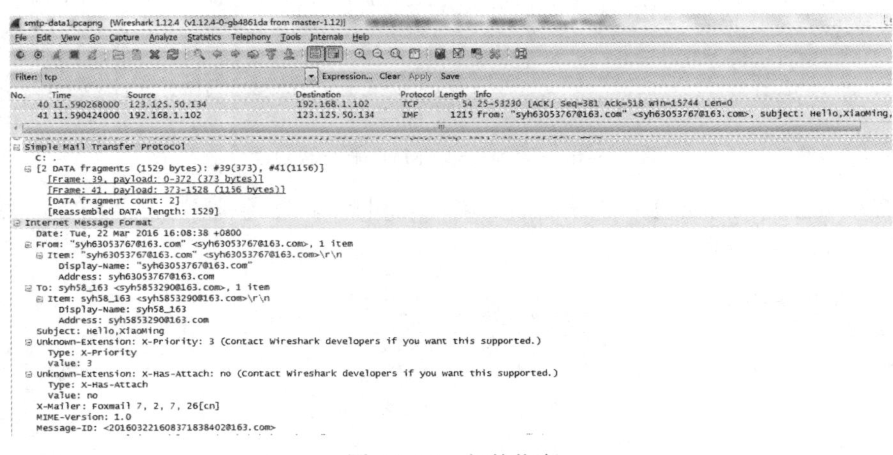

图 6-3-25　邮件信息

从上述分析结果可知，SMTP 协议是基于 TCP 协议的网络发送邮件协议。邮件的发送和接收的全过程为：首先，客户端和服务器通信过程中，向服务器发送不同的命令，会得到服务器的不同回应可知是否成功，直至邮件发送成功为止；然后服务器通过建立成功的传输通道将邮件信息发送到服务器上，最后，收件人通过 POP 协议从服务器上下载对应的邮件，进而完成邮件的发送和接收过程。

四、知识扩展

最后，为了拓展知识，介绍下网络邮件访问协议 IMAP4 的相关知识。

IMAP 是采用客户/服务器方式工作，目前最新版本是第 4 代，简称 IMAP4。网络邮件访问协议 IMAP4 是 POP3 的升级协议，但与 POP3 的离线协议不同的是，IMAP4 是联机协议，对邮箱的任何操作都会同步到 ISP 服务器上。

IMAP4 是一个全面的邮件访问协议，主要提供了邮件检索和邮件处理的新功能，适合需要在多个不同计算机上工作的移动用户，或者需要访问和维护多个不同邮箱的用户使用，允许用户像在本地计算机上一样管理服务器上的电子邮件，允许用户有选择地从邮件服务器上下载邮件，并提供共享功能。

IMAP4 有三种工作模式，分别是在线模式、离线模式、断线模式。离线模式和 POP3 一样；在线模式下，用户像在本地计算机上一样管理服务器上的电子邮件；断线模式下，客户端和服务器分离开，但客户在本地对邮件的操作都会被记录下来，当二者建立连接后，客户端的所有操作状态都会及时同步到远程服务器上，同理，在服务器更新的状态也会及时同步到客户端上。

IMAP4 命令比 POP3 多且复杂，二者之间最大的区别是 IMAP4 每条命令前都需带有一个标记/标签，服务器返回的响应也带有对应命令的标签，即是客户端和服务器借助标签来联系响应与命令组合。IMAP4 命令格式：<标记> command <参数>

由于 IMAP4 命令很多，以下只列出几个常用命令的详解：

<tag> login <user> <pass>：登录命令，后面附带用户名和密码两个参数，IMAP4 只能先登录后才能对邮箱数据操作；

<tag> list <base> <template>：列出邮箱中已有的文件夹，base 为用户登录目录，template 为要显示的邮箱名，可使用“*”通配符；

<tag> select <folder>：让客户端选定某个邮箱（folder），表示即将对该邮箱内的邮件操作，服务器会返回邮箱状态和邮件的附加信息等；

<tag> fetch <mail id> <datanames>：用于读取邮件的文本信息，且仅用于显示的目的。mail id：表示希望读取的邮件号（该参数可以是一个邮件号，也可以是由逗号分隔的多个邮件号，或者由冒号间隔的一个范围）；datanames：能够被独立返回的邮件的一部分，参数值有：

all：返回一定格式的邮件摘要，包括邮件标志、时间和信封信息等；

body：只返回邮件体文本格式和大小的摘要信息；

……

<tag>logout：logout 命令使当前登录用户退出登录并关闭所有打开的邮箱，任何做了\deleted 标记的邮件都将在这个时候被删除。

<tag> store <mail id> <new attributes>：store 命令用于修改指定邮件的属性，包括给邮件打上已读标记、删除标记，等等。

本单元小结

高层协议是网络协议的重要内容。熟悉高层协议的工作原理和流程，对于深入学习网络编程将大有帮助。本章主要介绍了文件传输协议、万维网协议、电子邮件协议的工作原理和理论知识，然后结合具体的 FTP、HTTP、SMTP、POP3 协议进行知识点的介绍，使用 Wireshark 工具详细分析了每个协议的原理和具体应用，加深了理论和实践的结合度，达到了学以致用的目的。最后给出了知识拓展，介绍了高层协议的相关知识，开拓知识视野。

习题 6

一、选择题

1．电子邮件程序向邮件服务器中发送邮件时使用的协议是（　　）。

A．PPP　　B．POP3　　C．P-to-P　　D．SMTP

2．WWW 的基础协议是（　　）。

A．HTTP　　B．FTP　　C．POP3　　D．BT

3．在下面服务中，（　　）不属于 Internet 标准的应用服务。

A．WWW 服务　　B．E-mail 服务　　C．FTP 服务　　D．NetBIOS 服务

4．电子邮件地址 stu@zzdx.com 中的 zzdx.com 代表的是（　　）。

A．用户名　　B．邮件服务器名称　　C．学校名　　D．学生姓名

5．地址 ftp://210.43.144.45 中的 ftp 指的是（　　）。

A．协议　　B．网址　　C．新闻组　　D．邮件信箱

6．网络协议是支撑网络运行的通信规则，能够快速上传、下载图片、文字资料的是（　　）。

A．POP3 协议　　B．FTP 协议　　C．HTTP 协议　　D．TCP/IP 协议

7．WWW 客户端与 WWW 服务器之间的信息传输使用的协议为（　　）。

A．SMTP　　B．HTML　　C．IMAP　　D．HTTP

8．在下列选项中，哪一个选项最符合 HTTP 代表的含义？（　　）。

A．高级程序设计语言　　B．网域

C．域名　　D．超文本传输协议

9．假设某用户上网时输入 http://www.zzdx.edu.cn，其中的 http 是______。

A．文件传输协议　　B．超文本传输协议

C．计算机主机域名　　D．TCP/IP 协议

二、名词解释

1．FTP　　2．HTTP　　3．SMTP　　4．POP3

三、简答题

1．简述 IMAP 与 POP3 协议的区别和联系。

2．简述 FTP 协议的工作原理和流程。

3．简述 HTTP 协议的工作原理和流程。

7

IPv6 协议

本单元介绍 IPv6 协议，主要包括 IPv6 地址表示形式、地址类型和地址表示，IPv6 的工作原理和流程，IPv6 协议的报文格式，同时，还将学习如何使用 Wireshark 工具捕获 IPv6 报文，通过对捕获报文的分析，更深入地理解 IPv6 协议的工作过程。

内容摘要：

- IPv6 概述和报文格式
- IPv6 首部和过渡
- 使用 Wireshark 抓取分析 IPv6 数据包

学习目标：

- 理解 IPv6 的工作原理
- 掌握 IPv6 协议的报文格式
- 熟练使用 Wireshark 分析 IPv6 报文

任务 1　IPv6 地址

知识与技能：

- 掌握 IPv6 的概念和格式
- IPv6 的安装和隧道测试

一、任务背景介绍

当前使用的 IPv4 技术是第二代互联网技术，其核心技术属于美国。IPv4 最大的问题是网络地址资源有限，从理论上讲，可编址 1600 万个网络、40 亿台主机。IPv4 采用 A、B、C 三类编址方式，致使可用的网络地址和主机地址的数目大幅下降，造成 IP 地址已于 2011 年 2 月 3 日分配完毕。目前，IP 地址北美占有 3/4，约 30 亿个，而占有世界人口最多的亚洲只有不到

4 亿个，中国 IPv4 地址数量达到 2.5 亿，远落后于 4.2 亿网民的需求。IPv4 地址不足，严重地阻碍和制约了中国及其他国家互联网的应用和发展。

随着电子技术和网络技术的飞速发展，计算机网络深入到人类的日常生活和社会生活中，全球进入了移动互联网时代。但是 IPv4 地址数量有限，在这样的情况下，IPv6 顺应时代的需求应运而生。从数量级上看，IPv6 拥有地址容量为 IPv4 的 8×10^{28} 倍，达到 2^{128} 个。IPv6 不仅解决了网络地址数量有限问题，而且也为各种物联网设备接入互联网提供了充足的网络地址。IPv6 有利于互联网的长久持续发展，所以有必要对 IPv6 地址进行学习。

二、知识点介绍

1. 地址表示形式

IPv6 的地址表示形式有三种，包括十六进制、压缩形式和混合形式。

首先，十六进制是首选形式，它的表示形式是 n:n:n:n:n:n:n:n，每个 n 由 4 个十六进制数表示，比如：8EEE:BBBF:7834:EB45:1FF5:67CC:FFFF:3BFB。

其次，压缩形式是为了简化地址中连续重复出现由 0 组成的长字符串，缩短地址的长度。在压缩形式中，多个连续重复出现的 0 可以用双冒号（::）表示，并且该符号只能在地址中出现一次。比如，多路广播地址 FFBE:0:0:0:0:0:4567:7834 的压缩形式为 FFED::4567:7834；单播地址 3FFE:FFFF:0:0:0:BFE4:4521:6 的压缩形式为 3FFE:FFFF::BFE4:4521:6；环回地址 0:0:0:0:0:0:0:1 的压缩形式为::1；未指定的地址 0:0:0:0:0:0:0:0 的压缩形式为 ::。

最后，混合形式的表示形式是 n:n:n:n:n:n:d.d.d.d，每个 n 由 4 个十六进制数表示，每个 d 由 3 个十进制数表示，该表示形式是 IPv4 和 IPv6 地址表示形式的组合方式，例如，8EEE:BBBF:7834:EB45:202:102:224:158。

2. 地址类型

IPv6 的地址类型分为两类：单播地址和组播地址。

（1）单播地址

IPv6 单播地址在结构上分成两个部分：地址前缀部分和接口标识符部分。IPv6 地址前缀简明方式可表示为：IPv6 地址/前缀长度，例如，8FFB:CCDF:FCDB:45FF:0:0:0:0/64，这是具有 64 位前缀的地址示例，它的前缀是 8FFB:CCDF:FCDB:45FF。

单播地址是主要用于单个接口的标识符，任何发送到单播地址的数据包都会传递给标识的接口。是通过高序列八位字节值来区分单播和多播地址，多播地址的高序列八位字节的值是 FF，单播地址的高序列八位字节的值是非 FF。另外，单播地址包括全局地址、保留地址、私有地址和环回地址，下面具体阐述具有不同类型的单播地址。

私有地址。私有地址也称为链路本地地址。当系统启动时或系统没有得到大范围的地址时，该地址就会用在链路上各个节点之间，用于邻居发现、自动地址配置、没有路由器等情况。链路本地地址形式可以表示为 FE80::InterfaceID。

站点本地地址。当系统不需要在全局前缀站点内寻址时，该地址主要用在单个站点，它的形式为：FEC0::SubnetID:InterfaceID。

全局地址。全局地址也称为可聚集全球地址，该地址可用在互联网上，并且具有以下格式：FP（3 位）、TLA ID（13 位）、Reserved（8 位）、NLA ID（24 位）、SLA ID（16 位）、InterfaceID（64 位）。

混合地址。混合地址是指嵌有 IPv4 地址的 IPv6 地址。这类地址主要用在自动隧道上，该类节点不仅支持 IPv4 也支持 IPv6，兼容的地址通过设备以隧道方式传送报文。

任播地址。任播地址主要用来替换 IPv4 广播地址。任播也称泛播，不同的节点具有不同或相同的接口标识符，因此发送给不同节点的数据包会被传递给地址标识符的所有接口。

（2）组播地址

IPv6 的组播地址在功能上和 IPv4 类似，表现为一组接口对接收到的流量都很感兴趣。

组播地址中有 16 比特说明组播的结构和功能。前 8 比特统一设置为 FF，表示组播方式；中间 4 比特表示地址生存期：0 是永久的，而 1 是临时的；最后 4 比特表示组播地址范围：1 为节点，2 为链路，5 为站点，8 为组织，而 E 是全局，表示整个因特网。

3. 地址表示

在 RFC2373 和 RFC2374 中规定 IPv6 网络地址长度为 128 位。IPv6 地址国际上一般宜采用十六进制形式表示。IPv6 中可能的地址大概有 3.4×10^{38} 个。

IPv6 的结构由两个部分组成，一个是 64 位的网络前缀，另一个是 64 位的主机地址。网络前缀主要作用是标示网络，在任务 2 中会给出详细阐述；主机地址主要作用是标示物理主机即 64 位扩展唯一标识，它由物理地址自动生成，又称为 EUI-64。

IPv6 地址共有 128 位，为了表示方便，一般用八组 4 个十六进制数表示，比如，8EEE:0:0:0:0:0FFF:0000:00FB 是一个合法的 IPv6 地址。这 32 个十六进制数比较长，这里可以使用零压缩方法来表示，若 IPv6 地址中连续重复出现的段位值均是 0，则这些 0 段位可以使用::来表示，所以上述地址可以简化为 8EEE::0FFF :0000:00FB。其中简化的段位只能是 0，并且其前后的 0 不能简化，且整个地址中只能简化一次。

8002: 0EF6:0000:0000:0000:0000:5678:0000

8002: 0EF6:0000:0000:0000::5678:0000

8002: 0EF6:0:0:0:0: 5678:0000

8002: 0EF6:0::0:0: 5678:0000

8002: 0EF6::5678:0000

上述地址都是合法的并且等价的，但是如果出现 8002:0EF6::5678::这种表示方法则是错误的，这种表示方法会使系统弄不清楚每个压缩中有几个全零的分组。在上述地址表示方法中，前导的 0 是可以省略的，比如：0FB2: 0EF6::0678:0BBF 等价于 FB2: EF6::678:BBF。

IPv6 地址用来扩展 IPv4 地址的范围，所以 IPv6 地址中可以嵌入 IPv4 地址。在 IPv6 地址中嵌入 IPv4 地址的方法有两种：IPv4 映像地址和 IPv4 兼容地址。IPv4 映像地址的通用格式为::FFFF: IPv4 地址，比如::FFFF: 192.168.1.100，这个地址是 IPv6 地址，它是 IPv6 地址的简化写法，实际上为 0000:0000:0000:0000:0000:FFFF: 192.168.1.100。因此，IPv4 映像地址布局为| 80bits |16 | 32bits |，或为|0000...... 0000 | FFFF | IPv4 地址|。

IPv4 兼容地址的通用格式为::IPv4 地址，比如::192.168.1.100，这个地址是 IPv6 地址，它是 IPv6 地址的简化写法，实际上为 0000:0000:0000:0000:0000: 0000: 192.168.1.100。因此，IPv4 兼容地址布局为| 80bits |16 | 32bits |，或为|0000...... 0000 | 0000 | IPv4 地址|。但是目前 IPv4 兼容地址已被抛弃了，故而未来的设备和程序中不会支持这种格式。

为了方便对 IPv6 的理解，便于区别 IPv4 和 IPv6，下面给出二者的关键项，参见表 7-1-1。

表 7-1-1　IPv4 和 IPv6 对比项

项目 \ IP	IPv6	IPv4
地址位数	长度 128 位	长度 32 位
公共地址	可聚集全球单点传送地址	无
本地地址	FE80::/64	169.254.0.0/16
多点传送地址	FF00::/8	224.0.0.0/4
广播地址	未定义	包括广播地址
网络表示	用前缀长度格式表示	点分十进制格式的子网掩码表示
地址格式表示	冒号分十六进制格式	点分十进制格式
未指明地址	::	0.0.0.0
环路地址	::1	127.0.0.1
域名解析	IPv6 主机地址资源记录	IPv4 主机地址资源记录
地址划分	未对地址划分	划分 5 类地址
逆向域名解析	IPv6.INT 域	IN-ADDR.ARPA 域
专用地址	FEC0::/48	10.0.0.0/8,172.16.0.0/12,192.168.0.0/16

三、任务实现

1. IPv6 安装

（1）Windows 2000 操作系统

①升级 Windows 操作系统的补丁包到 SP4;

②运行补丁包“tcpipv6-sp4.exe”;

③先依次打开“控制面板”→“网络和拨号连接”，右键点击“本地连接”，再依次打开“属性”→“安装”→“协议”，选择“MSR IPv6 Protocol”协议，便成功安装 IPv6 协议栈。

（2）Windows XP/Windows 2003 操作系统

①打开 CMD 窗口输入命令“ipv6 install”，安装 IPv6 协议栈;

②在 CMD 窗口中输入命令“netsh”进入网络参数设置环境，接着输入命令“interface ipv6”并回车，进入“netsh interface ipv6>”画面显示，然后执行 add address"本地连接" 2003:da7:485::5678，完成 IPv6 地址设置工作;

③在上述网络参数设置环境中执行命令 add route ::/0 "本地连接"2003:da7:485::5676 publish=yes，完成 IPv6 默认网关设置工作;

④在 CMD 窗口中输入网络测试命令“ping6”、“tracert6”进行网络测试。

（3）Linux 操作系统

①输入命令“modprobe ipv6”进行 ipv6 协议的安装;

②输入命令“ifconfig eth0 inet6 add 2001:da8:2004:1000:202:116:160:41/64”进行手工添加配置固定 IPv6 地址;

③输入命令“route -A inet6 add default gw 2001:da8:2004:1000::1”进行 IPv6 默认网关设置;

④使用“ping6”或“traceroute6”命令进行 IPv6 网络测试。例如：

ping6 ipv6.scau.edu.cn

PING ipv6.scau.edu.cn（2001:da8:2004:1000:202:116:160:48) 56 data bytes

64 bytes from 2001:da8:2004:1000:202:116:160:48: icmp_seq=0 ttl=64 time=0.020 ms

64 bytes from 2001:da8:2004:1000:202:116:160:48: icmp_seq=1 ttl=64 time=0.019 ms

64 bytes from 2001:da8:2004:1000:202:116:160:48: icmp_seq=2 ttl=64 time=0.014 ms

这个显示表明 IPv6 已配置成功。

（4）Win7/Win8 操作系统

Win7/Win8 为自带不用安装。

2. 隧道测试

隧道测试主要是测试网络的连通性能和参数。在本节中主要采用 isatap 隧道方式测试。假设 isatap 隧道的开始点 IP 地址为 202.112.26.249，终结点 IP 地址为 202.112.26.246。

（1）Windows XP/2003 设置过程

C:\Documents and Settings\Administrator>netsh

netsh>int

netsh interface>ipv6

netsh interface>ipv6>install

netsh interface ipv6>isatap

netsh interface ipv6 isatap>set router isatap 202.112.26.246

（2）Win7 设置过程

首先依次打开“开始”→“程序”→“附件”→“命令提示符”，然后选择在开启的“命令提示符”窗口中执行两条命令：

netsh interface ipv6 isatap set router isatap 202.112.26.246

netsh interface ipv6 isatap set state enabled

（3）Linux 设置过程

首先打开终端窗口，依次输入如下命令：

ip tunnel add sit1 mode sit remote202.112.26.246 local a.b.c.d

ifconfig sit1 up

ifconfig sit1 add 2001:da8:8000:d010:0:5efe:a.b.c.d/64

ip route add ::/0 via 2001:da8:8000:d010::1 metric 1

上述命令中的 a.b.c.d 须使用用户真实的 IPv4 地址进行代替。上述命令配置成功后，在 ipconfig 后可以看到 2001:da8:8000:d010 为前缀的 IPv6 地址，hostid 为 5efe:a.b.c.d，其中 a.b.c.d 为用户真实使用的 IPv4 地址。

四、知识扩展

1. IPv6 特点

IPv6 相比 IPv4 具有自身独特的特点。首先，IPv6 地址长度为 128 位，网络地址数量增加了 2^{128}-2^{32} 个；其次，IPv6 具有灵活的 IP 报文头部格式，一方面通过固定格式的扩展头部替代了 IPv4 可变长度的选项字段，另一方面 IPv6 头部中选项部分有所变化，使得路由器简单路过而不用做任何处理，提高了报文处理的效率；第三，IPv6 支持较多的服务类型；第四，IPv6 简化了报文头部格式，保留八个字段，加快报文转发，提高吞吐量；第五，IPv6 协议扩展性能较好，协议可以继续演变，添加新功能，便于适应未来科技的发展；最后，身份认证和隐私权的使用提高了 IPv6 的安全性能。

2. 关键技术

IPv6 相比 IPv4 具有自身的关键技术，包括 IPv6 路由技术、IPv6 DNS 技术和 IPv6 安全技术。

首先，IPv6 路由技术原理是最长地址匹配原则，经过地址过滤和聚合选出最优路由路径，IPv6 路由延续了 IPv4 的 IPv4 IGP 和 BGP 的路由技术，包括 OSPFv2、RIP、BGP-4、ISIS 动态路由协议，同时使用新版本的 IPv6 协议，增加了新路由技术，包括 OSPFv3、RIPng、BGP4+、ISISv6。

其次，IPv6 DNS 是 IPv4 网络和 IPv6 网络体系结构的综合，也是统一树形结构的域名空间的共同拥有者，在 IPv4 到 IPv6 的过渡阶段，域名可对应多个 IPv4 和 IPv6 网络地址，但 IPv6 网络普及后，IPv6 地址将逐步取代 IPv4 的所有地址。

最后，IPv6 安全技术是 IPv6 通过 128 个字节的、IPsec 报文包头的 ICMP 地址解析，以及其他安全机制提高网络的安全性，IPv6 关键技术是从互联网体系的角度重点修正了 IPv4 的缺点，进一步完善和提升了互联网的结构和性能，满足了现实社会的需求。

任务 2　IPv6 的首部和过渡

知识与技能：

- 理解 IPv6 首部的概念和变化
- 掌握 IPv6 首部的字段含义和作用
- 理解 IPv4 向 IPv6 过渡的原因
- 掌握双协议栈和隧道技术原理

一、任务背景介绍

IP 协议是当今网络的核心协议，IPv4 协议在计算机的发展、网络规模和网络传输速率等方面已经不适应时代的需求，最重要的是 IPv4 协议的 32 位地址已经严重不够用，IP 地址完全耗尽了。为解决 IP 地址耗尽的问题，目前国内外通常采用三种方式。首先，采用无分类编址 CIDR 方法，使得 IP 地址的分配更加合理；其次，采用网络地址转换 NAT 方法，节省许多 IP 地址；最后，采用具有较大地址空间的新版本的 IPv6 协议。目前，前两项方法的采用使得 IP 地址的耗尽日期拖后了不少，但是不能从根本上解决耗尽问题，如要根治问题，必须采用第三种方法 IPv6 协议解决耗尽问题。

目前来看，IPv6 还是处于草案的标准阶段，若要更换新版的 IP 不是容易的事情，因为全世界的硬件和软件目前都支持 IPv4 协议，IPv4 应用领域广泛而且深入，改变局面不是短时间内可以做到的。但是及早从 IPv4 过渡到 IPv6 是有很多好处的，首先有较多的时间培养 IPv6 方面的人才，其次及早开始将会有充足的时间进行规划和平滑过渡，最后，及早提供 IPv6 服务会比较便宜。

目前绝大部分路由器在整个互联网上使用的协议都是 IPv4 协议，所以，所有的路由器从 IPv4 协议过渡到 IPv6 协议不是一两天可以实现的，而且这种过渡涉及的设备众多，软件升级复杂，难度比较大。在如此情况下，从 IPv4 过渡到 IPv6 可以采取逐步演进和逐步演化的过渡方法，要求过渡过程中 IPv6 新系统要能够兼容 IPv4 老系统，保证 IPv4 老系统能够在 IPv6 新系统中正常转发和接收 IPv4 数据包，能够为 IPv4 正常分组和选择路由。

因此，从 IPv4 系统过渡到 IPv6 系统是当前推行 IPv6 的重要课题，也是 IPv6 将来取代 IPv4 的重要途径。目前，这种过渡策略主要有双协议栈和隧道技术两种。

二、知识点介绍

1. IPv6 首部中的主要变化

IPv6 和 IPv4 相比，首部主要变化有八个方面，下面给出具体阐述。

首先，IPv6 具有更大的地址空间，IPv6 的地址从 IPv4 的 32 位扩大到 128 位，地址空间增大了 2^{96}，如此大的地址空间未来也是用不完的。

其次，支持资源的预分配。

第三，扩展了地址的层次结构，IPv6 有很大的地址空间，因此具有更多的层次结构。

第四，IPv6 协议实现自动配置功能，支持即插即用功能。

第五，改进的选项，IPv6 的数据包中包含有选项的控制信息，而 IPv4 中所规定的选项是固定不变的。

第六，灵活的首部格式，IPv6 定义了许多可选的扩展首部，不但可以提供比 IPv4 更多的功能，而且也可提高路由器的处理效率。

第七，协议扩充性能强，技术不断更新和新的应用不断出现，要求 IPv6 协议具有扩充功能，而 IPv4 协议功能固定不变。

最后，IPv6 首部为 8 字节对齐，IPv4 的首部是 4 字节对齐。

IPv6 数据报包括基本首部、扩展首部和数据三个部分，但基本首部后面的扩展首部不属于 IPv6 的数据报的首部内容，所有的扩展首部和数据合起来称为有效载荷。所以，IPv6 的数据报由基本首部和有效载荷两个部分组成，有效载荷包括了传输层的数据和可能选用的扩展首部。

2. IPv6 首部中各字段更改

IPv6 首部和 IPv4 首部比较而言，IPv6 对其首部的某些字段做了更改。

（1）去除了选项字段，采用扩展首部实现选项功能；

（2）去除了首部长度字段，原因是其长度固定不变；

（3）去除了协议字段，采用下一个首部字段；

（4）去除了服务类型字段，原因是流标号和优先级字段综合实现了服务类型字段功能；

（5）去除了校验和字段，加快了路由器处理报文速度；

（6）去除了总长度字段，采用有效载荷长度字段；

（7）TTL 字段更名为跳数限制字段，名称和作用一致，实至名归；

（8）去除了标识、标志和片偏移字段。

去除了首部中不必要的字段和功能，使得 IPv6 的首部字段数减少到 8 个，优化了配置。

3. IPv6首部中各字段的作用

下面给出IPv6基本首部各个字段的作用。

（1）版本字段占4个字节，表明协议的版本号，对IPv6协议而言它的值是6；

（2）通信量类字段占8个字节，用于区别IPv6数据报的类别和优先级；

（3）流标号字段占20个字节，用于实现资源预分配功能，尤其对实时音频和视频数据的网络对等传输，保证了数据实时传输的连续性和正确性、及时性，保证了传输质量；

（4）有效载荷字段占16个字节，用于指明除基本首部外的字节总数；

（5）下一个首部字段占8个字节，相当于IPv4的协议字段或可选字段；

（6）跳数限制字段占8个字节，用来预防数据包在网络中无限制的转发；

（7）源地址字段占128个字节，用来表明数据报发送端的IP地址；

（8）目的地址字段占128个字节，用来说明数据报接收端的IP地址。

4. 双协议栈过渡技术

双协议栈技术是指在当前的网络主机或路由器中同时装上IPv6协议和IPv4协议，因此，双协议栈的网络主机或路由器具有一个IPv6地址和一个IPv4地址，它不仅可以和IPv6新系统通信，而且也能和IPv4老系统通信。双协议栈的主机通过DNS域名系统查询目的主机的地址形式，如果查询到目的主机是IPv4地址，将采用IPv4的地址和IPv4设备进行通信，如果查询到目的主机是IPv6地址，将采用IPv6的地址和IPv6设备进行通信。

下面使用具体的示例来阐述使用双协议栈进行从IPv4到IPv6的过渡原理。如图7-2-1所示，M和R代表IPv6主机，N和Q代表使用双协议栈的路由器设备，O和P代表IPv4设备。从图可知IPv6主机M向IPv6主机R发送IPv6数据包的路径为：M到N，N到O，O到P，P到Q，Q到R。中间的N到Q这段网络采用的是IPv4协议，因此N不能直接转发M的IPv6数据包到使用IPv4协议的O设备中，但是N设备是使用双协议栈的路由器，故而N设备可以将M的IPv6报文首部转换为IPv4报文首部后的数据包再发送给使用IPv4协议的O设备路由器中。然后将上述转换首部后的数据包在IPv4网络中转发，直到到达具有双协议栈的Q设备的出口路由器中，Q路由器设备将该数据包的IPv4报文首部再恢复成IPv6首部。最后，由具有双协议栈的Q路由器设备将恢复后的IPv6报文转发给目的IPv6主机R，完成IPv6数据包经IPv4设备转发到IPv6设备中的任务，实现了通过使用双协议栈从IPv4过渡到IPv6的功能。

使用双协议栈将IPv6报文首部转换为IPv4报文首部时，或从IPv4报文首部恢复到IPv6报文首部时，IPv6报文首部的某些字段是会消失的，或无法恢复原来的值。例如图中从N设备到O设备的IPv6报文首部中丢失了流标号字段，从Q设备到R设备的IPv6报文首部无法恢复原来的流标号字段值。

5. 使用隧道过渡技术

隧道技术是指当IPv6数据报进入IPv4网络隧道时，将整个IPv6数据报封装成为IPv4数据报的数据部分，这样IPv6数据报便可以在IPv4网络隧道中传输，当IPv4数据报离开IPv4网络隧道时，将原来封装的数据部分即IPv6数据报，交给主机的IPv6协议栈，由该主机将IPv6数据报在IPv6的网络隧道中传输。

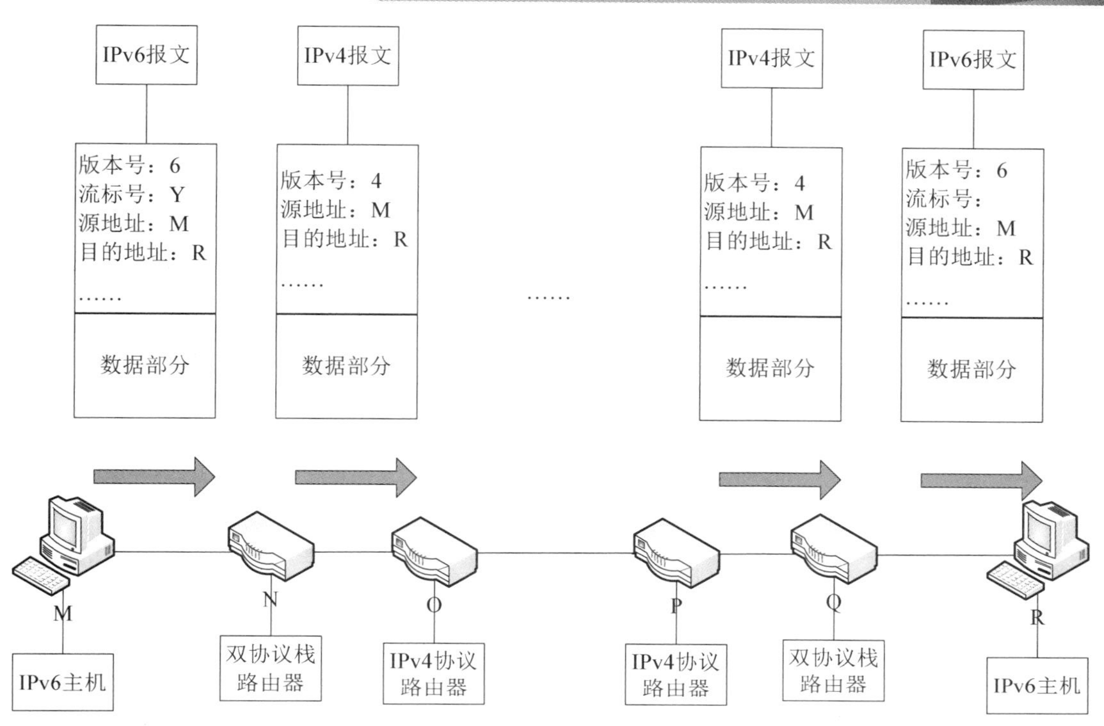

图 7-2-1　双协议栈通信原理

下面使用具体的示例来阐述使用隧道技术进行从 IPv4 到 IPv6 的过渡原理。如图 7-2-2 所示，M 和 R 代表 IPv6 主机，N 和 Q 代表使用双协议栈的路由器设备，O 和 P 代表 IPv4 设备。从图可知 IPv6 主机 M 向 IPv6 主机 R 发送 IPv6 数据包的路径为：M 到 N，N 到 O，O 到 P，P 到 Q，Q 到 R。中间的 N 到 Q 这段网络采用的是 IPv4 协议，因此 N 不能直接转发 M 的 IPv6 数据包到使用 IPv4 协议的 O 设备中，但是 N 设备是使用双协议栈的路由器，故而 N 设备可以将 M 的 IPv6 报文封装成 IPv4 报文中的数据部分后的数据包再发送给使用 IPv4 协议的 O 设备路由器中。然后将上述封装后的数据包在 IPv4 网络隧道中传输，直到到达具有双协议栈的 Q 设备的出口路由器中，Q 路由器设备将 IPv4 报文中封装的数据部分即 IPv6 数据报，交给主机的 IPv6 协议栈。最后，由具有双协议栈的 Q 路由器设备将恢复后的 IPv6 报文转发给目的 IPv6 主机 R，完成 IPv6 数据包经 IPv4 设备转发到 IPv6 设备中的任务，实现了通过使用隧道技术从 IPv4 过渡到 IPv6 的功能。

从上述示例的阐述中，可知在 IPv4 网络中打通了一个从 N 设备到 Q 设备数据传输的 IPv6 网络隧道，路由器设备 N 是隧道的入口，路由器设备 Q 是隧道的出口。从数据报的封装过程来看，在 IPv6 网络隧道中，N 是传送数据报的源地址，Q 是目的地址。在 IPv4 报文封装 IPv6 报文过程中，必须将 IPv4 报文首部的协议字段值设置为 41，这样具有双协议栈的主机才能识别 IPv4 报文中封装的数据是一个 IPv6 数据报。

三、任务实现

1. 使用 Wireshark 捕获 IPv6 数据包

（1）准备工作：2 台 IPv6 主机、2 台双协议栈路由器、2 台 IPv4 协议路由器、2 台 PC、抓包工具 Wireshark，实验原理图如图 7-2-3 所示。

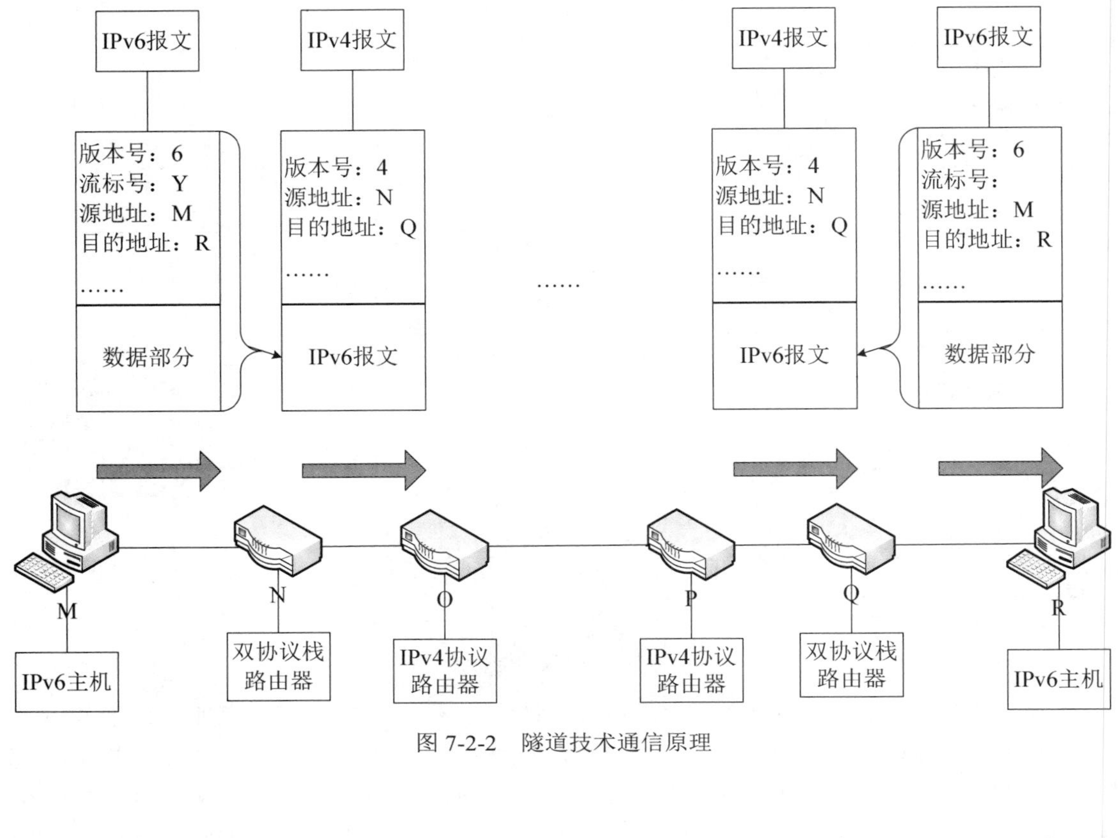

图 7-2-2　隧道技术通信原理

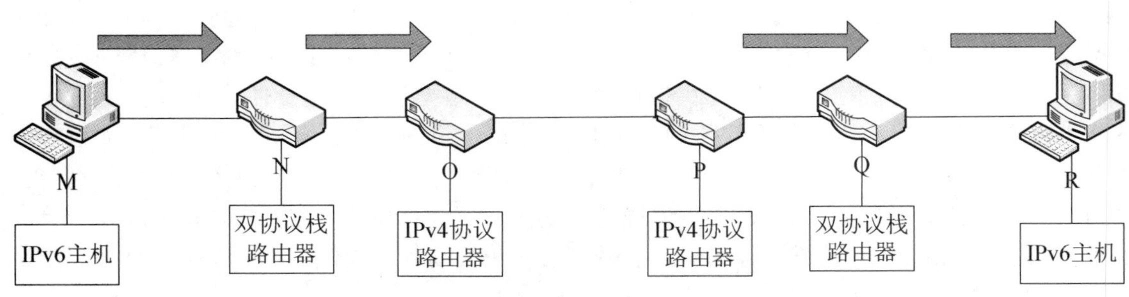

图 7-2-3　实验原理图

（2）打开 Wireshark 软件，选择正在联网的网卡，开始抓包，如图 7-2-4 所示。

（3）打开 IPv6 主机 M 和 R，使 IPv6 主机 M 向 IPv6 主机 R 发送 IPv6 数据报文。如图 7-2-5 所示。

（4）M 和 R 主机通过 Ping 命令发送报文结束后，停止 Wireshark 抓包，过滤 IPv6 和 IPv4 包，IPv6 和 IPv4 报文都被捕获到了，如图 7-2-6 所示。

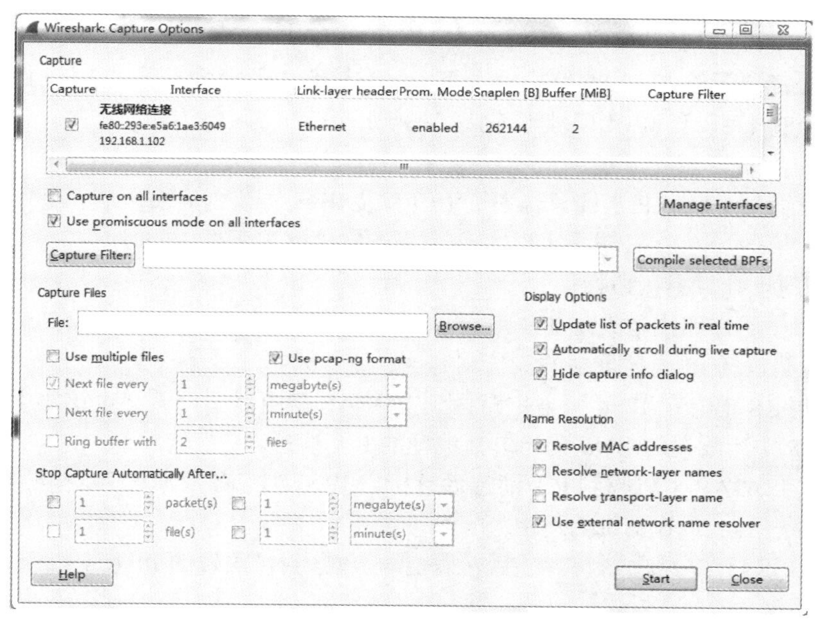

图 7-2-4　选择联网网卡

```
Internet Protocol, Src: 1.1.1.1 (1.1.1.1), Dst: 2.2.2.2 (2.2.2.2)
Internet Protocol Version 6
⊞ 0110 .... = Version: 6
  .... 0000 0000 .... .... .... .... .... = Traffic class: 0x00000000
  .... .... .... 0000 0000 0000 0000 0000 = Flowlabel: 0x00000000
  Payload length: 8
  Next header: ICMPv6 (0x3a)
  Hop limit: 255
  Source: fe80::200:5efe:101:101 (fe80::200:5efe:101:101)
  Destination: fe80::5efe:202:202 (fe80::5efe:202:202)
Internet Control Message Protocol v6
  Type: 133 (Router solicitation)
  Code: 0
  Checksum: 0xb7b8 [correct]
```

图 7-2-5　M 和 R 主机通过 Ping 命令发送报文

```
Internet Protocol, Src: 2.2.2.2 (2.2.2.2), Dst: 1.1.1.1 (1.1.1.1)
Internet Protocol Version 6
⊞ 0110 .... = Version: 6
  .... 1110 0000 .... .... .... .... .... = Traffic class: 0x000000e0
  .... .... .... 0000 0000 0000 0000 0000 = Flowlabel: 0x00000000
  Payload length: 56
  Next header: ICMPv6 (0x3a)
  Hop limit: 255
  Source: fe80::5efe:202:202 (fe80::5efe:202:202)
  Destination: fe80::200:5efe:101:101 (fe80::200:5efe:101:101)
Internet Control Message Protocol v6
  Type: 134 (Router advertisement)
  Code: 0
  Checksum: 0x2830 [correct]
  Cur hop limit: 64
⊞ Flags: 0x00
  Router lifetime: 1800
  Reachable time: 0
  Retrans timer: 0
⊞ ICMPv6 Option (MTU)
```

图 7-2-6　捕获 IPv6 和 IPv4 报文

2. ISATAP 隧道技术实现过程

IPv4 中的网络不能支持 IPv6 网络的设备的访问，通过 ISATAP 隧道技术可以实现二者的互相访问过程，实现资源的共享。其具体实现过程如下：

（1）首先需要配置 ISATAP 路由器。第一，对该路由器分配具体的 IPv4 地址；其次建立隧道接口，通过该接口和 IPv4 地址形成接口标识；最后，手工配置构建一个全局单播的 IPv6 地址。

（2）其次配置 ISATAP 主机。若主机上没有装 IPv6 协议则需要安装，否则，默认安装了 IPv6 协议则会有一个 ISATAP 虚拟网卡。给主机的物理网卡配置 IPv4 地址后，ISATAP 虚拟网卡自动根据该地址计算出接口标识。

（3）然后主机向路由器发送 RS 消息。RS 消息是经过 IPv4 隧道传输的，消息的外层是 IPv4 的头，里面包括 IPv6 的报文的具体内容。

（4）再次 RS 消息在 IPv4 网络中路由到 ISATAP 路由器中，并会由该路由器立即回应一个包含 ISATAP 中所配置的 IPv6 全局单播地址的 RA 消息。

（5）再次 ISATAP 主机收到 RA 消息后解析出 IPv6 头部和数据部分，封装成 IPv6 报文格式，并产生一条指向 IPv6 主机的路由。

（6）最后 ISATAP 路由器解封装后转发 IPv6 数据到目的端的 IPv6 主机中。

3. 实验测试

（1）发送 RS 消息

在 ISATAP 主机的 DOS 窗口中输入如下命令，如图 7-2-7 所示，就会发送 RS 消息。

图 7-2-7　测试命令窗口

RS 的 ICMPv6 报文外层是 IPv6 的头：

```
Internet Protocol Version 6
⊞ 0110 .... = Version: 6
  .... 0000 0000 .... .... .... .... .... = Traffic class: 0x00000000
  .... .... .... 0000 0000 0000 0000 0000 = Flowlabel: 0x00000000
  Payload length: 8
  Next header: ICMPv6 (0x3a)
  Hop limit: 255
  Source: fe80::200:5efe:101:101 (fe80::200:5efe:101:101)
  Destination: fe80::5efe:202:202 (fe80::5efe:202:202)
Internet Control Message Protocol v6
  Type: 133 (Router solicitation)
  Code: 0
  Checksum: 0xb7b8 [correct]
```

IPv6 的头的外层是 IPv4 的头：

```
Internet Protocol, Src: 1.1.1.1 (1.1.1.1), Dst: 2.2.2.2 (2.2.2.2)
Internet Protocol Version 6
⊞ 0110 .... = Version: 6
  .... 0000 0000 .... .... .... .... .... = Traffic class: 0x00000000
  .... .... .... 0000 0000 0000 0000 0000 = Flowlabel: 0x00000000
  Payload length: 8
  Next header: ICMPv6 (0x3a)
  Hop limit: 255
  Source: fe80::200:5efe:101:101 (fe80::200:5efe:101:101)
  Destination: fe80::5efe:202:202 (fe80::5efe:202:202)
```

从以上 ICMPv6 报文可知：外层是 IPv4 的头，源地址是 1.1.1.1，目的地址是 2.2.2.2；内层是 IPv6 的头，源地址是 ISATAP 主机的地址，目的地址是 ISATAP 路由器的连接地址。

（2）接收 RA 消息

接收到的 RA 消息中包含 ICMPv6 的 Option 项，里面有 IPv6 前缀内容：

```
Internet Control Message Protocol v6
  Type: 134 (Router advertisement)
  Code: 0
  Checksum: 0x2830 [correct]
  Cur hop limit: 64
⊞ Flags: 0x00
  Router lifetime: 1800
  Reachable time: 0
  Retrans timer: 0
⊞ ICMPv6 Option (MTU)
```

ISATAP 主机根据 ICMPv6 的 Option 的前缀，结合自身接口标识构建 IPv6 地址。

四、知识扩展

事实上，IPv6 在设计之初就考虑到如何从 IPv4 过渡到 IPv6 的问题，同时提出了一些技术上的特性，方便二者过渡。比如 IPv6 地址能够在 IPv4 网络上构建隧道，连接 IPv6 主机；IPv6 地址可以兼容 IPv4 地址等。实现 IPv4 到 IPv6 的过渡机制有很多种，目前主流的是隧道和双栈机制，当然也有很多其他机制，比如应用层代理网关机制、SOCKS64 机制、协议转换技术、隧道代理机制等，这些技术都是在双协议栈基础上实现的，下面给出具体阐述。

应用层代理网关。这种技术要求在 IPv6 和 IPv4 间直接提供一个双栈网关，在应用层起到协议翻译的功能，有效解决应用程序中带有的网络地址问题。其缺点是必须对每个具体的业务编写单独的应用层代理网关，同时要求客户端程序实现支持它的代理功能，所以这种技术灵活性较差，推广普及性较差。

SOCKS64。这种技术要求 SOCKS 库和 SOCKS 网关的配合才能实现。一方面，在客户端程序中引用 SOCKS 库，使它处在应用层和 SOCKET 中间，实现应用层 SOCKET API 和 DNS 名字解析和替换功能；另一方面，在 IPv6 和 IPv4 双协议栈节点上安装 SOCKS 网关，实现客户端和目的端之间协议组合的中继功能。客户端和目的端的通信过程是这样的：首先，客户端的 SOCKS 库发起一个请求，则网关会生成对应的一个线程负责中继功能；然后，网关和 SOCKS 库进行业务数据和控制信息的通信，二者的连接是 SOCKS 化的连接；最后，网关和目的端的连接不做任何变动，属于正常的网络连接，这样就做到了目的端的应用程序不知道客户端的存在，它只知道通信端网关。

协议转换技术。协议转换技术基本思想和 SOCKS64 技术类似，需要在 IPv6 和 IPv4 两个节点之间装上中间协议转换服务器，用来将网络层协议头进行 IPv6 和 IPv4 间的转换，达到实现对端的协议类型匹配的目的。它的优点是有效地解决了 IPv6 和 IPv4 节点间的互通信问题；缺点是对包含有认证、加密、IP 地址和端口的应用程序不具有转换功能。

隧道代理。隧道代理主要功能是简化隧道的配置，提供自动的配置手段，方便用户。对于独立的 IPv6 用户而言，通过隧道代理技术，可以方便地通过现有的 IPv4 网络连通到 IPv6 网络上；对于 IPv6 的互联网服务提供商而言，通过使用隧道代理技术，可以方便地为网络用户提供扩展功能。

上述过渡技术都是基于双协议栈实现的。根据网络设施情况、成本因素，过渡技术优劣不同，在选择从 IPv4 到 IPv6 过渡技术时，应遵循一些原则和目标：首先，保证 IPv6 和 IPv4 主机间的互通和互联；其次，保证更新过程中设备的独立性；然后，过渡策略和技术应该简单和易于理解、便于实现；最后，过渡策略可分步进行，过渡机制和时机可以灵活选择。

本单元小结

IPv6 协议是未来网络通信的重要协议。熟悉 IPv6 协议的工作原理和流程，对于深入学习网络编程将大有帮助。本章主要介绍了 IPv6 地址表示形式、地址类型和地址表示，IPv6 的工作原理和流程，IPv6 协议的报文格式的理论知识，然后学习了如何使用 Wireshark 工具捕获 IPv6 报文，通过对捕获报文的分析，更深入地理解 IPv6 协议的工作过程，加深了理论和实践的结合度，达到了学以致用的目的。最后给出了知识拓展，介绍了 IPv6 协议的相关知识，开拓知识视野。

习题 7

一、多项选择题

1．IPv6 地址长度为（　　）。

A．64bit　　B．128bit　　C．16bit　　D．32bit

2．IPv6 技术的特点包括（　　）。

A．大容量编址　　B．无状态自动地址配置

C．更安全　　D．更好的 QOS　　E．移动性好

3．（　　）可以解决 IP 地址不够用的问题。

A．IPv6　　B．IPv3　　C．IPv4　　D．IPv5

4．目前 IPv4 到 IPv6 的过渡技术有哪些？（　　）。

A．双协议栈（RFC2893 RFC1933）

B．隧道技术（RFC2893）

C．组播技术

D．NAT-PT（RFC2766）

5．IPv6 地址空间中，（　　）设计用于单条链路上的地址分配，例如用于自动地址配置、邻站发现等。

A．链路本地地址　　B．全球单播地址

C．站点本地地址　　D．组播地址

6．下列（　　）关于 IPv6 基本报头中有效载荷长度字段的描述是错误的。

A．段长度为 16bit

B．有效载荷长度不包含基本报头的长度

C．一个 IPv6 数据报可以容纳 64k 八比特组的数据

D．有效载荷长度包含基本报头的长度

7．如果一个 IPv6 节点在处理分组时发现在 IPv6 数据不可进行分片，节点无法完成对此数据的处理，则节点必须丢弃分组并应该向发送分组的信源地址发送（　　）。

A．ICMPv6 参数出错报文　　B．ICMPv6 尺寸过大报文

C．ICMPv6 目的不可到达报文　　D．ICMPv6 超时差错报文

8．下列关于 IPv6 中 RIP 协议描述正确的是（　　）。

A．属于动态路由协议　　B．协议本身不能避免成环

C．RIP 协议是基于 UDP 类型的协议　　D．端口号 521、RIPv1 端口号 520

9．如果某“FTP 服务器群组”分配了一个永久的 Multicast，并具有群组 ID 104（以十六进制表示）。那么下列（　　）地址表示 Internet 上的所有 FTP 服务器。

A．FF01:0:0:0:0:0:0:104　　B．FF02:0:0:0:0:0:0:104

C．FF05:0:0:0:0:0:0:104　　D．FF0E:0:0:0:0:0:0:104

二、判断题

1．IPv6 组播地址不能作为 IPv6 分组的信源地址。（　　）

2．在压缩 IPv6 地址表示中“::”可以不止一次出现。（　　）

3．地址 0:0:0:0:0:0:0:0 不能被分配给任何一个节点。（　　）

4．RIPng 协议用跳数来衡量到达目的网络的距离，且最大跳数为 16。（　　）

5．在 IPv6 网络地址分类中，若网络前缀是 FF00::/8、则表示该地址是组播地址。（　　）

6．IPv6 隧道模式若采用 6in4 隧道技术，则边界路由器的 IPv6 地址以前缀 2002::/16 开始。（　　）

三、简答题

1．简述 IPv4 与 IPv6 的区别和联系。

2．简述 IPv6 首部主要变化有哪几个方面。

3．简述双协议栈过渡技术的工作原理和流程。

4．简述隧道过渡技术的工作原理和流程。

8

域名系统

本单元介绍域名系统，主要包括域名空间的层次结构，域名解析的工作原理和流程，DNS协议的报文格式，同时，还将学习如何使用 Wireshark 工具捕获 DNS 报文，通过对捕获报文的分析，更深入地理解 DNS 协议的工作过程。

内容摘要：

- 域名系统概述
- DNS 报文格式
- 使用 Wireshark 抓取分析 DNS 数据包

学习目标：

- 理解域名系统的工作原理
- 掌握 DNS 协议的报文格式
- 熟练使用 Wireshark 分析 DNS 报文

任务 1　DNS 概述

知识与技能：

- 熟悉 DNS 系统结构
- 理解 DNS 工作原理

一、任务背景介绍

在 TCP/IP 中，连接到网络中的一台主机用 IP 地址来标记，实践中，人们喜欢使用容易记忆的符号化名字，而不是难记忆的数字 IP 地址。所以，需要一种实现名字和地址的相互映射的系统。早期的 Internet 规模较小，映射通过主机文件来完成。随着网络中主机数量的增多，维护静态的主机文件变成了一件困难的事情，需要寻求更佳解决方案。

域名系统（Domain Name System，DNS）的实现有效解决了上述问题，它由 RFC1034 和 RFC1035 规范定义，使用分层结构将计算机和网络中的对象组织成域。DNS 采用广泛分布、非集中化的结构，将庞大的名字地址映射信息划分为很多小部分，并把每一部分存储在不同计算机上。DNS 是当前 Internet 寻址的基础，它最常用的功能是域名解析，帮助客户端将应用层的主机域名（比如 www.qq.com）解析为对应的 IP 地址（119.188.89.220），同时，它还支持其他服务，比如电子邮件的选路等。

二、知识点介绍

1. 域名空间

DNS 域名空间采用有层次的倒置的树形结构，如图 8-1-1 所示。

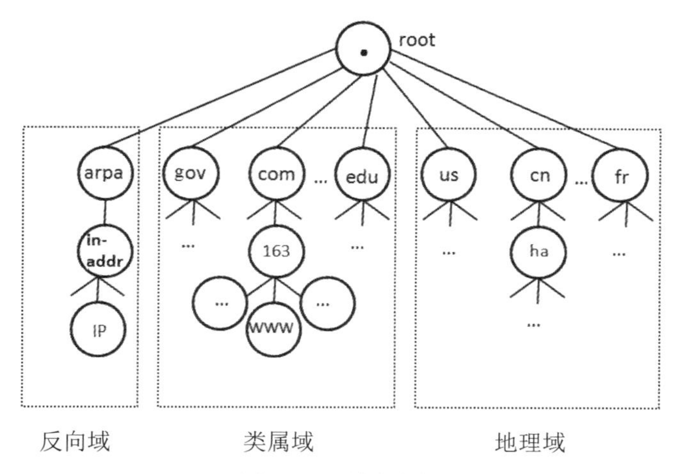

图 8-1-1 域名空间

树上的每个节点都有一个用字符串表示的标记，从同一节点分出的子节点具有不同的标记，保证域名的唯一性。根节点的标记是空字符串。

树上的每个节点都有一个域名，域名就是将该节点到根节点的标记从下到上串联起来，中间使用“.”分隔，如 www.163.com.。一个完整的域名总是以空字符串结束，也就是说它的最后一个字符是一个“.”，否则称为不完整域名。

域名空间中的子树称为域，域又可划分为若干子域。

在因特网中，域名空间被划分为 3 个不同的部分：类属域、地理域和反向域。类属域按照主机的类属行为来定义注册主机，目前有 com（商业机构）、edu（教育机构）、gov（政府机构）、int（国际机构）、mil（军事机构）、net（网络支持中心）、org（非盈利机构）等。地理域是把全世界的主机按照国家和地区来划分，如.cn（中国）、.us（美国）、.ca（加拿大）、.fr（法国）等。反向域用于把地址映射为名字，它的第一级节点称为 arpa，第二级节点称为 in-addr，其余部分定义 IP 地址。

2. 域名服务器

存储域名空间结构及信息的服务器称为域名服务器（DNS 服务器），与域名、地址记录相关的数据以及域名系统感兴趣的其他数据都以资源记录（Resource Record，RR）的形式存储在 DNS 服务器中。DNS 服务器具有层次化的结构，完整的域名空间分散存储在不同的服务器上，每个服务器管理的范围称为区域。

DNS 定义了 2 种类型的服务器：主 DNS 服务器、从 DNS 服务器。主 DNS 服务器存储了它所管理区域内的数据文件，负责创建、更新、维护这些文件。从 DNS 服务器从该区域的主 DNS 服务器上获取数据，在从本地读取数据之前，会先与主 DNS 服务器中的数据进行比对，发现差异后，可以从主 DNS 服务器上更新其数据库。每个 DNS 区域都必须有 1 个主 DNS 服务器和至少 1 个从 DNS 服务器，这样，当主 DNS 服务器出现故障时或者访问量过大时，从 DNS 服务器可以继续处理请求或者均衡数据访问量。某个区域的主 DNS 服务器也可能是另一个区域的从 DNS 服务器。

3. 域名解析

DNS 采用客户端/服务器的方式工作。客户端可以用一些方式向 DNS 服务器提出请求查询各类记录，相对应的，服务器会对这些查询进行响应，我们称之为解析。真正的域名解析过程比较复杂，在解析的过程中，通常会使用递归查询和迭代查询两种查询模式。

递归查询：用户和一个 DNS 服务器的查询。这种方式是将要查询的报文发送至本机的 DNS 服务器，若本机的 DNS 服务器不能直接应答该请求，那么它会再向上级或者平级的 DNS 服务器查询，最终将返回的查询结果发送给客户端。在域名服务器递归查询期间，客户端将完全处于等待状态，而不会向其他的 DNS 服务器发送查询请求，也不会接收非本机 DNS 服务器的应答。这种方式客户端只需处理本机 DNS 服务器响应回来的报文。DNS 的递归查询具体运作流程如下：

（1）客户端和本地 DNS 服务器必须有网络连接，可以互通；

（2）客户端向本地 DNS 服务器提出查询请求；

（3）当被询问到该 DNS 服务器管辖之内的主机名称的时候，服务器会直接做出回答；

（4）如果所查询的主机名称不属于该 DNS 服务器管辖的域名的话，会先检查 DNS 服务器的高速缓存，看看有没有相关资料；

（5）如果没有发现，则会转向上一级或根服务器查询；

（6）上一级或根服务器会返回查询域名的下一层授权服务器的地址；

（7）本地 DNS 服务器会向其中的一台服务器查询，并将这些服务器名单存到高速缓存中，以备将来之需（省却再向根服务器查询的步骤）；

（8）远方服务器回应查询；

（9）若该回应并非最后一层的答案，则继续往下一层查询，直到获得客户端所查询的结果为止；

（10）将查询结果回应给客户端，并同时将结果存储一个备份在自己的高速缓存里面；

（11）如果在存放时间尚未过时之前再接到相同的查询，则以存放于高速缓存（cache）里面的资料来做回应。

迭代查询：用户和多个 DNS 服务器间的查询。这种方式是将要查询的报文发送至本机的 DNS 服务器，若 DNS 服务器不能直接查询到客户端所要查询的域名地址，则向客户端返回一个最近而且最佳的 DNS 服务器地址或者名称，然后 DNS 客户端再到此最接近的 DNS 服务器上去寻找所要解析的名称，按照提示依次查询直到找到正确的解析。一般的，每次都会更靠近根域名服务器（向上）的服务器查询，查询到根域名服务器后，则会再次根据提示向下查找。

递归查询和迭代查询之间的差别是，处理递归查询的域名服务器必须产生某种类型的一个答案，而处理迭代查询的域名服务器可简单的使用一个指向另一个服务器的指针做为应答，这个服务器或许能够（或许不能够）提供所请求的信息。在实践中，通常只有一台服务器处理递归查询，并不断发出迭代查询，直到得到某种类型的确定性答案（匹配域名的 IP）或另一种类型的确定性答案（解释为什么不能提供 IP 地址的出错消息）为止。

任务 2　DNS 报文分析

知识与技能：

- 掌握 DNS 报文的基本格式
- 使用 Wireshark 软件捕获分析 DNS 数据包

一、任务背景介绍

DNS 既可认为是含有资源记录（Resource Record，RR）的数据库，也可认为是用于请求和接收名称到地址映射的客户/服务器应用程序。本节主要是从协议角度分析 DNS 系统，通过对 DNS 报文的分析，更深入地理解该系统的工作原理。

二、知识点介绍

1. DNS 报文的封装

DNS 工作在 TCP/IP 的应用层，默认占用端口 53。可以用 UDP 和 TCP 两种协议传输报文，通常用 UDP。在以下三种情况下采用 TCP 传输，一是 DNS 数据包大于 512 字节产生了数据截断，再次传送数据时；二是主 DNS 服务器和从 DNS 服务器进行区域备份传送时；三是 DNS 服务器设置了可用 TCP，客户端用 TCP 发送了 DNS 查询，服务器用 TCP 发回响应，如图 8-2-1 所示。

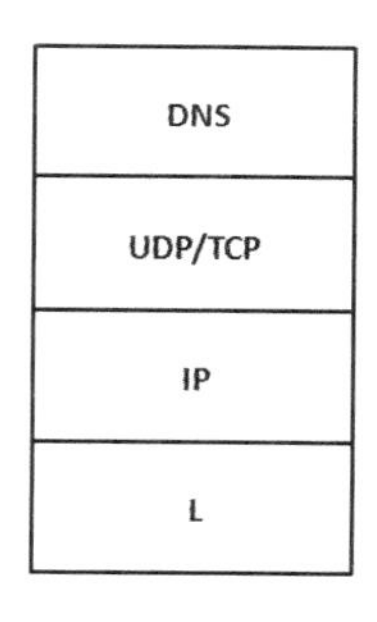

图 8-2-1　DNS 协议封装

2. DNS 报文的基本格式

DNS 报文的一般格式如图 8-2-2 所示。这个报文由 12 字节的首部和 4 个可变长度的查询、响应资源记录数据段组成。

下面将对图 8-2-2 中的各字段进行详细介绍。

（1）首部

- ID：标识 16bit

用于确定 DNS 响应与查询匹配的标识号。客户端在每次发送查询时使用不同的标识号，服务器在相应的响应中重复这个标识号。

偏移位	0 ~ 15	16	17 ~ 20	21 ~ 24				25~27	28~31
0	ID(16)	QR (1)	OpCode(4)	AA (1)	TC (1)	RD (1)	RA (1)	Z (3)	RCode(4)
32	QuestionCount(16)	AnswerCount(16)							
64	AuthorityCount(16)	AdditionalCount(16)							
	Queries(Variable)								
	Answers(Variable)								
	AuthorityRRs(Variable)								
	AdditionalRRs(Variable)								

12字节DNS首部

图 8-2-2　DNS 查询和响应报文的一般格式

- QR：查询/响应（Query/Response）1bit
  用来指明这个报文是 DNS 查询还是响应。其中：0 表示查询报文，1 表示响应报文。
- OpCode：操作代码　4bit
  用来定义报文中查询或响应的类型。其中：0 表示标准查询（正向查询），1 表示反向查询，2 表示服务器状态请求，3～15 备用。通常取值是 0。
- AA：授权回答（Authoritative Answer）1bit
  表示回答是否来自该域内的授权 DNS 服务器，只用于响应报文中。其中：1 表示回答来自于该域的授权服务器，0 表示来自于非授权服务器。
- TC：截断的（Truncated）1bit
  用来指明报文数据是否被截断。当 DNS 使用 UDP 传输数据时会使用该字段，TC=1 时，表明传输的数据总长度超过 512 字节，已截断为 512 字节，TC=0 表示数据未截断。
- RD：期望递归（Recursion Desired）1bit
  用来表示客户端是否希望得到递归回答。RD=1 表示期望得到递归回答，它在查询报文中置位，在响应报文中重复置位。
- RA：递归可用（Recursion Available）1bit
  表示递归可用性。它只在响应报文中置位。RA=1 表示可得到递归响应，大多数 DNS 服务器都提供递归查询，除了某些根服务器。
- Z：保留位（Zero）3 bit
  目前保留设置为 000。
- RCode：响应代码（Response Code）4bit
  用来指明响应的差错状态。该字段的取值通常为 0 和 3，3 表示名字错误，只能由一个域的授权服务器返回，表示查询的名字不存在。Rcode 可取值及其含义如图 8-2-3 所示。

RCode值	意义
0	没有错误
1	格式错误
2	DNS域名服务器无响应
3	名字错误
4	查询类型不支持
5	在管理上被禁止
6~15	保留

图 8-2-3　Rcode 值

（2）查询/响应记录计数

- Question Count：问题计数 16bit
  用来表示报文的问题部分有几条记录。
- Answer Count：回答计数 16bit
  用来表示报文的回答部分有几条记录。在查询报文中，它的值为 0。
- Authority Count：授权计数 16bit
  用来表示报文的授权部分有几条记录。在查询报文中，它的值为 0。
- Additional Count：附加计数 16bit
  用来表示报文的附加部分有几条记录。在查询报文中，它的值为 0。

上述 4 个字段用来说明随后 4 个可变长字段中包含的记录条目数。对于查询报文，问题计数通常为 1，其余 3 个字段为 0。对于响应报文，回答记录数至少是 1，授权和附加记录数可以是 0 或非 0。

（3）查询/响应记录

- Queries（Variable）：问题部分，长度可变。
  包含 1 个或多个问题记录，用来表示查询问题的详细信息。在查询报文和响应报文中都会出现。
- Answers（Variable）：回答部分，长度可变。
  包含 1 个或多个资源记录，用来表示和 Queries 部分对应的回答的详细信息。只在响应报文中出现。
- AuthorityRRs（Variable）：授权部分，长度可变。
  包含 1 个或多个资源记录，这部分给出与查询相关的域授权服务器的信息。只在响应报文中出现。
- AdditionalRRs（Variable）：附加部分，长度可变。
  包含 1 个或多个资源记录，返回查询中 Name 或 Type 未指定的其他资源记录，用来提供一些参考性的回答。只在响应报文中出现。

3. DNS 查询报文

DNS 查询报文的格式如图 8-2-4 所示。查询报文数据部分承载的是 Queries 数据，包含了要查询的详细信息。客户端发送的每条查询报文的 Queries 部分包括以下三个信息：名称（NAME），类型（TYPE），类别（CLASS）。

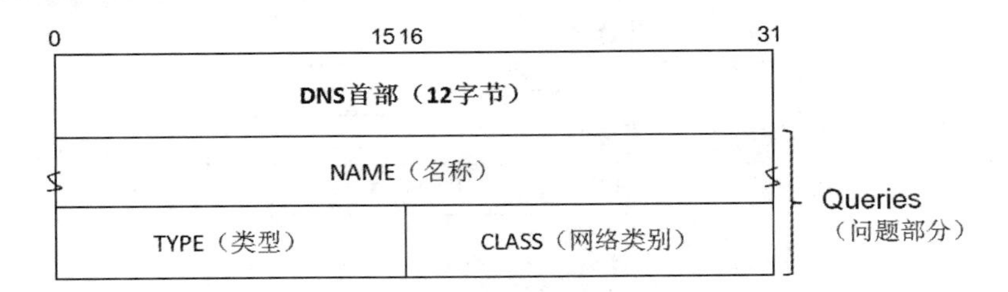

图 8-2-4　DNS 查询报文

- NAME：查询的名称。该字段由名称和计数组成，长度可变。名称一般为要查询的域名（反向查询的时候为 IP）。计数部分指出每一节中的字符数。

以 www.baidu.com.cn 为例，Name 格式如下：

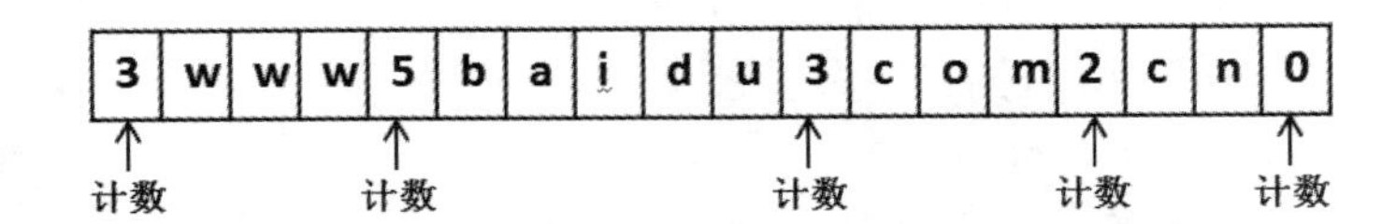

- TYPE：类型。当客户请求 DNS 解析一个名字时，必须指明所需回答的对象类型，并由服务器返回此类型的对象。最常用的查询类型是 A，表示期望获得查询名的 IP 地址。常用的查询类型如图 8-2-5 所示。

类型	助记符	含义
1	A	主机IPv4地址。
5	CNAME	规范名称。主机正式名字的别名。
6	SOA	授权开始。
12	PTR	指针记录，用于反向查询。
13	HINFO	主机的硬件和操作系统信息。
15	MX	邮件交换。用于将邮件转发到一个邮件服务器。
28	AAAA	主机IPv6地址。
255	ANY	请求所有记录

图 8-2-5　TYPE 类型

- CLASS：网络类别。定义了使用 DNS 的特定网络协议族。目前使用的大部分都是 Internet 网络协议，它的 CLASS 类别为 IN。

4. DNS 响应报文

DNS 响应报文的格式如图 8-2-6 所示。

根据查询结果的不同，在响应报文中会出现 Queries、Answers、Authority RRs、Additional RRs 数据。其中 Queries 数据和查询报文中的格式一样。

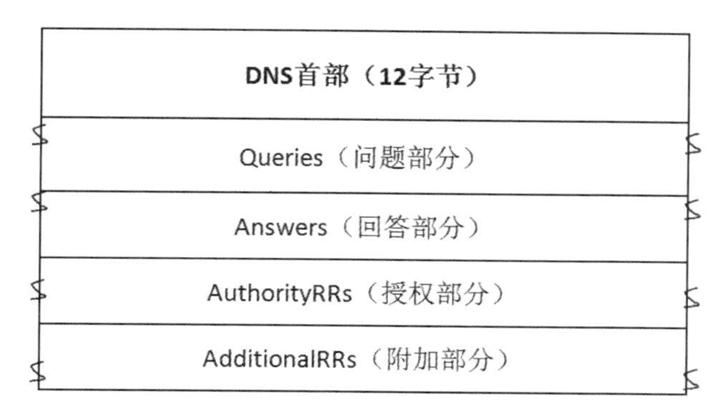

图 8-2-6　DNS 响应报文

Answers、Authority RRs、Additional RRs 这三项格式相同，它们都使用资源记录（RR，Resource Record）格式，如图 8-2-7 所示，包含名称（Name）、类型（Type）、类别（Class）、生存时间（Time to live）、资源数据长度（Data Length）、资源数据（Rdata）。

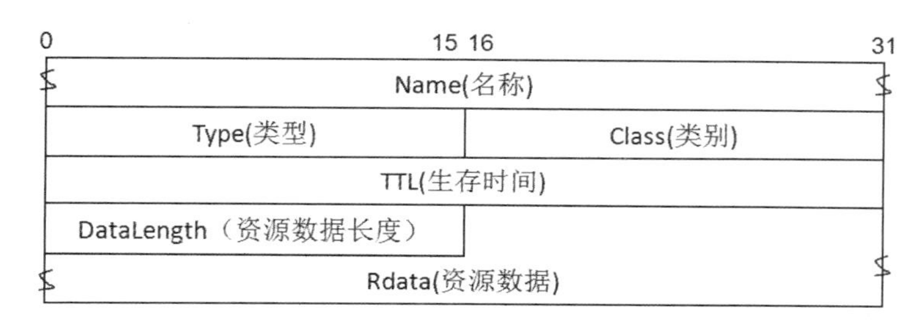

图 8-2-7　资源记录格式

其中：

Name：包含了名字的可变字段。是问题部分中域名的副本。在回答、授权、附加部分它被定义为 2 字节的偏移指针，指向问题部分的 Name。指针的前 2 位设置为 11，代表该字段是偏移指针，后 14 位设置为开始字节的地址。

Type：和查询报文部分的 Type 相同，但是不能取 AXFR、ANY2 个值。

Class：与查询报文部分的 Class 相同。

TTL：生存时间。32bit。以秒为单位，缓存结果有效时间。在有效时间内，接收方可将该回答保存在高速缓存中。

DataLength：资源数据长度。16bit。

Rdata：资源数据。回答部分、授权部分、附件部分的具体数据，描述对查询的回答、授权服务器域名、附件信息。

5. DNS 报文传送的流程

用户主机设置网络环境时，需指定 DNS 服务器的地址（手动配置或者 DHCP 动态分配），主机通过该 DNS 服务器解析域名。客户端通常是运行在用户主机上的某个应用程序或服务。一个简单的 DNS 报文传送流程如下：①某主机 A 的 DNS 客户端和 DNS 服务器之间建立有连接。主机接入 Internet。②主机 A 的某个进程想要访问 Internet 中的另一主机 B，请求域名解析。③主机 A 的 DNS 客户端利用已知的 DNS 服务器的 IP 地址，向该 DNS 服务器发送查询报文。查询报文中包含了要进行域名解析的主机 B 的查询信息。④DNS 服务器向客户端发送响应报文。响应报文中包含了要查询主机 B 的回答信息。⑤主机 A 的 DNS 客户端根据该响应报文决定下一步工作。

三、任务实现

1. 使用 Wireshark 捕获 DNS 数据包

本任务我们讲述如何使用 Wireshark 软件捕获 DNS 数据包，需要准备一台可以连入互联网的 PC，且该 PC 上已安装 Wireshark 软件。

（1）打开 Wireshark 软件，在菜单栏中选择 Capture Options，打开 Wireshark 捕获选项窗口。根据实际情况设置捕获接口、捕获过滤器及捕获文件名等选项。单击 Start 按钮开始捕获数据，如图 8-2-8 所示。

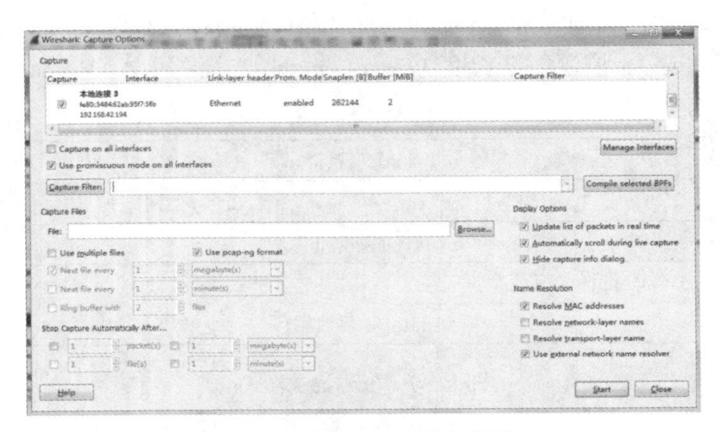

图 8-2-8　wireshark 捕获设置

（2）运行 cmd，输入 nslookup -qt=a www.d.tsinghua.edu.cn 后回车，执行该命令后查询域名 www.tsinghua.edu.cn 的 IPv4 地址。返回到 Wireshark 界面，停止数据捕获，如图 8-2-9 所示。

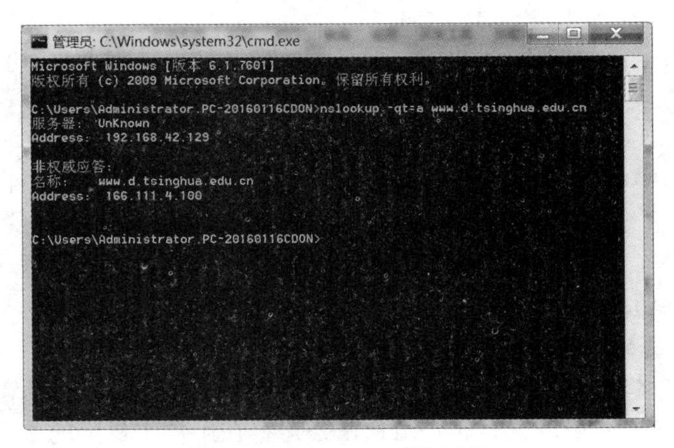

图 8-2-9　nslookup 查询域名

从返回结果看，本地域名服务器 IP 地址是 192.168.42.129，本地域名服务器名字未知，要查询的 www.d.tsinghua.edu.cn 域名的 IP 地址是 166.111.4.100。

（3）在 Wireshark 过滤器中输入 dns，然后点击 Apply，过滤显示 DNS 协议。在该界面的 Protocal 列中可以看出显示的都是 DNS 协议的数据包。这些数据包分别是 DNS 的查询（Query）和响应（Response）数据包。根据 Info 列中 ID 号，可以判断第 5 帧和第 6 帧为同一 ID 数据包。其中，第 5 帧是查询数据包，第 6 帧是对第 5 帧查询的响应数据包。后面我们将以这 2 帧数据为例分析 DNS 报文，如图 8-2-10 所示。

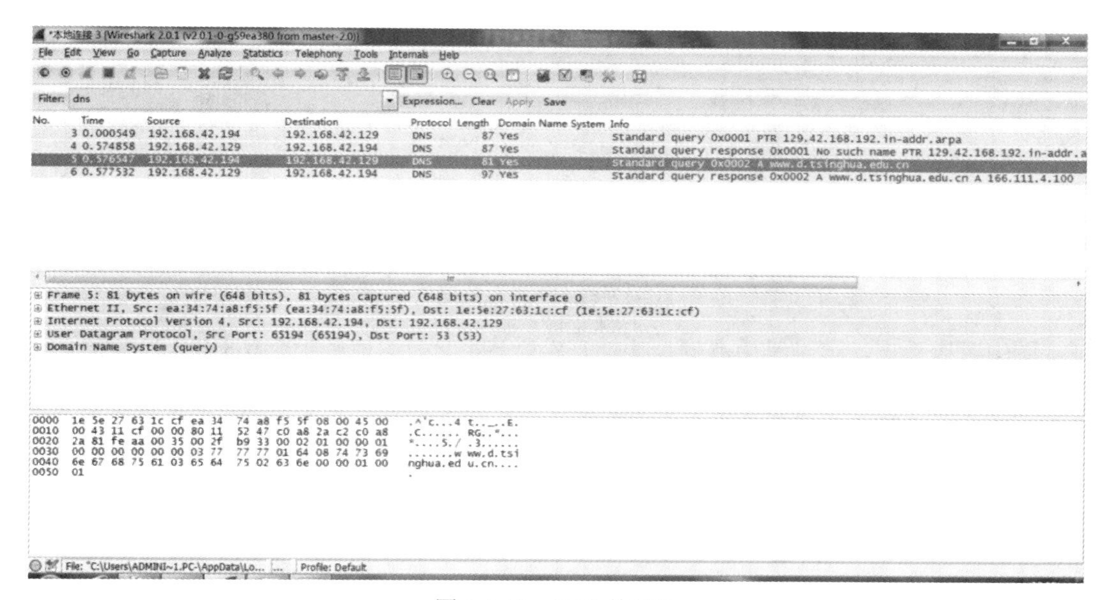

图 8-2-10 DNS 数据报

（4）选择 File|Save as 菜单，打开文件保存窗口，保存刚捕获的数据文件，如图 8-2-11 所示。

图 8-2-11 数据保存

2. 使用 Wireshark 分析 DNS 查询报文

（1）运行 Wireshark，打开保存的文件 dns0801，选择第 5 帧双击，如图 8-2-12 所示。该帧为 DNS 查询数据，下面将对该帧详细分析。

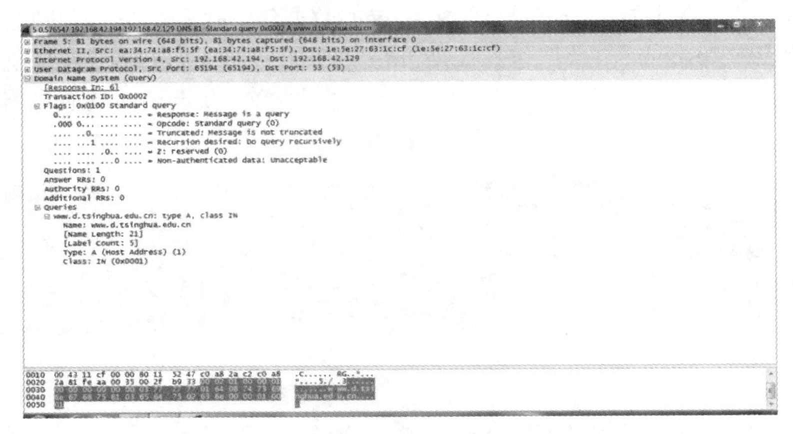

图 8-2-12　DNS 查询数据包

从图中可以看出，该帧是由源地址 192.168.42.194 向目的地址 192.168.42.129 发送的查询数据包，数据包长度 81 字节，标号 0X0002。

（2）以下信息是该帧的首部信息。第 5 帧，帧大小是 81 字节。

```
⊞ Frame 5: 81 bytes on wire (648 bits), 81 bytes captured (648 bits) on interface 0
```

（3）以下信息是以太网帧头部信息。其中源 MAC 地址是 ea:34:74:a8:f5:5f，目标 MAC 地址是 1e:5e:27:63:1c:cf。

```
⊞ Ethernet II, Src: ea:34:74:a8:f5:5f (ea:34:74:a8:f5:5f), Dst: 1e:5e:27:63:1c:cf (1e:5e:27:63:1c:cf)
```

（4）以下信息是 IPv4 首部信息。其中源 IP 地址是 192.168.42.194，目标 IP 地址是 192.168.42.129。

```
⊞ Internet Protocol Version 4, Src: 192.168.42.194, Dst: 192.168.42.129
```

（5）以下信息是 UDP 首部信息。其中源端口是 65194，目标端口是 53。该 DNS 查询使用 UDP 传输报文。

```
⊞ User Datagram Protocol, Src Port: 65194 (65194), Dst Port: 53 (53)
```

（6）以下信息是 DNS 的详细信息，如图 8-2-13 所示。

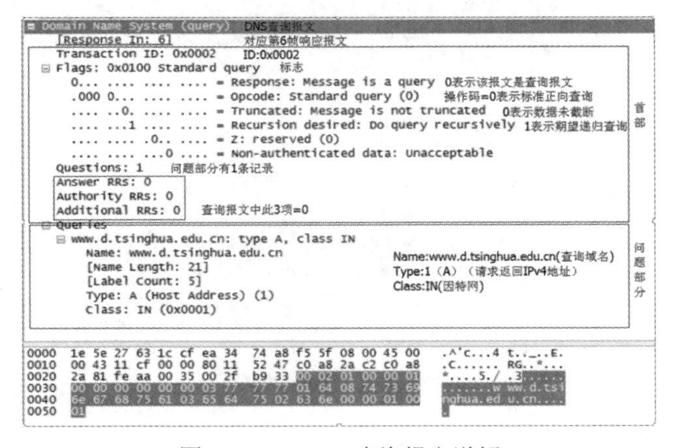

图 8-2-13　DNS 查询报文详解

将该数据包的数据对应到 DNS 报文中，如图 8-2-14 所示。

偏移位	0 ~ 15	16	17 ~ 20	21 ~ 24				25~27	28~31
0	ID 0x0002	QR 0	OpCode 0000	AA 0	TC 0	RD 1	RA 0	Z 0	Rcode 0000
32	QuestionCount 1	AnswerCount 0							
64	AuthorityCount 0	AdditionalCount 0							
	Queries Name:www.d.tsinghua.edu.cn Type:1(A) Class:1(IN)								

图 8-2-14　对应的 DNS 报文

其中：

- DNS 的 ID 号是 0x0002。QR=0 表示该数据是查询报文。Opcode=0 表示标准正向查询。TC=0 表示数据未截断。RD=1 表示期望递归查询。
- QuestionCount=1，代表报文的问题部分中有 1 条记录。AnswerCount、AuthorityCount、AdditionalCount 在查询报文中都为 0。
- Queries（Variable）问题部分有 1 条记录。Name=www.d.tsinghua.edu.cn 是要查询的清华大学域名。Type=1 表示是 A 查询，也就是查询该域名的 IPv4 地址。Class=1 表示网络类型是 IN（因特网）。Answers，AuthorityRRs，AdditionalRRs 在查询报文中都不出现。

3. 使用 Wireshark 分析 DNS 响应报文

（1）运行 Wireshark，打开保存的文件 dns0801，双击第 6 帧，如图 8-2-15 所示。该帧为 DNS 响应数据包，下面将对该帧详细分析。

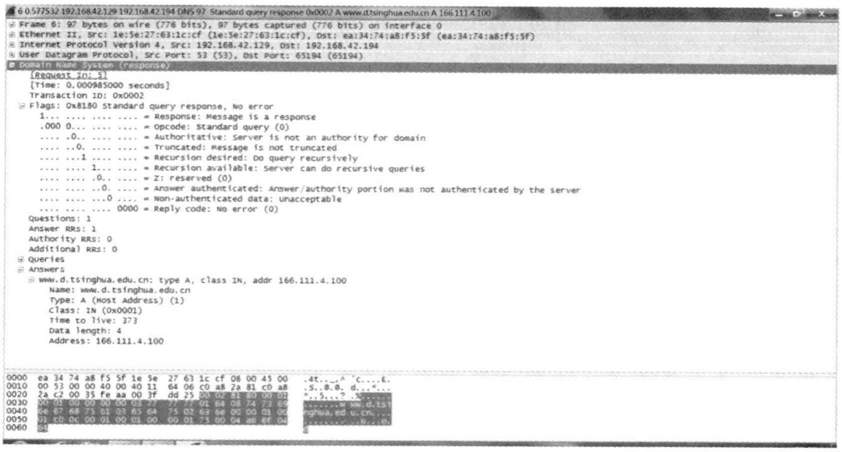

```
6 0.577532 192.168.42.129 192.168.42.194 DNS 97 Standard query response 0x0002 A www.d.tsinghua.edu.cn A 166.111.4.100
⊞ Frame 6: 97 bytes on wire (776 bits), 97 bytes captured (776 bits) on interface 0
⊞ Ethernet II, Src: 1e:5e:27:63:1c:cf (1e:5e:27:63:1c:cf), Dst: ea:34:74:a8:f5:5f (ea:34:74:a8:f5:5f)
⊞ Internet Protocol Version 4, Src: 192.168.42.129, Dst: 192.168.42.194
⊞ User Datagram Protocol, Src Port: 53 (53), Dst Port: 65194 (65194)
⊟ Domain Name System (response)
    [Request In: 5]
    [Time: 0.000985000 seconds]
    Transaction ID: 0x0002
  ⊟ Flags: 0x8180 Standard query response, No error
      1... .... .... .... = Response: Message is a response
      .000 0... .... .... = Opcode: Standard query (0)
      .... .0.. .... .... = Authoritative: Server is not an authority for domain
      .... ..0. .... .... = Truncated: Message is not truncated
      .... ...1 .... .... = Recursion desired: Do query recursively
      .... .... 1... .... = Recursion available: Server can do recursive queries
      .... .... .0.. .... = Z: reserved (0)
      .... .... ..0. .... = Answer authenticated: Answer/authority portion was not authenticated by the server
      .... .... ...0 .... = Non-authenticated data: Unacceptable
      .... .... .... 0000 = Reply code: No error (0)
    Questions: 1
    Answer RRs: 1
    Authority RRs: 0
    Additional RRs: 0
  ⊞ Queries
  ⊟ Answers
    ⊟ www.d.tsinghua.edu.cn: type A, class IN, addr 166.111.4.100
        Name: www.d.tsinghua.edu.cn
        Type: A (Host Address) (1)
        Class: IN (0x0001)
        Time to live: 373
        Data length: 4
        Address: 166.111.4.100

0000  ea 34 74 a8 f5 5f 1e 5e  27 63 1c cf 08 00 45 00
0010  00 53 00 00 40 00 40 11  64 06 c0 a8 2a 81 c0 a8
0020  2a c2 00 35 fe aa 00 3f  dd 25
0030
0040
0050
0060
```

图 8-2-15　DNS 响应数据包

从图中可以看出来，该帧是由源地址 192.168.42.129 向目的地址 192.168.42.194 返回的响应数据包，数据包长度 97 字节，标号 0X0002。

（2）以下信息是该帧首部信息。第 6 帧，帧大小是 97 字节。

```
⊞ Frame 6: 97 bytes on wire (776 bits), 97 bytes captured (776 bits) on interface 0
```

（3）以下信息是以太网帧头部信息。其中源 MAC 地址是 1e:5e:27:63:1c:cf，目标 MAC 地址是 ea:34:74:a8:f5:5f。

```
⊞ Ethernet II, Src: 1e:5e:27:63:1c:cf (1e:5e:27:63:1c:cf), Dst: ea:34:74:a8:f5:5f (ea:34:74:a8:f5:5f)
```

（4）以下信息是 IPv4 首部信息。其中源 IP 地址是 192.168.42.129，目标 IP 地址是 192.168.42.194。

```
⊞ Internet Protocol Version 4, Src: 192.168.42.129, Dst: 192.168.42.194
```

（5）以下信息是 UDP 首部信息。其中源端口是 53，目标端口是 65194。该 DNS 响应使用 UDP 传输报文。

```
⊞ User Datagram Protocol, Src Port: 53 (53), Dst Port: 65194 (65194)
```

（6）以下信息是 DNS 的详细信息，如图 8-2-16 所示。

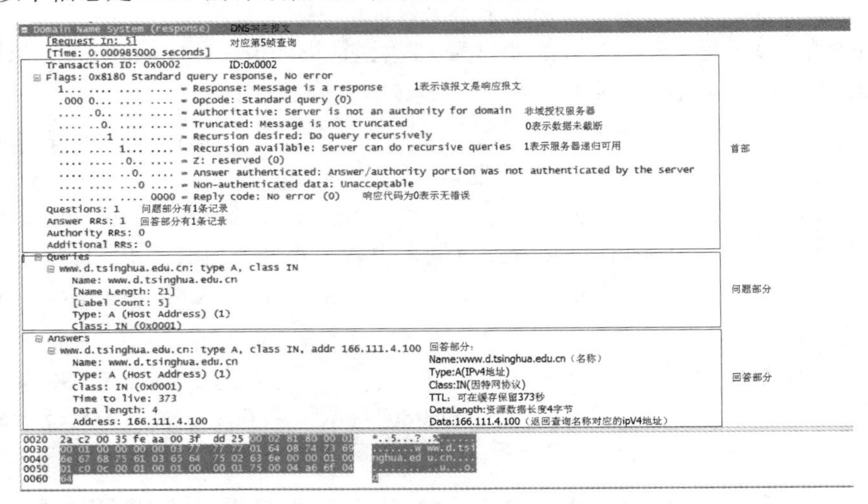

图 8-2-16　DNS 响应报文详解

将该数据包的数据对应到 DNS 报文中。如图 8-2-17 所示。

<table>
<tr><th>偏移位</th><th>0 ~ 15</th><th>16</th><th>17 ~ 20</th><th colspan="4">21 ~ 24</th><th>25~27</th><th>28~31</th></tr>
<tr><td>0</td><td>0x0002</td><td>QR
1</td><td>Opcode
0000</td><td>AA
0</td><td>TC
0</td><td>RD
1</td><td>RA
1</td><td>Z
000</td><td>Rcode(4)
0000</td></tr>
<tr><td>32</td><td>QuestionCount
1</td><td colspan="8">AnswerCount
1</td></tr>
<tr><td>64</td><td>AuthorityCount
0</td><td colspan="8">AdditionalCount
0</td></tr>
<tr><td rowspan="2"></td><td colspan="9">Queries(name:www.d.tsinghua.edu.cn,type:1(A),class:1(IN)</td></tr>
<tr><td colspan="9">Answers:
Name:0xc00c(指向Queries部分Name的指针)
type:1(A)
Class:1(IN)
TTL:0x0175秒
DataLength:4字节
Rdata:0xa6 0x6f 0x04 0x64(166.111.4.100)</td></tr>
</table>

图 8-2-17　对应的 DNS 报文

其中：

- 响应报文 ID 号是 0x0002。QR=1 表示该数据是响应报文。AA=0 表示该回答不是来自于查询域名的域授权服务器。TC=0 表示数据未截断。RA=1 表示服务器递归可用。Rcode=0 表示响应无差错。
- QuestionCount=1，代表报文的问题部分中有 1 条记录。AnswerCount=1，代表报文的回答部分有 2 条记录。
- Queries 部分同查询报文。Answers 部分有 1 条资源记录，详细内容如下：Name:0xc00c（指向 Queries 部分 Name 的指针），Type:1(A)，Class:1(IN)，TTL:373 秒，DataLength:4 字节，Rdata: 166.111.4.100。该回答记录指出要查询的域名 www.d.tsinghua.edu.cn 对应的 IP 地址是 166.111.4.100。

四、知识扩展

1. nslookup 命令

nslookup 是一个检测网络中 DNS 服务器是否能够正确实现域名解析的命令行工具。它有交互和非交互 2 种工作模式。

（1）交互模式：仅仅在命令行输入 nslookup，随即进入 nslookup 的交互命令行，退出输入 exit。交互模式下输入 help 查看帮助，如图 8-2-18 所示。

图 8-2-18　nslookup 命令

（2）非交互模式：在 cmd 运行窗口中直接输入命令，返回对应数据。

非交互模式下命令格式：nslookup [-option] [hostname] [server]，如果 server 未指定，则采用默认的 DNS 服务器。

例如：nslookup－qt=a www.d.tsinghua.edu.cn（qt 可取值 a、aaaa、cname、mx、ptr、hinfo 等）。

2. DNS 其他常见查询

（1）ptr 查询（反向查询）。

反向查询用于将 IP 地址解析为对应的域名。DNS 域名空间中定义了一个反向 in-addr.arpa 域，它的子域是按照点分十进制 IP 地址的相反次序构造，可用于反向查询。运行 Wireshark，配置选项，开始捕获数据。运行 cmd，输入 nslookup –qt=ptr 166.111.4.100，反向查询 IP 地址 166.111.4.100 对应的域名。停止捕获数据。如图 8-2-19 所示。

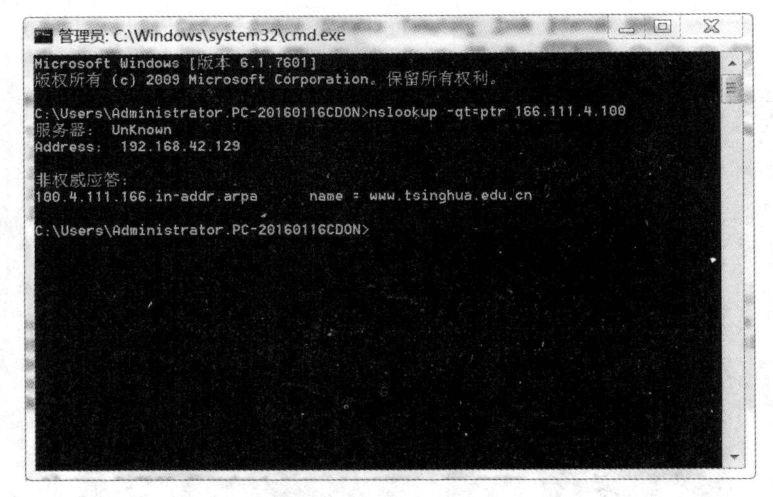

图 8-2-19　ptr 查询命令

收到的查询报文如图 8-2-20 所示。

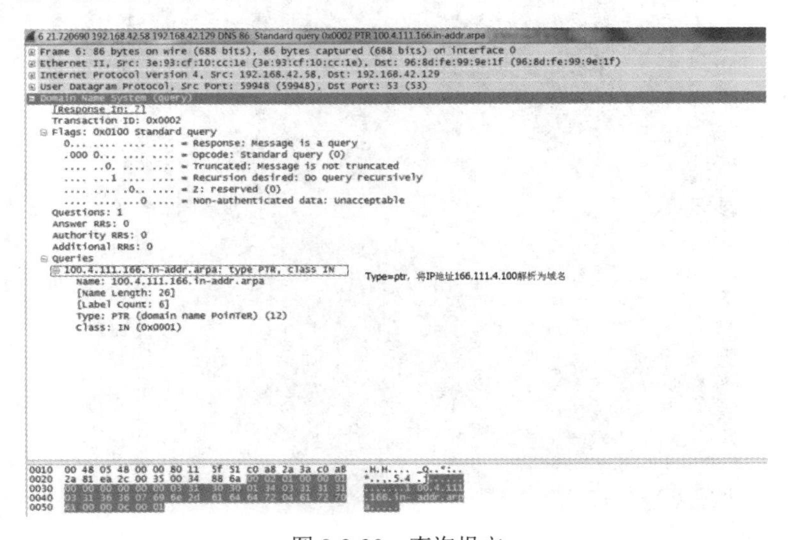

图 8-2-20　查询报文

收到的响应报文如图 8-2-21 所示。

```
7 21.723256 192.168.42.129 192.168.42.58 DNS 119 Standard query response 0x0002 PTR 100.4.111.166.in-addr.arpa PTR www.tsinghua.edu.cn
⊞ Internet Protocol Version 4, Src: 192.168.42.129, Dst: 192.168.42.58
⊞ User Datagram Protocol, Src Port: 53 (53), Dst Port: 59948 (59948)
⊟ Domain Name System (response)
    [Request In: 6]
    [Time: 0.002566000 seconds]
    Transaction ID: 0x0002
  ⊟ Flags: 0x8180 Standard query response, No error
      1... .... .... .... = Response: Message is a response
      .000 0... .... .... = Opcode: Standard query (0)
      .... .0.. .... .... = Authoritative: Server is not an authority for domain
      .... ..0. .... .... = Truncated: Message is not truncated
      .... ...1 .... .... = Recursion desired: Do query recursively
      .... .... 1... .... = Recursion available: Server can do recursive queries
      .... .... .0.. .... = Z: reserved (0)
      .... .... ..0. .... = Answer authenticated: Answer/authority portion was not authenticated by the server
      .... .... ...0 .... = Non-authenticated data: Unacceptable
      .... .... .... 0000 = Reply code: No error (0)
    Questions: 1
    Answer RRs: 1
    Authority RRs: 0
    Additional RRs: 0
  ⊟ Queries
    ⊟ 100.4.111.166.in-addr.arpa: type PTR, class IN
        Name: 100.4.111.166.in-addr.arpa
        [Name Length: 26]
        [Label Count: 6]
        Type: PTR (domain name PointeR) (12)
        Class: IN (0x0001)
  ⊟ Answers
    ⊟ 100.4.111.166.in-addr.arpa: type PTR, class IN, www.tsinghua.edu.cn
        Name: 100.4.111.166.in-addr.arpa
        Type: PTR (domain name PointeR) (12)
        Class: IN (0x0001)
        Time to live: 119
        Data length: 21
        Domain Name: www.tsinghua.edu.cn
```

图 8-2-21　响应报文

（2）cname 查询。

规范名（Canonical Name），通常称为别名记录，是对 A 的记录使用域名的另外一个（或多个）名称。这种记录允许将多个名字映射到同一台计算机。例如，有一台计算机名为“host.mydomain.com”（A 记录）。它同时提供 WWW 和 MAIL 服务，为了便于用户访问服务。可以为该计算机设置两个规范名（CNAME）：WWW 和 MAIL。这两个规范名的全称就是“www.mydomain.com”和“mail.mydomain.com”。实际上它们都指“host.mydomain.com”同一个 IP。同样的方法可以用于当您拥有多个域名需要指向同一服务器 IP，此时您就可以将一个域名作 A 记录指向服务器 IP，然后将其他的域名做规范名到之前做 A 记录的域名上，那么当服务器 IP 地址变更时，就可以不必一个一个域名更改指向了，只需要更改作 A 记录的那个域名，其他作别名的那些域名的指向也将自动更改到新的 IP 地址上了。比如 www.baidu.com 的 cname 是 www.a.shifen.com，如图 8-2-22 所示。

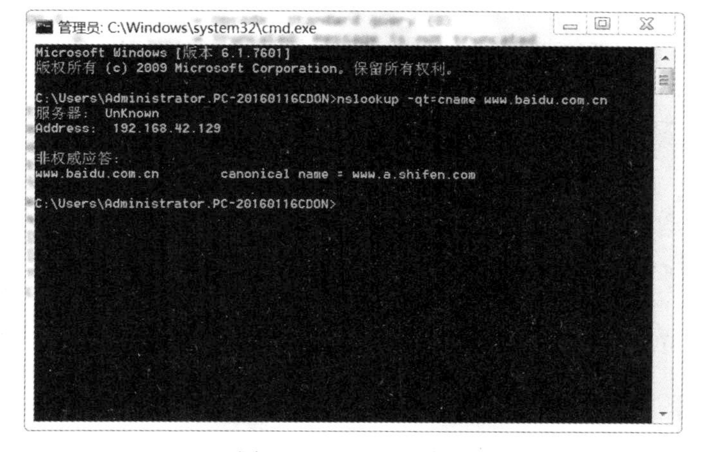

图 8-2-22　cname 查询

收到的查询报文如图 8-2-23 所示。

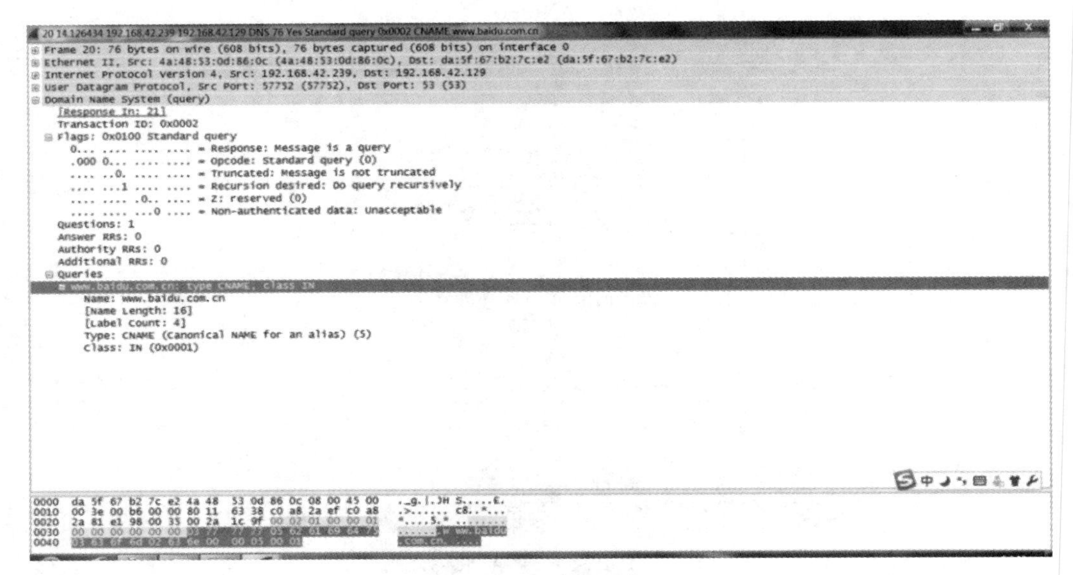

图 8-2-23　查询报文

收到的响应报文如图 8-2-24 所示。

```
21 14.745692 192.168.42.129 192.168.42.239 DNS 106 Standard query response 0x0002 CNAME www.baidu.com.cn CNAME www.a.shifen.com
Internet Protocol Version 4, Src: 192.168.42.129, Dst: 192.168.42.239
User Datagram Protocol, Src Port: 53 (53), Dst Port: 57752 (57752)
Domain Name System (response)
  [Request In: 20]
  [Time: 0.619258000 seconds]
  Transaction ID: 0x0002
  Flags: 0x8180 Standard query response, No error
    1... .... .... .... = Response: Message is a response
    .000 0... .... .... = Opcode: Standard query (0)
    .... .0.. .... .... = Authoritative: Server is not an authority for domain
    .... ..0. .... .... = Truncated: Message is not truncated
    .... ...1 .... .... = Recursion desired: Do query recursively
    .... .... 1... .... = Recursion available: Server can do recursive queries
    .... .... .0.. .... = Z: reserved (0)
    .... .... ..0. .... = Answer authenticated: Answer/authority portion was not authenticated by the server
    .... .... ...0 .... = Non-authenticated data: Unacceptable
    .... .... .... 0000 = Reply code: No error (0)
  Questions: 1
  Answer RRs: 1
  Authority RRs: 0
  Additional RRs: 0
  Queries
    www.baidu.com.cn: type CNAME, class IN
      Name: www.baidu.com.cn
      [Name Length: 16]
      [Label Count: 4]
      Type: CNAME (Canonical NAME for an alias) (5)
      Class: IN (0x0001)
  Answers
    www.baidu.com.cn: type CNAME, class IN, cname www.a.shifen.com
      Name: www.baidu.com.cn
      Type: CNAME (Canonical NAME for an alias) (5)
      Class: IN (0x0001)
      Time to live: 223
      Data length: 18
      CNAME: www.a.shifen.com
```

图 8-2-24　响应报文

（3）MX 邮件交换（Mail Exchanger）记录指向一个邮件服务器，用于电子邮件系统发邮件时根据收信人的地址后缀来定位邮件服务器。例如，当 Internet 上的某用户要发一封信给 user@mydomain.com 时，该用户的邮件系统通过 DNS 查找 mydomain.com 这个域名的 MX 记录，如果 MX 记录存在，用户计算机就将邮件发送到 MX 记录所指定的邮件服务器上。

本单元小结

DNS 主要功能是域名和 IP 地址的相互映射。域名空间采用树形结构，存储域名空间结构及信息的服务器称为域名服务器。DNS 采用客户端和服务器的方式工作。DNS 报文分为查询报文和响应报文，客户端向服务器发送查询报文，解析信息包含在查询报文中，服务器收到后发送响应报文返回查询结果。

习题 8

一、选择题

1．DNS 协议主要用于实现哪种网络服务功能？（　　）。

A．网络硬件地址到 IP 地址的映射　　B．进程地址到 IP 地址的映射

C．用户名到进程地址的映射　　D．主机域名到 IP 地址的映射

2．DNS 工作在 TCP/IP 的应用层，默认占用端口（　　）。

A．53　　B．25　　C．80　　D．57

3．哪种 DNS 资源记录用于 IPv6 主机地址？

A．A　　B．AAAA　　C．PTR　　D．MX

二、简答题

1．域名解析过程中，递归查询和迭代查询的区别是什么？

2．某个 DNS 客户端要查找域名 xx.yy.com 对应的 IP 地址，试给出查询报文。

3．假设第 2 题中域名对应的 IP 地址是 14.23.45.13，试给出服务器发送的响应报文。

9

动态主机配置协议 DHCP 的分析

本单元介绍动态主机配置协议 DHCP，主要包括什么是 DHCP，DHCP 的工作原理，DHCP 客户端和服务器的状态和交互方式，DHCP 报文基本格式，如何使用 Wireshark 捕获分析 DHCP 数据报。

内容摘要：

- DHCP 的发展背景
- DHCP 的工作原理和过程
- DHCP 报文基本格式
- 使用 Wireshark 捕获分析 DHCP 数据报

学习目标：

- 了解 DHCP 的发展背景
- 理解动态主机配置协议 DHCP 的工作原理和过程
- 掌握 DHCP 的报文格式
- 使用 Wireshark 分析 DHCP 报文

任务 1　动态主机配置协议 DHCP 基本概念

知识与技能：

- 了解 DHCP 基本概念
- 理解 DHCP 的工作原理
- 理解 DHCP 的交互过程

一、任务背景介绍

连接到 Internet 的主机需要在发送或接收数据报前知道自己的 IP 地址。此外，它们可能还需要路由地址、子网掩码和域名服务器地址。

在 DHCP 出现之前，人们使用引导程序协议 BOOTP（BOOTstrap Protocol）来获取这些配置信息。BOOTP 是一个客户/服务器协议，它设计用于相对静态的环境，客户端物理地址和 IP 地址之间的绑定关系需要预先设置好，随着网络规模和复杂度的不断提升，网络配置也变得越来越复杂，在主机经常移动，主机的物理网络、物理地址经常变化的情况下，或者主机数量超过可分配的 IP 地址等情况下，针对静态主机配置的 BOOTP 协议已经不能满足实际需求，需要在此基础上制定一种 IP 地址的动态分配机制。为此，IETF 设计了一个新协议，即动态主机配置协议 DHCP，它在 BOOTP 基础上进行了修改和加强，可使主机快速、动态地获取 IP 地址、路由地址、子网掩码、DNS 服务器地址。

本任务我们主要讲述 DHCP 的基本概念和工作过程。

二、知识点介绍

1. DHCP 基本概念

动态主机配置协议 DHCP（Dynamic Host Configuration Protocol）是一种动态的向 Internet 主机提供配置参数的协议。它采用客户端/服务器的方式工作，请求配置参数的主机叫做 DHCP 客户端，而提供参数的叫做 DHCP 服务器，在客户端提出申请后，DHCP 服务器可以向客户端提供 IP 地址、子网掩码、路由器地址、DNS 服务器地址等信息。DHCP 的前身是引导程序协议 BOOTP，它被设计为可以兼容 BOOTP。

2. DHCP 的工作原理

DHCP 的工作实现由客户端、服务器和中继三部分组成。

（1）在 Windows 下打开“网络连接→本地连接属性→IPv4 属性”，选择“自动获得 IP 地址”时，其实就是启动了 DHCP 的一个客户端，它用于向服务器提出 IP 的使用和更新请求，大部分的操作系统都内置有 DHCP 客户端，如图 9-1-1 所示。

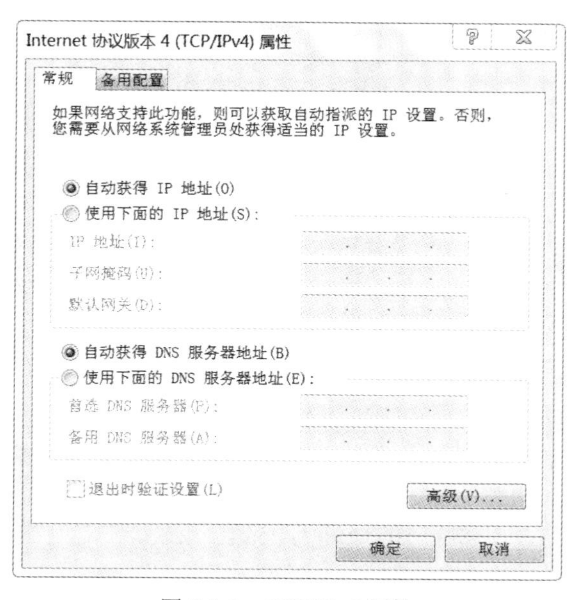

图 9-1-1　TCP/IPv4 属性

（2）DHCP 服务器的作用是响应客户端的请求，给客户端分配 IP 地址和其他配置参数。DHCP 的核心就在于它可以在一个单一集中的服务器上完成 IP 地址、路由、DNS 服务器等的配置信息，而不用网络管理员一台一台主机的去配置。在 DHCP 服务器上可提供静态和动态的 IP 数据和其他的相关配置信息，如图 9-1-2 所示。

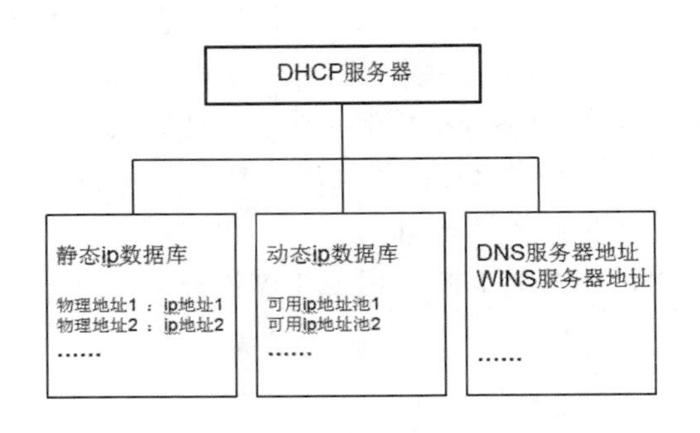

图 9-1-2　DHCP 服务器地址分配

当 DHCP 客户端向服务器发送请求时，DHCP 服务器首先检查其静态数据库，如果发现与客户端物理地址对应的 IP，则返回该 IP 可永久使用，若没有，则从动态数据库查看是否有保留可用的 IP，从中选择一个发送给客户端，同时在动态数据库中标记该 IP 已租用，从该动态数据库分配的 IP 都是有有效使用期的，DHCP 协议通过设置 IP 地址使用租期，可以达到 IP 地址的分时复用，解决 IP 地址资源短缺的问题。DHCP 服务器除可返回 IP 地址外，还可返回子网掩码、路由、DNS 服务器地址等。

一般，用户经常访问的服务器或子网配置的关键服务器，例如 DNS 服务器、电子邮件服务器、路由、网关等，常分配静态地址。除此之外，大多的客户端采用动态 IP。DHCP 的静态 IP 库和动态 IP 库中的数据互不交叉，并且和其他方式（例如手工）设置的 IP 互不冲突，保证了网络中同一时刻每台主机 IP 的唯一性。

（3）DHCP 中继（DHCP Relay）的主要作用是在客户端跨网段申请 IP 地址时，实现报文的中继转发功能。DHCP 客户端初始状态下不知道 DHCP 服务器的地址，发送的请求报文是广播报文，不能跨网段传送，如果客户端和服务器不在同一个网络上，则需要 DHCP 中继转发，中继收到客户端广播报文后，会将其封装上服务器地址，转发给 DHCP 服务器。

3. DHCP 的交互过程

DHCP 客户端和服务器的交互，可分为地址发现过程、地址更新过程、地址释放过程。

（1）地址发现过程

当 DHCP 客户端首次启动初始化的时候，就会被引导进入一个标准的地址发现过程，从而获取可供在网络通信中使用的 IP 地址。标准地址发现过程从协议角度分析如图 9-1-3 所示。

①DHCP Discover：DHCP 发现。DHCP 客户端首次启动后进入初始化状态，使用 UDP 端口 68 发送一个包含客户端硬件地址信息的 DHCP Discover 数据报。客户端此时还未拥有 IP 地址，因此，该报文 IP 首部的源地址为 0.0.0.0。由于 DHCP 服务器地址对客户端未知，该数据报面向全网广播，即报文 IP 首部的目的地址为 255.255.255.255，网络中每台安装了 TCP/IP 协议的主机都会接收到这种广播信息，但只有 DHCP 服务器才会做出响应。DHCP 客户端发送完 DHCP Discover 报文后，就进入了选择状态，等待 DHCP 服务器的响应。如果客户端没有

收到 DHCP 服务器的 DHCP Offer 响应报文，它会再尝试发送 4 次 DHCP Discover 报文，都没有响应，则休息 5 分钟后再试。

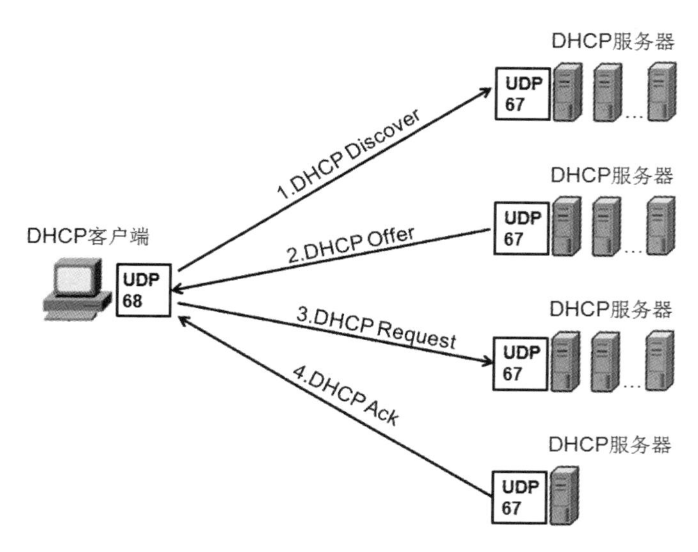

图 9-1-3　DHCP 地址发现过程报文交互

②DHCP Offer：DHCP 提供。接收到客户端 DHCP Discover 报文的 DHCP 服务器，会挑选一个尚未出租的 IP 地址提供给客户端，同时将该 IP 锁定，暂时不提供给其他客户使用。该阶段，DHCP 服务器使用 UDP 端口 67 向客户端发送一个包含出租的 IP 地址和其他设置信息的 DHCP Offer 数据报。此时，DHCP 服务器已经知道客户端的物理地址和 IP 地址，如果客户端系统允许旁路掉 ARP，则可以采用单播方式发送该响应报文，否则，要采用广播方式发送该报文。多数情况下该报文广播发送。

③DHCP Request：DHCP 请求。DHCP 客户端可能收到多个 DHCP 服务器发送的 DHCP Offer 数据报，它会选择一个接收，同时，采用广播方式发送一个 DHCP Request 数据报，该报文用于通知所有 DHCP 服务器，客户端已选择某个 DHCP 服务器所提供的 IP 地址。该数据报中包含了所选定的 DHCP 服务器和提供的 IP 地址及其他请求信息。

④DHCP ACK：DHCP 确认。DHCP 服务器收到 DHCP 客户端的 DHCP Request 数据报之后，如果发现客户端采用了自己提供的 IP 地址，则会发送一个 DHCP ACK 数据报确认，否则不响应。DHCP ACK 报文包含先前 DHCP Request 数据报中请求的任何配置选项的回答，告诉 DHCP 客户端可以使用它所提供的这些参数设置了。DHCP 客户端收到确认数据报后，立即执行重复 IP 地址检测，完成后，便将该 IP 与网卡绑定，在有效的租用期内，客户端可使用该 IP。同时，除 DHCP 客户端选中的服务器外，其他的 DHCP 服务器都将收回曾提供的 IP 地址。

（2）地址更新过程

DHCP 服务器向 DHCP 客户端出租的 IP 地址一般都有一个租借期限，期满后 DHCP 服务器便会收回出租的 IP 地址。当 IP 租约期限过一半时，DHCP 客户端会自动向 DHCP 服务器发送一个 DHCP Request 报文请求更新其 IP 租约信息。客户端进入更新状态，在该状态下，如果客户端收到了 DHCP 服务器的 DHCP ACK 报文，则客户端把更新计时器复位，继续使用该 IP。

如果客户端在更新状态下没有收到 DHCP 服务器的确认报文，同时，租用时间已经超过了 87.5%，DHCP 客户端就会进入重新绑定状态，在重新绑定状态下，如果客户端收到服务器返回的确认报文，则计时器复位，DHCP 可继续使用该 IP，如果客户端收到了 DHCP 服务器的 DHCP NAK 报文或者租用时间已到，则客户端回到初始化状态，必须重新执行一个地址发现过程。

（3）地址释放过程

被分配了 IP 地址的客户端，可以在租期结束前提前释放该地址，此时，DHCP 客户端会向服务器发送一个 DHCP Release 报文告诉服务器释放其地址，DHCP 服务器不发送任何确认。如果客户端没有发送 DHCP Release 报文，则租用到期后，DHCP 服务器会自动释放该 IP 地址。

任务 2　DHCP 报文分析

知识与技能：

- 掌握 DHCP 报文的基本格式
- 使用 Wireshark 捕获分析 DHCP 报文

一、任务背景介绍

任务 1 我们了解了 DHCP 的基本概念和工作原理、过程，本任务我们将详细分析 DHCP 报文结构，通过对 DHCP Discover、DHCP Offer、DHCP Request、DHCP ACK、DHCP Release 报文实例的分析，更深入理解 DHCP 的工作过程。

二、知识点介绍

1. DHCP 报文封装

DHCP 报文封装如图 9-2-1 所示。

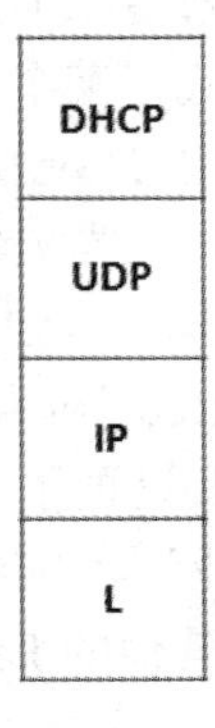

图 9-2-1　DHCP 封装

在报文封装时，为保证服务器端可收到 DHCP 客户端发送的请求需要注意以下 3 点：

（1）链路层的封装必须是广播形式，即让在同一物理子网内的所有主机都能够收到这个报文。在 Ethernet 网络中，DstMac 为全 1。

（2）由于客户端没有 IP 地址，所以 IP 首部的 SrcIP 为全 0。

（3）IP 首部的 DstIP 为全 1，以保证服务器的 IP 协议栈不丢弃该报文。

但是仅凭报文中的链路层和 IP 层信息，服务器端无法区分该报文是 DHCP 报文，因此客户端发出的 DHCP 请求报文中 UDP 层源端口（SrcPort）是 68，目标端口（DstPort）是 67。也就是服务器端通过端口号 67 来判断是否是 DHCP 报文。同时，DHCP 协议要求 UDP 使用校验和，以保证数据传输中的差错控制。

DHCP 服务器给客户端的响应报文会根据报文内容决定是广播还是单播，一般采用广播方式，在 Ethernet 网络中，DstMac 为全 1，IP 首部中的 DstIP 为全 1。单播时，DstMac 为客户端 Mac 地址，IP 首部中的 DstIP 为全 1 或即将分配给客户端的 IP 地址。两种封装中，UDP 层是一样的，源端口（SrcPort）67，目的端口（DstPort）68。客户端通过端口 68 来判断接收的报文是 DHCP 服务器响应报文。

2. DHCP 报文基本格式

DHCP 报文基本格式如图 9-2-2 所示。

<table>
<tr><td>Op(1)</td><td>Htype(1)</td><td>Hlen(1)</td><td>Hops(1)</td></tr>
<tr><td colspan="4">Xid(4)</td></tr>
<tr><td colspan="2">Secs(2)</td><td colspan="2">Flags(2)</td></tr>
<tr><td colspan="4">Ciaddr(4)</td></tr>
<tr><td colspan="4">Yiddr(4)</td></tr>
<tr><td colspan="4">Siaddr(4)</td></tr>
<tr><td colspan="4">Giaddr(4)</td></tr>
<tr><td colspan="4">Chaddr(16)</td></tr>
<tr><td colspan="4">Sname(64)</td></tr>
<tr><td colspan="4">File(128)</td></tr>
<tr><td colspan="4">Option(Variable)</td></tr>
</table>

图 9-2-2 DHCP 报文格式

其中，各字段含义如下。

- Op：操作码，1 字节

  定义 DHCP 报文的操作类型。1 为请求报文，2 为响应报文。
- Htype：硬件地址类型，1 字节

  定义物理网络的类型。1 为以太网。
- Hlen：硬件地址长度，1 字节

  定义物理地址的长度，以字节为单位。以太网该值为 6。
- Hops：跳数，1 字节

  定义了报文可经历的最多中继的数目。
- Xid：事务标识，4 字节

  定义了一个整数，由客户端设置，用来对响应和请求进行匹配，服务器在响应中返回同样值。

- Secs：秒数，2 字节
  客户端启动后所经过的时间。
- Flags：标志，2 字节
  只最左侧 1 位置位，该位等于 1 时表示服务器的响应强制采用广播方式发送，等于 0 表示单播。其余 15 位设置为 0。
- Ciaddr：客户 IP 地址，4 字节
  客户 IP 地址信息，若没有，则为 0。
- Yiaddr：你的 IP 地址，4 字节
  服务器在响应报文中分配给客户端的 IP 地址。
- Siaddr：服务器 IP 地址，4 字节
  服务器的 IP 地址，服务器在响应报文中填入。
- Giaddr：网关 IP 地址，4 字节
  中继代理的 IP 地址，由服务器在响应报文中填入。
- Chaddr：客户硬件地址，16 字节
  客户端的硬件地址。
- Sname：服务器名，64 字节
  可选字段。包含了以空字符结尾的字符串，由服务器域名构成。如果服务器不想在响应中回应自己的域名，则该字段必须全部设置为 0。
- File：启动文件名，128 字节
  可选字段。包含了以空字符结尾的字符串，由启动文件的完整路径构成，客户端可以使用该路径读取相关引导信息。该字段由服务器在响应报文中设置。如果服务器不想设置，则必须将该字段全部置为 0。
- Option：选项，可变长度
  此字段包含了大量可选的终端初始配置信息和网络配置信息，如 DNS 服务器的 IP 地址、网关地址、用户使用 IP 地址的有效期等信息。此字段使得 DHCP 协议可以给客户端提供大量的配置信息。该字段在响应报文中设置。由 3 部分组成：标记、长度、值（长度可变）。其中，长度指的是某一类型的数据值长度，而不是整个选项字段的长度，如图 9-2-3 所示。

标记	长度	值（长度可变）

图 9-2-3　DHCP 选项字段结构

DHCP 选项字段非常强大，用于扩展包含在 DHCP 数据报中的数据。表 9-2-4 列出了部分选项标记的值和意义。

更多选项标记可参考 iana 官方网站：http://www.iana.org/assignments/bootp-dhcp-parameters/bootp-dhcp-parameters.xhtml。

3. DHCP 报文类型

在所有 Option 选项字段中，有一个选项 53（DHCP Msg Type）是在所有 DHCP 数据报都要用到的，它表明 DHCP 消息的类型。以下列出了部分 DHCP 消息类型。

标记	长度	值	意义
1	4	Subnet Mask	子网掩码值
3	可变	Router	路由
6	可变	Domain Server	域名服务器
12	可变	Hostname	主机名字符串
28	4	Broadcast Address	广播地址
43	可变	Vendor Specific	厂商专用信息
50	4	Address Request	所请求的IP地址
51	4	Address Time	IP地址租用时间
53	1	DHCP Msg Type	DHCP消息类型
54	4	DHCP Server Id	DHCP服务器标识
55	可变	Parameter List	参数请求列表
58	4	Renewal Time	地址更新时间
59	4	RebindingTime	重新绑定时间
61	可变	Client ID	客户端标识
81	可变	Client FQDN	完整域名
255			列表结束

图 9-2-4　DHCP 选项字段

（1）值=0x01，DHCP Discover，DHCP 发现

此报文是客户端开始 DHCP 过程的第一个报文。用于定位可用的服务器。

（2）值=0x02，DHCP Offer，DHCP 提供

此报文是服务器对客户端 DHCP Discover 报文的响应。用于告知客户端本服务器可提供的地址的配置信息。

（3）值=0x03，DHCP Request，DHCP 请求

此报文是客户端开始 DHCP 过程中对服务器的 DHCP Offer 报文的回应，用于告知所有服务器已经选择了某一服务器提供的 IP。或者是客户端续延 IP 地址租期时发出的报文。

（4）值=0x04，DHCP Decline，DHCP 声明

当客户端发现服务器分配给它的 IP 地址无法使用，如 IP 地址冲突时，将发出此报文，通知服务器此 IP 地址不可用。

（5）值=0x05，DHCP ACK，DHCP 确认

服务器对客户端的 DHCP Request 报文的确认响应报文，客户端收到此报文后，才真正获得了 IP 地址和相关的配置信息。

（6）值=0x06，DHCP NAK，DHCP 拒绝

服务器对客户端的 DHCP Request 报文的拒绝响应报文，客户端收到此报文后，一般会重新开始新的 DHCP 发现过程。

（7）值=0x07，DHCP Release，DHCP 释放

客户端主动释放服务器分配给它的 IP 地址的报文，当服务器收到此报文后，就可以回收这个 IP 地址，能够分配给其他的客户端。

（8）值=0x08，DHCP Inform，DHCP 通告

客户端已经获得了 IP 地址，发送此报文只是为了从服务器处获取其他的一些网络配置信息，Route IP、DNS IP 等。此报文应用较少。

三、任务实现

1．使用 Wireshark 捕获 DHCP 数据报

完成该实验需要一台安装 Wireshark 软件的 PC，该 PC 通过带 DHCP 功能的路由接入 Internet。

（1）打开 Wireshark，在菜单栏中选择 Capture Options 命令，打开 Wireshark 捕获选项窗口，根据实际情况和需要设置捕获接口、捕获过滤器及捕获文件名等选项，DHCP 是使用 UDP 协议传输的，所以可以设定捕获过滤为 UDP。完成设置后，单击 Start 按钮开始捕获数据，如图 9-2-5 所示。

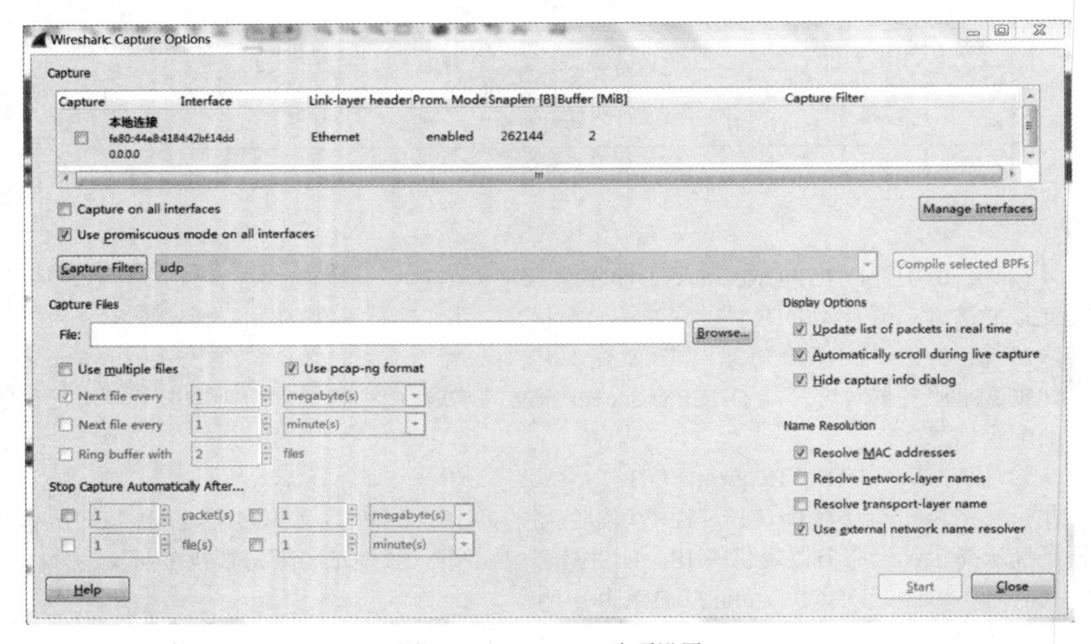

图 9-2-5　Wireshark 选项设置

（2）运行 cmd，输入 ipconfig/release 命令，此条命令会释放当前主机的 IP。此时，输入命令 ipconfig/renew 可重新获取 IP 地址，如图 9-2-6 所示。

（3）返回 Wireshark，停止捕获，在显示过滤器 Filter 中输入 bootp（注意：不是 dhcp）可看到刚捕获的 DHCP 数据报，如图 9-2-7 所示。从 Info 列可看出，首先捕获的是一个 DHCP Release 数据报，释放本机 IP。接着又执行了一个 DHCP 发现过程，接收到 4 个数据报：DHCP Discover、DHCP Offer、DHCP Request、DHCP ACK。点击菜单栏 File|Save，将该文件保存为 dhcp0901。后面我们将以此文件为例，详细分析 DHCP 报文格式。

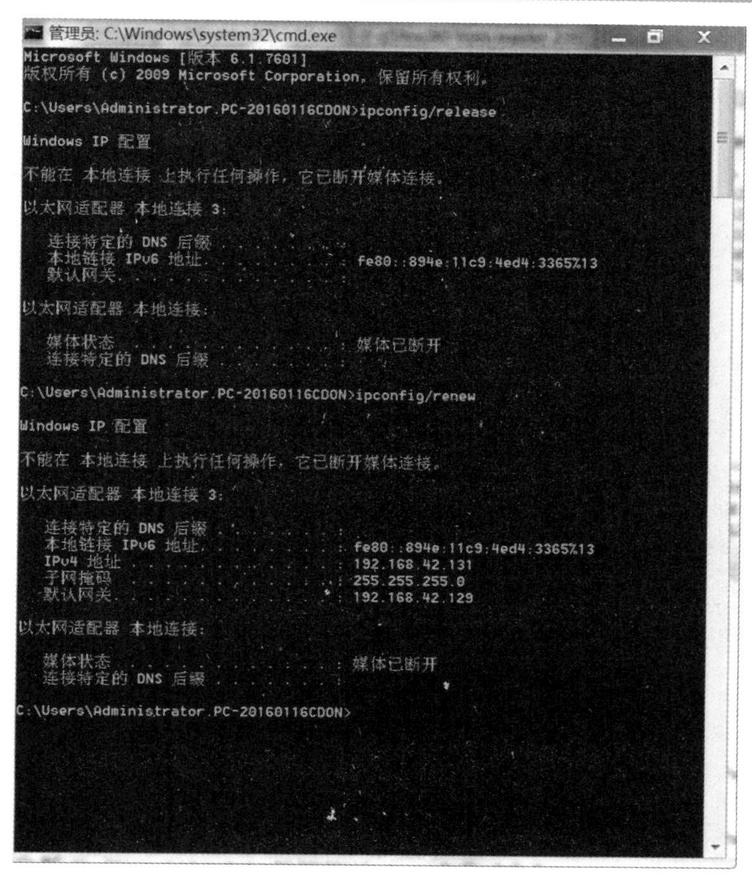

图 9-2-6　ipconfig 命令运行

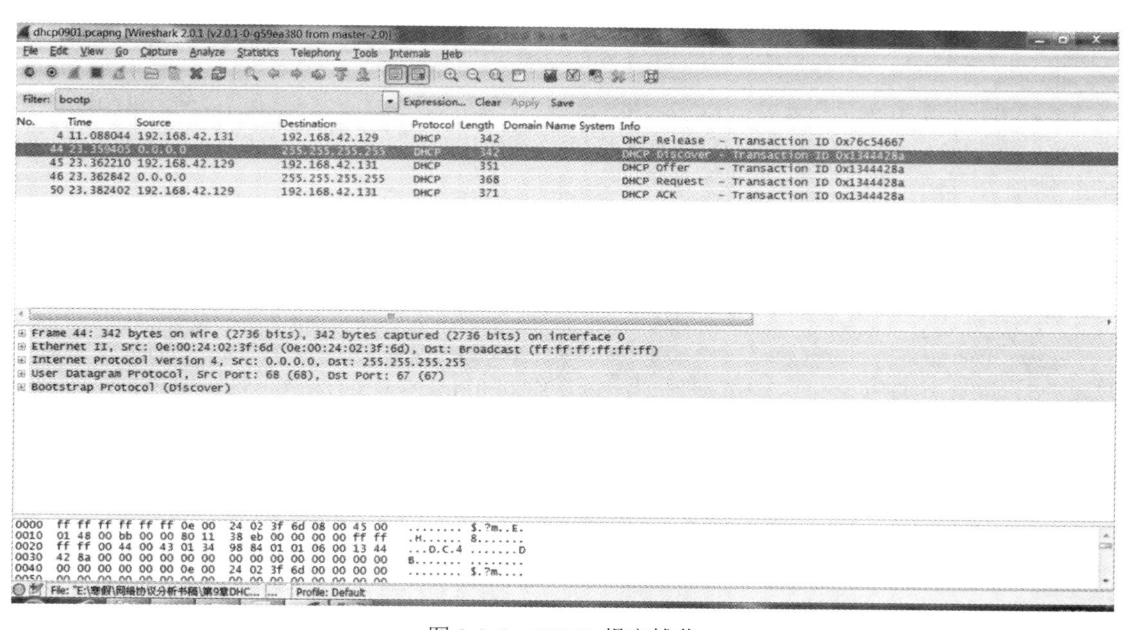

图 9-2-7　DHCP 报文捕获

2. DHCP Discover 报文实例分析

（1）运行 Wireshark，打开保存的文件 dhcp0901。双击第 44 帧数据报，我们将以该报文为例来分析 DHCP 发现报文 DHCP Discover，如图 9-2-8 所示。

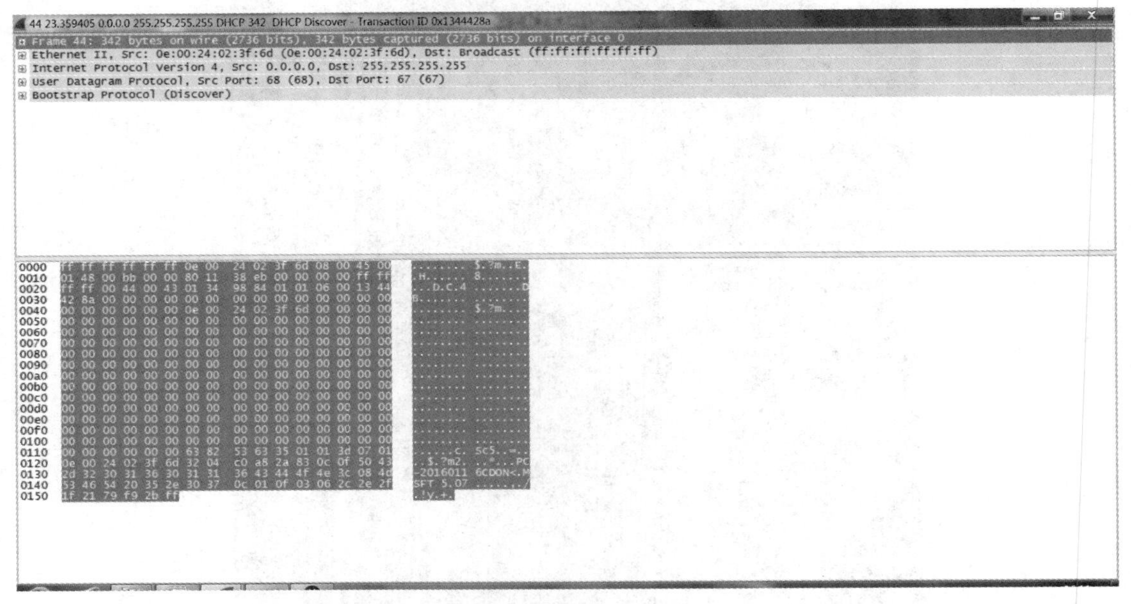

图 9-2-8　DHCP 发现报文

（2）以下是该帧的详细信息，第 44 帧，342 字节。

```
⊞ Frame 44: 342 bytes on wire (2736 bits), 342 bytes captured (2736 bits) on interface 0
```

（3）以下是该帧的 Ethernet II 首部信息。从该信息可看出，源地址是：0e:00:24:02:3f:6d（客户端），目的地址是：ff:ff:ff:ff:ff:ff。由于 DHCP 客户端不知道 DHCP 服务器的地址，所以该报文广播发送，以保证网络中的 DHCP 服务器都可接收到。

```
⊞ Ethernet II, Src: 0e:00:24:02:3f:6d (0e:00:24:02:3f:6d), Dst: Broadcast (ff:ff:ff:ff:ff:ff)
```

（4）以下是该帧的 IP 首部信息。从该信息可看出，源 IP 是：0.0.0.0（客户端初始还没有 IP 地址），目的 IP 是：255.255.255.255（广播发送）。

```
⊞ Internet Protocol Version 4, Src: 0.0.0.0, Dst: 255.255.255.255
```

（5）以下是 UDP 首部信息。从该信息可看出，源端口：68（客户端），目的端口：67（DHCP 服务器根据此端口判断报文是 DHCP 报文）。

```
⊞ User Datagram Protocol, Src Port: 68 (68), Dst Port: 67 (67)
```

（6）以下是 DHCP 请求详细信息。该报文中 Options 字段的标记：53（DHCP Type Msg）消息类型，61（Client ID）客户标识，50（Address Time）地址租用时间，12（Hostname）主机名字符串，60（ClassId）类别标识，55（Parameter List）请求参数列表，255 列表结束。

```
⊟ Bootstrap Protocol (Discover)                    Discover(发现报文)
    Message type: Boot Request (1)                 操作码=1表示该报文是请求报文
    Hardware type: Ethernet (0x01)                 硬件类型=1表示以太网
    Hardware address length: 6                     硬件地址长度6字节
    Hops: 0                                        经过的中继=0
    Transaction ID: 0x1344428a                     事务标识=0x1344428a,用于和响应报文匹配
    Seconds elapsed: 0                             客户端启动时间
  ⊟ Bootp flags: 0x0000 (Unicast)
      0... .... .... .... = Broadcast flag: Unicast
      .000 0000 0000 0000 = Reserved flags: 0x0000       标志位
    Client IP address: 0.0.0.0
    Your (client) IP address: 0.0.0.0
    Next server IP address: 0.0.0.0                      客户端IP，你的IP，服务器IP，中继IP均为0
    Relay agent IP address: 0.0.0.0
    Client MAC address: 0e:00:24:02:3f:6d (0e:00:24:02:3f:6d)   客户端硬件地址
    Client hardware address padding: 00000000000000000000
    Server host name not given                     服务器域名
    Boot file name not given                       引导文件名
    Magic cookie: DHCP
  ⊟ Option: (53) DHCP Message Type (Discover)
      Length: 1                                    选项类型53：DHCP消息类型：Discover报文
      DHCP: Discover (1)
  ⊟ Option: (61) Client identifier
      Length: 7
      Hardware type: Ethernet (0x01)               选项类型61：客户端标识：以太网Mac:0e:00:24:02:3f:6d
      Client MAC address: 0e:00:24:02:3f:6d (0e:00:24:02:3f:6d)
  ⊟ Option: (50) Requested IP Address
      Length: 4                                    选项类型50：请求的IP地址：192.168.42.131
      Requested IP Address: 192.168.42.131
  ⊟ Option: (12) Host Name
      Length: 15                                   选项类型12：主机名：PC-20160116CDON
      Host Name: PC-20160116CDON
```

```
⊟ Option: (60) Vendor class identifier             选项60：供应商类标识符：MSFT5.0
    Length: 8
    Vendor class identifier: MSFT 5.0
⊟ Option: (55) Parameter Request List              选项55：请求参数列表
    Length: 12
    Parameter Request List Item: (1) Subnet Mask          子网掩码
    Parameter Request List Item: (15) Domain Name         域名
    Parameter Request List Item: (3) Router               路由
    Parameter Request List Item: (6) Domain Name Server   域名服务器
    Parameter Request List Item: (44) NetBIOS over TCP/IP Name Server   NetBIOS 名称服务器
    Parameter Request List Item: (46) NetBIOS over TCP/IP Node Type     NetBIOS节点类型
    Parameter Request List Item: (47) NetBIOS over TCP/IP Scope         NetBIOS作用范围
    Parameter Request List Item: (31) Perform Router Discover           完成路由发现
    Parameter Request List Item: (33) Static Route                      静态路由
    Parameter Request List Item: (121) Classless Static Route           无类静态路由
    Parameter Request List Item: (249) Private/Classless Static Route (Microsoft)   私有静态路由
    Parameter Request List Item: (43) Vendor-Specific Information       供应商特定信息
⊟ Option: (255) End
    Option End: 255          选项255：列表结束
```

3．DHCP Offer 报文实例分析

（1）运行 Wireshark，打开保存的文件 dhcp0901。双击第 45 帧数据报，我们将以该报文为例来分析 DHCP 提供报文 DHCP Offer，如图 9-2-9 所示。

（2）以下是该帧的详细信息，第 45 帧，351 字节。

```
⊞ Frame 45: 351 bytes on wire (2808 bits), 351 bytes captured (2808 bits) on interface 0
```

（3）以下是该帧的 Ethernet II 首部信息。从该信息可看出，源地址是：4e:ed:03:b9:8c:31（DHCP 服务器物理地址），目的地址是：0e:00:24:02:3f:6d（客户端物理地址）。DHCP 服务器已经知道客户端的物理地址。

```
⊞ Ethernet II, Src: 4e:ed:03:b9:8c:31 (4e:ed:03:b9:8c:31), Dst: 0e:00:24:02:3f:6d (0e:00:24:02:3f:6d)
```

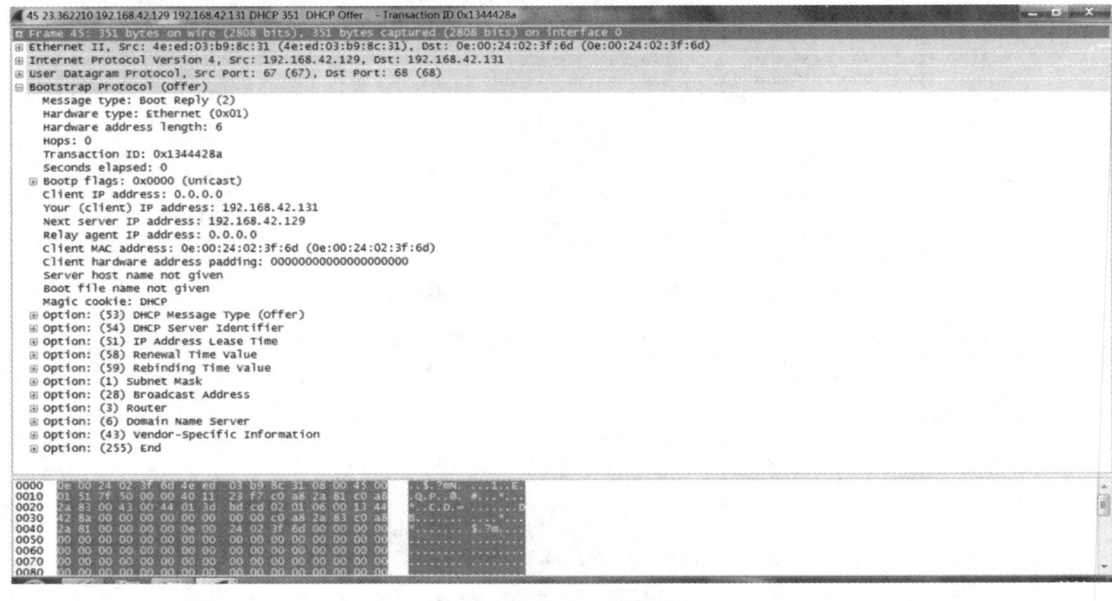

图 9-2-9 DHCP 提供报文

（4）以下是该帧的 IP 首部信息。从该信息可看出，源 IP 是：192.168.42.129（DHCP 服务器地址），目的 IP 是：192.168.42.131（即将分配给客户端的 IP 地址）。

```
⊞ Internet Protocol Version 4, Src: 192.168.42.129, Dst: 192.168.42.131
```

（5）以下是 UDP 首部信息。从该信息可看出，源端口：67（服务器端），目的端口：68（接收该报文的 DHCP 客户端根据端口号 68 判断报文是 DHCP 报文）。

```
⊞ User Datagram Protocol, Src Port: 67 (67), Dst Port: 68 (68)
```

（6）以下是 DHCP Offer 的详细信息。该报文中 Options 字段的标记：53（DHCP Type Msg）消息类型，54（DHCP Server Id）DHCP 服务器标识，51（Address Time）地址租用时间，58（Renewal Time）地址更新时间，59（Rebinding Time）重新绑定时间，1（Subnet Mask）子网掩码，28（Broadcast Address）广播地址，3（Router）路由，6（Domain Server）DNS 服务器，43（Vendor Specific）厂商专用信息，255 列表结束。

```
⊟ Bootstrap Protocol (Offer)                         Offer报文
    Message type: Boot Reply (2)                     消息类型=2表示是响应报文
    Hardware type: Ethernet (0x01)                   硬件类型=0x01以太网
    Hardware address length: 6                       硬件地址长度6字节
    Hops: 0                                          经历中继=0
    Transaction ID: 0x1344428a                       和请求报文对应的标识号0x1344428a
    Seconds elapsed: 0                               客户启动时间
  ⊟ Bootp flags: 0x0000 (Unicast)
      0... .... .... .... = Broadcast flag: Unicast
      .000 0000 0000 0000 = Reserved flags: 0x0000      标志
    Client IP address: 0.0.0.0                          客户端IP：0.0.0.0
    Your (client) IP address: 192.168.42.131            分配给你的IP：192.168.42.131
    Next server IP address: 192.168.42.129              服务器IP：192.168.42.129
    Relay agent IP address: 0.0.0.0                     中继代理IP：0.0.0.0
    Client MAC address: 0e:00:24:02:3f:6d (0e:00:24:02:3f:6d)   客户端硬件地址：0e:00:24:02:3f:6d
    Client hardware address padding: 00000000000000000000
    Server host name not given                   服务器主机名
    Boot file name not given                     启动文件名
```

```
Magic cookie: DHCP　选项块
⊟ Option: (53) DHCP Message Type (Offer)
    Length: 1                                        选项类型53：消息类型：Offer
    DHCP: Offer (2)
⊟ Option: (54) DHCP Server Identifier                选项类型54：DHCP服务器标识：192.168.42.129
    Length: 4
    DHCP Server Identifier: 192.168.42.129
⊟ Option: (51) IP Address Lease Time
    Length: 4                                        选项类型51：IP地址租用时间：1小时
    IP Address Lease Time: (3600s) 1 hour
⊟ Option: (58) Renewal Time Value                    选项类型58：地址更新（T1）时间：30分钟
    Length: 4
    Renewal Time Value: (1800s) 30 minutes
⊟ Option: (59) Rebinding Time Value
    Length: 4                                        选项类型59：重新绑定时间：52分钟30秒
    Rebinding Time Value: (3150s) 52 minutes, 30 seconds
⊟ Option: (1) Subnet Mask
    Length: 4                                        选项类型1：子网掩码：255.255.255.0
    Subnet Mask: 255.255.255.0
⊟ Option: (28) Broadcast Address
    Length: 4                                        选项类型28：广播地址：192.168.42.255
    Broadcast Address: 192.168.42.255
⊟ Option: (3) Router
    Length: 4                                        选项类型3：路由器地址：192.168.42.129
    Router: 192.168.42.129
⊟ Option: (6) Domain Name Server
    Length: 4                                        选项类型6：DNS服务器地址：192.168.42.129
    Domain Name Server: 192.168.42.129
⊟ Option: (43) Vendor-Specific Information
    Length: 15                                       选项类型43：厂商专用信息
    Value: 414e44524f49445f4d455445524544
⊟ Option: (255) End                                  选项类型255：列表结束
    Option End: 255
```

4. DHCP Request 报文实例分析

（1）运行 Wireshark，打开保存的文件 dhcp0901。双击第 46 帧数据报，我们将以该报文为例来分析 DHCP 请求报文 DHCP Request，如图 9-2-10 所示。

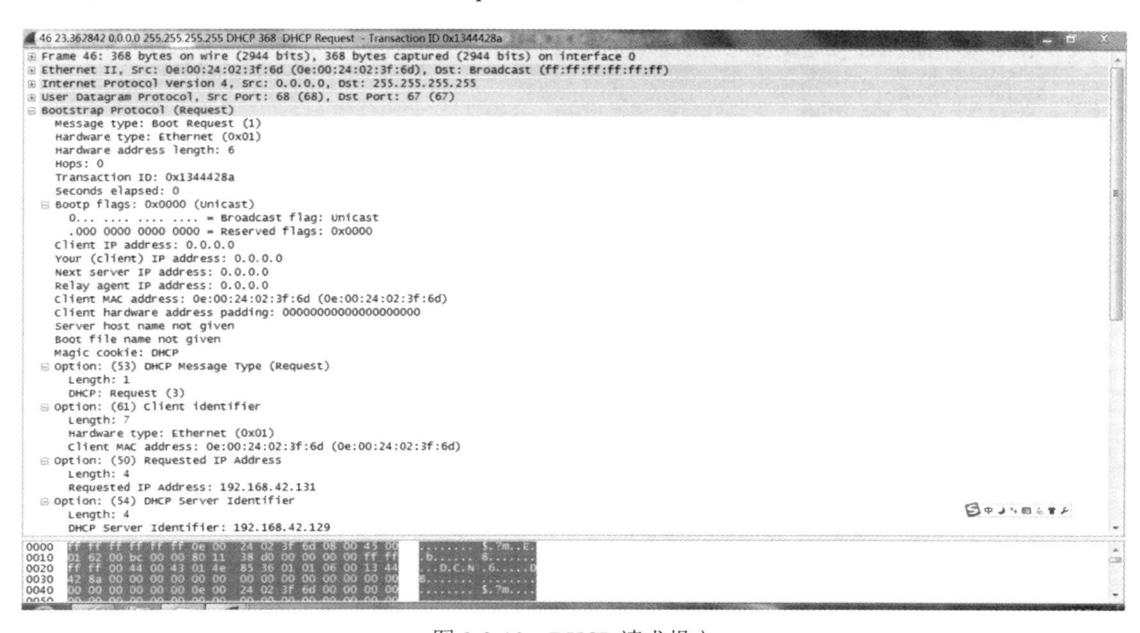

图 9-2-10　DHCP 请求报文

（2）以下是该帧的详细信息，第 46 帧，368 字节。

```
⊞ Frame 46: 368 bytes on wire (2944 bits), 368 bytes captured (2944 bits) on interface 0
```

（3）以下是该帧的 Ethernet II 首部信息。从该信息可看出，源地址是：0e:00:24:02:3f:6d（DHCP 客户端物理地址），目的地址是：ff:ff:ff:ff:ff:ff（广播地址）。DHCP 广播发送请求报文，告诉所有服务器，它已选择了一个服务器提供的 IP。

```
⊞ Ethernet II, Src: 0e:00:24:02:3f:6d (0e:00:24:02:3f:6d), Dst: Broadcast (ff:ff:ff:ff:ff:ff)
```

（4）以下是该帧的 IP 首部信息。从该信息可看出，源 IP 是：0.0.0.0（客户端 IP），而目的 IP 是：255.255.255.255（广播地址）。

```
⊞ Internet Protocol Version 4, Src: 0.0.0.0, Dst: 255.255.255.255
```

（5）以下是 UDP 首部信息。从该信息可看出，源端口：68（客户端），目的端口：67（服务器）。

```
⊞ User Datagram Protocol, Src Port: 68 (68), Dst Port: 67 (67)
```

（6）以下是 DHCP Request 的详细信息。

```
⊟ Bootstrap Protocol (Request)                      Request报文
    Message type: Boot Request (1)                  消息类型=1请求
    Hardware type: Ethernet (0x01)                  硬件类型：0x01以太网
    Hardware address length: 6                      硬件地址长度6字节
    Hops: 0                                         中继=0
    Transaction ID: 0x1344428a                      事务标识号：0x1344428a
    Seconds elapsed: 0                              客户启动时间
  ⊟ Bootp flags: 0x0000 (Unicast)
      0... .... .... .... = Broadcast flag: Unicast
      .000 0000 0000 0000 = Reserved flags: 0x0000          标志
    Client IP address: 0.0.0.0                         客户端IP：0.0.0.0
    Your (client) IP address: 0.0.0.0                  你的IP：0.0.0.0
    Next server IP address: 0.0.0.0                    服务器IP：0.0.0.0
    Relay agent IP address: 0.0.0.0                    中继代理IP：0.0.0.0
    Client MAC address: 0e:00:24:02:3f:6d (0e:00:24:02:3f:6d)
    Client hardware address padding: 00000000000000000000        客户端硬件地址：0e:00:24:02:3f:6d
    Server host name not given                      服务器主机名未提供
    Boot file name not given                        启动文件名未提供
    Magic cookie: DHCP                              DHCP选项块
  ⊟ Option: (53) DHCP Message Type (Request)
      Length: 1
      DHCP: Request (3)                             选项类型53：消息类型：Request
  ⊟ Option: (61) Client identifier
      Length: 7
      Hardware type: Ethernet (0x01)                选项类型61：客户端标识：0e:00:24:02:3f:6d
      Client MAC address: 0e:00:24:02:3f:6d (0e:00:24:02:3f:6d)
  ⊟ Option: (50) Requested IP Address
      Length: 4                                     选项类型50：请求选择的IP：192.168.42.131
      Requested IP Address: 192.168.42.131
  ⊟ Option: (54) DHCP Server Identifier
      Length: 4                                     选项类型54：DHCP服务器标识：192.168.42.129
      DHCP Server Identifier: 192.168.42.129
```

```
⊟ Option: (12) Host Name
    Length: 15
    Host Name: PC-20160116CDON                    选项类型12：主机名：PC-20160116CDON
⊟ Option: (81) Client Fully Qualified Domain Name   选项类型81：客户端完整限定域名
    Length: 18                                       长度18
  ⊟ Flags: 0x00
      0000 .... = Reserved flags: 0x00               保留标志
      .... 0... = Server DDNS: Some server updates   服务器DDNS
      .... .0.. = Encoding: ASCII encoding           编码格式
      .... ..0. = Server overrides: No override
      .... ...0 = Server: Client
    A-RR result: 0
    PTR-RR result: 0
    Client name: PC-20160116CDON
⊟ Option: (60) Vendor class identifier           选项类型60：供应商特定类别：MSFT5.0
    Length: 8
    Vendor class identifier: MSFT 5.0
⊟ Option: (55) Parameter Request List            选项类型55：参数列表
    Length: 12
    Parameter Request List Item: (1) Subnet Mask      子网掩码
    Parameter Request List Item: (15) Domain Name     域名
    Parameter Request List Item: (3) Router           路由
    Parameter Request List Item: (6) Domain Name Server  域名服务器
    Parameter Request List Item: (44) NetBIOS over TCP/IP Name Server  NetBIOS名称服务器
    Parameter Request List Item: (46) NetBIOS over TCP/IP Node Type    NetBIOS节点类型
    Parameter Request List Item: (47) NetBIOS over TCP/IP Scope        NetBIOS覆盖范围
    Parameter Request List Item: (31) Perform Router Discover          执行路由发现
    Parameter Request List Item: (33) Static Route                     静态路由
    Parameter Request List Item: (121) Classless Static Route          无类别静态路由
    Parameter Request List Item: (249) Private/Classless Static Route (Microsoft)  私有静态路由
    Parameter Request List Item: (43) Vendor-Specific Information      厂商指定信息
⊟ Option: (255) End
    Option End: 255          选项类型255：列表结束
```

5. DHCP ACK 报文实例分析

（1）运行 Wireshark，打开保存的文件 dhcp0901。双击第 50 帧数据报，我们将以该报文为例来分析 DHCP 服务器确认报文 DHCP ACK，如图 9-2-11 所示。

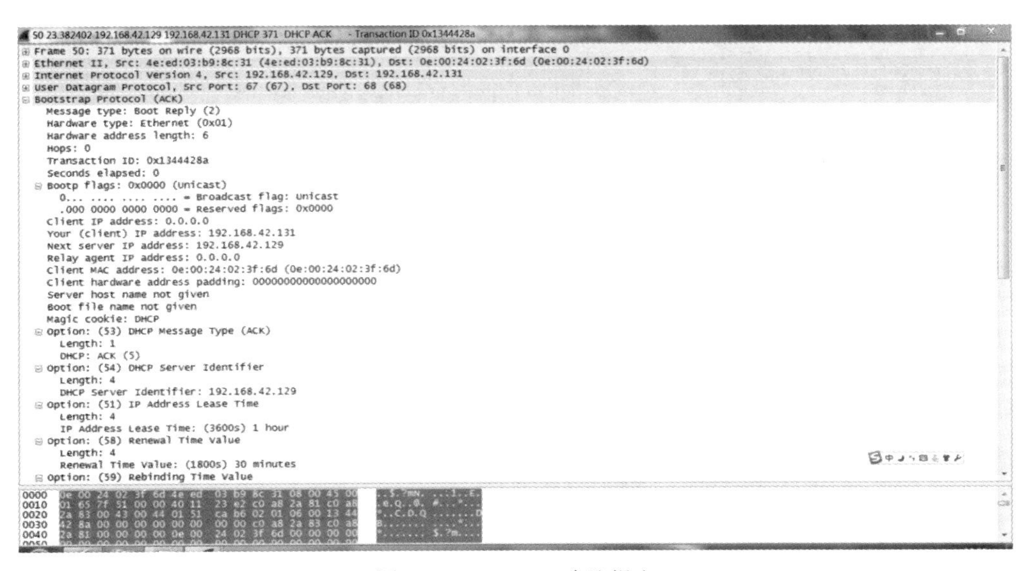

图 9-2-11　DHCP 确认报文

（2）以下是该帧的详细信息，第 50 帧，371 字节。

```
⊞ Frame 50: 371 bytes on wire (2968 bits), 371 bytes captured (2968 bits) on interface 0
```

（3）以下是该帧的 Ethernet II 首部信息。从该信息可看出，源地址是：4e:ed:03:b9:8c:31（服务器），目的地址是：0e:00:24:02:3f:6d（客户端）。

```
⊞ Ethernet II, Src: 4e:ed:03:b9:8c:31 (4e:ed:03:b9:8c:31), Dst: 0e:00:24:02:3f:6d (0e:00:24:02:3f:6d)
```

（4）以下是该帧的 IP 首部信息。从该信息可看出，源 IP 是：192.168.42.129（服务器端 IP），目的 IP 是：192.168.42.131（客户端即将获得的 IP）。

```
⊞ Internet Protocol Version 4, Src: 192.168.42.129, Dst: 192.168.42.131
```

（5）以下是 UDP 首部信息。从该信息可看出，源端口：67（服务器），目的端口：68（客户端）。

```
⊞ User Datagram Protocol, Src Port: 67 (67), Dst Port: 68 (68)
```

（6）以下是 DHCP ACK 的详细信息。

```
⊟ Bootstrap Protocol (ACK)                          Ack报文
    Message type: Boot Reply (2)                    消息类型2表示响应
    Hardware type: Ethernet (0x01)                  硬件类型以太网
    Hardware address length: 6                      硬件地址6字节
    Hops: 0                                         中继=0
    Transaction ID: 0x1344428a                      事务标识号：0x1344428a
    Seconds elapsed: 0                              客户启动时间
  ⊟ Bootp flags: 0x0000 (Unicast)
      0... .... .... .... = Broadcast flag: Unicast      标志
      .000 0000 0000 0000 = Reserved flags: 0x0000
    Client IP address: 0.0.0.0                      客户端IP：0.0.0.0
    Your (client) IP address: 192.168.42.131        你的（客户端）IP:192.168.42.131
    Next server IP address: 192.168.42.129          接下来的服务器地址：192.168.42.129
    Relay agent IP address: 0.0.0.0                 中继代理IP：0.0.0.0
    Client MAC address: 0e:00:24:02:3f:6d (0e:00:24:02:3f:6d)
    Client hardware address padding: 00000000000000000000    客户端的硬件地址
    Server host name not given                      服务器主机名未提供
    Boot file name not given                        引导文件名未提供
    Magic cookie: DHCP                              DHCP选项块
  ⊟ Option: (53) DHCP Message Type (ACK)
      Length: 1                                     选项类型53：消息类型：ACK
      DHCP: ACK (5)
  ⊟ Option: (54) DHCP Server Identifier
      Length: 4
      DHCP Server Identifier: 192.168.42.129        选项类型54：DHCP服务器标识：192.168.42.129
  ⊟ Option: (51) IP Address Lease Time
      Length: 4                                     选项类型51：IP地址租用时间：1小时
      IP Address Lease Time: (3600s) 1 hour
  ⊟ Option: (58) Renewal Time Value
      Length: 4                                     选项类型58：地址更新时间：30分钟
      Renewal Time Value: (1800s) 30 minutes

  ⊟ Option: (59) Rebinding Time Value
      Length: 4
      Rebinding Time Value: (3150s) 52 minutes, 30 seconds    选项类型59：重新绑定时间：52分钟30秒
  ⊟ Option: (1) Subnet Mask
      Length: 4
      Subnet Mask: 255.255.255.0                    选项类型1：子网掩码：255.255.255.0
  ⊟ Option: (28) Broadcast Address
      Length: 4
      Broadcast Address: 192.168.42.255             选项类型28：广播地址：192.168.42.255
  ⊟ Option: (3) Router
      Length: 4
      Router: 192.168.42.129                        选项类型3：路由：192.168.42.129
  ⊟ Option: (6) Domain Name Server
      Length: 4
      Domain Name Server: 192.168.42.129            选项类型6：域名服务器：192.168.42.129
  ⊟ Option: (81) Client Fully Qualified Domain Name     选项类型81：客户端完整域名
      Length: 18
    ⊟ Flags: 0x03, Server overrides, Server
        0000 .... = Reserved flags: 0x00
        .... 0... = Server DDNS: Some server updates
        .... .0.. = Encoding: ASCII encoding
        .... ..1. = Server overrides: Override
        .... ...1 = Server: Server
      A-RR result: 255
      PTR-RR result: 255
      Client name: PC-20160116CDON
  ⊟ Option: (43) Vendor-Specific Information
      Length: 15                                    选项类型43：厂商专用信息
      Value: 414e44524f49445f4d455445524544
  ⊟ Option: (255) End
      Option End: 255                               选项类型255：列表结束
```

6. DHCP Release 报文实例分析

（1）运行 Wireshark，打开保存的文件 dhcp0901。双击第 4 帧数据报，我们将以该报文为例来分析 DHCP Release 地址释放报文，如图 9-2-12 所示。

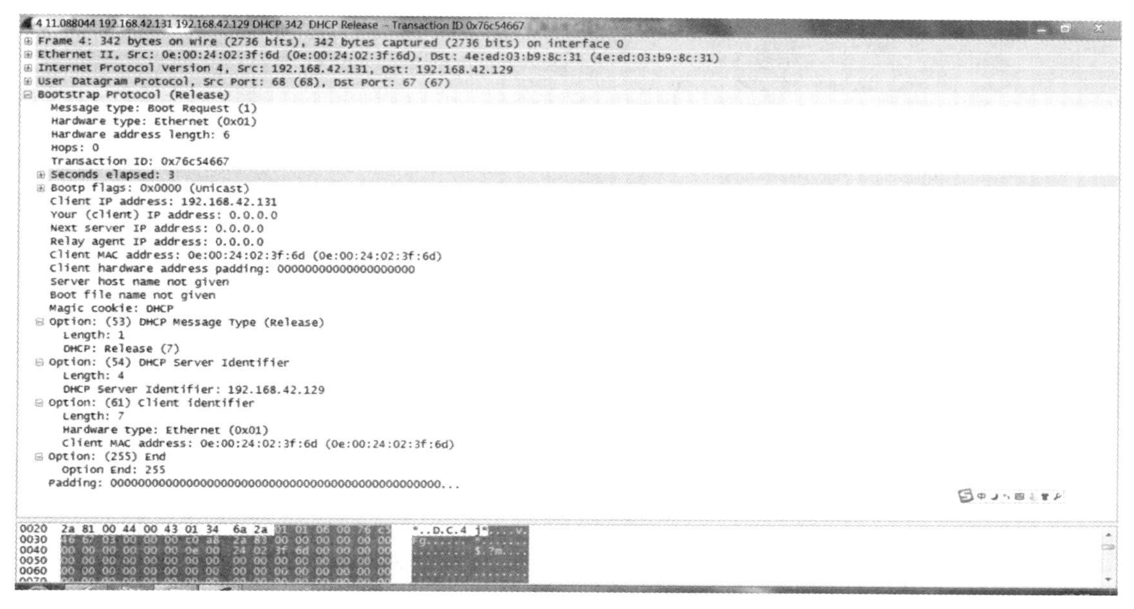

图 9-2-12　DHCP 释放报文

（2）以下是该帧的详细信息，第 4 帧，342 字节。

⊞ Frame 4: 342 bytes on wire (2736 bits), 342 bytes captured (2736 bits) on interface 0

（3）以下是该帧的 Ethernet II 首部信息。从该信息可看出，源地址是：0e:00:24:02:3f:6d（客户端），目的地址是：4e:ed:03:b9:8c:31（服务器）。

⊞ Ethernet II, Src: 0e:00:24:02:3f:6d (0e:00:24:02:3f:6d), Dst: 4e:ed:03:b9:8c:31 (4e:ed:03:b9:8c:31)

（4）以下是该帧的 IP 首部信息。从该信息可看出，源 IP 是：192.168.42.131（客户端 IP），目的 IP 是：192.168.42.129（DHCP 服务器 IP）。

⊞ Internet Protocol Version 4, Src: 192.168.42.131, Dst: 192.168.42.129

（5）以下是 UDP 首部信息。从该信息可看出，源端口：68（客户端），目的端口：67（服务器）。

⊞ User Datagram Protocol, Src Port: 68 (68), Dst Port: 67 (67)

（6）以下是 DHCP Release 的详细信息。

四、知识扩展

更多 DHCP 报文知识可参考 iana 官方网站：http://www.iana.org/assignments/bootp-dhcp-parameters/bootp-dhcp-parameters.xhtml，如图 9-2-13 所示。

```
⊟ Bootstrap Protocol (Release)          Release报文
    Message type: Boot Request (1)
    Hardware type: Ethernet (0x01)
    Hardware address length: 6
    Hops: 0
    Transaction ID: 0x76c54667
  ⊞ Seconds elapsed: 3
  ⊟ Bootp flags: 0x0000 (Unicast)
      0... .... .... .... = Broadcast flag: Unicast
      .000 0000 0000 0000 = Reserved flags: 0x0000
    Client IP address: 192.168.42.131
    Your (client) IP address: 0.0.0.0
    Next server IP address: 0.0.0.0
    Relay agent IP address: 0.0.0.0
    Client MAC address: 0e:00:24:02:3f:6d (0e:00:24:02:3f:6d)
    Client hardware address padding: 00000000000000000000
    Server host name not given
    Boot file name not given
    Magic cookie: DHCP
  ⊟ Option: (53) DHCP Message Type (Release)
      Length: 1
      DHCP: Release (7)
  ⊟ Option: (54) DHCP Server Identifier
      Length: 4
      DHCP Server Identifier: 192.168.42.129
  ⊟ Option: (61) Client identifier
      Length: 7
      Hardware type: Ethernet (0x01)
      Client MAC address: 0e:00:24:02:3f:6d (0e:00:24:02:3f:6d)
  ⊟ Option: (255) End
      Option End: 255
    Padding: 000000000000000000000000000000000000000000000000...
```

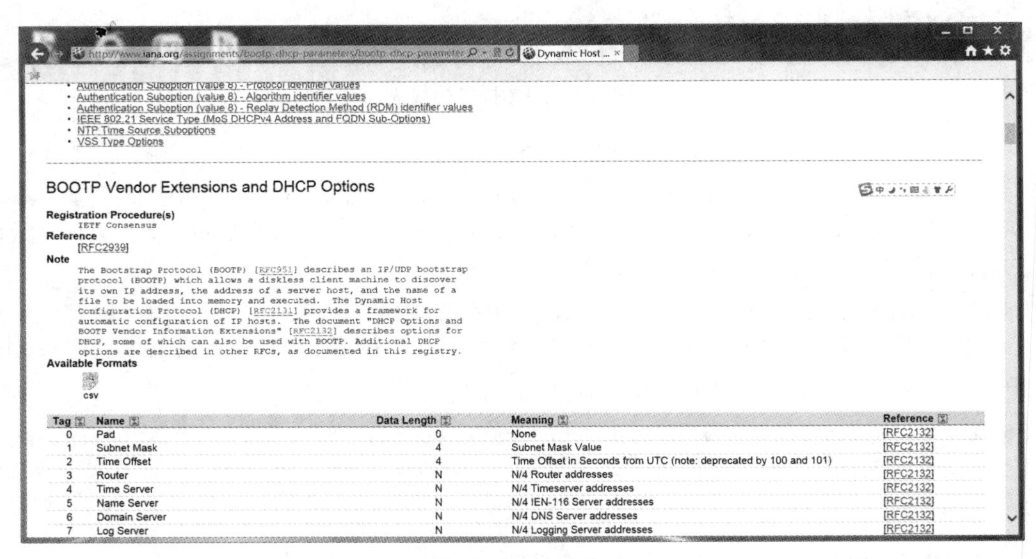

图 9-2-13　iana 官网

本单元小结

DHCP 主要用于 IP 地址的动态分配。DHCP 客户端和服务器的交互，可分为地址发现过程、地址更新过程、地址释放过程。常见的 DHCP 消息类型有 DHCP Discover、DHCP Offer、DHCP Request、DHCP Decline、DHCP ACK、DHCP NAK、DHCP Release、DHCP Inform 等。DHCP 的消息类型在报文的 Option 选项字段中指定。

习题 9

一、选择题

1．下述哪一个 UDP 端口号与 DHCP 相关？（　　）

A．57 和 58　　B．67 和 68　　C．77 和 78　　D．116 和 117

2．DHCP 客户端如何从 DHCP 服务器接收提供内容？（　　）

A．发送 DHCP 接收数据包　　B．发送 DHCP 请求数据包

C．发送 DHCP 拒绝数据包　　D．发送 DHCP 更新数据包

3．DHCP 客户端如何从 DHCP 服务器接收提供内容？（　　）

A．发送 DHCP 接收数据包　　B．发送 DHCP 请求数据包

C．发送 DHCP 拒绝数据包　　D．发送 DHCP 更新数据包

二、简答题

1．DHCP 前身是什么？DHCP 主要功能是什么？

2．DHCP 客户端和服务器的交互过程都有哪些？详述不同交互过程中所使用的数据报类型。

3．DHCP 报文中设置 Option 字段的标记为 0x53，则其对应的值有哪些？不同值的含义是什么？

参考文献

[1] 代绍庆．网络协议与路由．北京：清华大学出版社，2005．

[2] 寇晓蕤．网络协议分析．北京：机械工业出版社，2009．

[3] 李峰．TCP/IP 协议分析与应用编程．北京：人民邮电出版社，2013．

[4] 科来软件．CSNA 网络分析认证专家实战案例．西安：西安电子科技大学出版社，2013．

[5] 杨延双、张建标．TCP/IP 协议分析与应用．北京：机械工业出版社，2007．

[6] 王晓卉、李亚伟．Wireshark 数据包分析实战详解．北京：清华大学出版社，2015．

[7] Jeffrey L.Carrell、Laura A.Chappell、Ed Tittel、James Pyles 著．金名等译．TCP/IP 协议原理与应用（第 4 版）．北京：清华大学出版社，2014．

[8] Behrouz A.Forouzan 著．王海，张娟，朱晓阳等译，TCP/IP 协议族（第 4 版）．北京：清华大学出版社，2011．